U0227019

油田防蜡防垢防腐技术研究与应用

主　编：张晓博　鄢长灏
副主编：杨学峰　李建中　赵海勇

石油工业出版社

内 容 提 要

本书主要介绍了油田清防蜡、清防垢、硫化氢的治理和油田防腐蚀方面的基础知识，以及近期相关技术手段及其发展现状，总结了优秀的研究成果，用实际案例分析先进技术的可实践性，并阐明这些技术手段的优缺点。

本书可供从事油田防蜡防垢防腐工作的科研人员、管理人员参考使用，也可供石油院校相关专业师生阅读。

图书在版编目(CIP)数据

油田防蜡防垢防腐技术研究与应用／张晓博，鄢长灏主编．—北京：石油工业出版社，2022.1

ISBN 978-7-5183-4932-6

Ⅰ．①油⋯ Ⅱ．①张⋯ ②鄢⋯ Ⅲ．①低渗透油气藏-防蜡-研究 ②低渗透油气藏-防垢-研究 ③低渗透油气藏-防腐-研究 Ⅳ．①P618.130.2

中国版本图书馆 CIP 数据核字(2021)第 211331 号

出版发行：石油工业出版社

　　　　　（北京安定门外安华里 2 区 1 号　100011）

　　　　　网　　址：www.petropub.com

　　　　　编辑部：(010)64523825　图书营销中心：(010)64523633

经　　销：全国新华书店

印　　刷：北京晨旭印刷厂

2022 年 1 月第 1 版　2022 年 1 月第 1 次印刷

787×1092 毫米　开本：1/16　印张：12.75

字数：280 千字

定价：100.00 元

（如出现印装质量问题，我社图书营销中心负责调换）

版权所有，翻印必究

《油田防蜡防垢防腐技术研究与应用》
编 委 会

主 编：张晓博 鄢长灏

副 主 编：杨学峰 李建中 赵海勇

编写人员：张发旺 刘 曼 杨 帆 李永峰

前　言

在油田开发过程中，结蜡、结垢和腐蚀是不可忽略的重要问题，油田防蜡防垢防腐技术对采油工程以及石油运输等方面至关重要，是保障油田正常开发的前提。结蜡、结垢和腐蚀会导致油田开发的难度加大、成本增高、采收率下降，同时也会增大采油设备的运行负荷。因此，有效解决油田防蜡防垢防腐问题是石油石化行业能否顺利发展的关键。从事石油开采方面的工作就必须了解防蜡防垢防腐方面的知识，然而目前专门介绍有关防蜡防垢防腐方面知识的图书较少，因此我们编写了本书，以供相关专业的读者参考。

近年来，保护生态环境，应对气候变化，维护能源资源安全，是全球面临的共同挑战。随着国内石油行业的飞速发展，我国对油田防蜡防垢防腐的要求也日益严格。清防蜡、清防垢以及防腐的化学剂都向着绿色、安全、环保的方向发展，在研发时需考虑各方面的要求。目前，各种先进的防蜡防垢防腐技术出现，有力推动了石油石化行业的不断进步。

本书共分四章，不仅介绍了防蜡防垢防腐的相关知识，还描述了油田中硫化氢的产生及其防治方法。同时，在编写时还引用了一些案例，增强了本书的实用性和可操作性。第一章介绍了蜡的化学结构和特征、油田原油结蜡机理及其影响因素，描述了现今常用的清防蜡技术以及化学剂，由李建中、张发旺编写；第二章介绍了油田井筒和地面系统结垢分析及清防垢措施，由李建中、张发旺编写；第三章介绍了油田中硫化氢产生的原因以及危害，以及硫化氢防治的物理和化学方法，由赵海勇、刘曼编写；第四章介绍了油田井筒及地面系统腐蚀原理，阐述了先进的油田防腐技术，同时也详述了油田管道的腐蚀技术检测及防腐施工技术，由杨帆、李永峰编写。全书由张晓博、鄢长灏、杨学峰统筹、修改并审核。本书的编写工作得到了中国石油长庆油田分公司第十一采油厂方山作业区和中国石油大学（北京）化学工程与环境学院、研究生院及科学技术处相关领导同志的大力支持，在此一并致以衷心的感谢。

由于笔者知识水平有限，编写过程中难免出现疏漏与不足，敬请广大读者提出宝贵的意见和建议。

目　　录

第一章　油田原油结蜡分析及清防蜡技术

石油是现代工业的血液，是国家生存发展不可或缺的战略能源。我国原油的特点之一就是蜡含量高，早在20世纪20年代，就有相关报道称结蜡问题亟待解决。随着科技的飞速发展，石油石化行业对油田清防蜡方面的工艺要求日益提高。

在20世纪末期，陆地和近海的油田经常出现结蜡问题，结蜡的部位主要出现在地面设备、流动管线、炼化设备、油井的套管等。当时清蜡的方法较为简单，常用方法有设计管道尺寸和压力、加热管线和机械除蜡等。后来，油田作业逐渐从陆地转移到海上，在海上进行石油方面的作业需要很长的管道，管道与处理装置的距离有时可达到几百千米。众所周知，石油从油藏出来时温度达70℃以上，而海水的表面平均温度为17~19℃，这一温差就会使运输管道里的原油降温、蜡析出并沉积在管壁上，给原油运输带来了很大困难，也给运输原油的设备带来了极大损害。因此，了解蜡的理化性质和结蜡的机理，对解决结蜡问题至关重要。

蜡是存在于原油中碳数较高的正构烷烃，温度较高时，蜡溶解在原油中。在开采过程中，原油不可避免地会有温度的变化，当温度达到析蜡点之后，蜡将会析出，由液态变为固态，相关设备表面就会出现结蜡现象，这会增加采油设备的负荷，使原油的采收率降低，或将导致停产，给企业带来巨大损失。大多数国家普遍都存在油井结蜡的现象，包括巴西、俄罗斯、墨西哥等，我国油田也不例外，大庆、华北、胜利等油田原油均有较高的蜡含量，解决结蜡问题是保证原油正常开采的一个重要前提。现如今常用的清蜡技术有机械清蜡、热力清蜡和化学清蜡；而防蜡技术也有很多，如在油管内衬与涂层防蜡、强磁防蜡、微生物防蜡、化学防蜡等。不同地区的蜡有不同的特点，因此其适用的清防蜡方法也不相同，找到适宜的清防蜡方法将对提高油田采收率有积极的影响。

本章从蜡的定义和结构出发，讲述了结蜡的机理原因和结蜡的规律，简单介绍了结蜡的热力学和动力学模型，同时表述了油井结蜡的危害，分析了影响结蜡的因素，也陈述了现今常用的清防蜡技术，介绍了相关清蜡剂及其使用方法。

第一节　蜡的化学结构和特征

一、蜡的定义和结构

1. 蜡的定义

石油的组成部分非常复杂，主要包含碳(83%~87%)、氢(10%~14%)、氧(0.05%~

1.5%)和氮(0.1%~2%),还有钒、镍、硫、铜、铁等元素。蜡是一种存在于原油中的复杂混合物,是石油的重要组成部分。常说的蜡是指碳数较高的正构烷烃,为原油中 C_{16}—C_{63} 的组分。其中,C_{18}—C_{35} 的正构烷烃称为软蜡;C_{35}—C_{63} 的异构烷烃称为硬蜡[1]。在开采过程中得到的石蜡是含有沥青质、胶质、无机垢等的固态和半固态的物质,颜色呈棕色或黑色,而纯净的蜡是白色、稍透明的晶体。

石蜡按照加工工艺的复杂程度分为粗石蜡、半精炼石蜡和全精炼石蜡。粗石蜡可用于制造火柴、纤维板等。加工后的粗石蜡可用作防水包装纸、某些物品的表面涂层以及生产蜡烛,也能作为增塑剂、乳化剂、分散剂等。半精炼石蜡和全精炼石蜡可作为食品、药品的包装材料。此外,工业上也用精炼石蜡氧化合成脂肪酸,该脂肪酸的用途也较广。

2. 蜡的结构

蜡的典型结构如图1-1所示,根据碳链结构分为石蜡(粗精蜡)和微晶蜡。石蜡的正构烷烃含量为90%~92%,常温下为固态,分子量为260~500,熔点为40~65℃,多存在于500℃以下的馏分中[2]。石蜡是导致油井堵塞的主要原因,其晶体间容易形成三维网状结构,温度降低时将液态可流动的油组分包围在其中形成凝胶,使含蜡原油的流动性变差。微晶蜡的分子结构比石蜡复杂得多,分子量为470~780,其常与沥青质同时存在,并且在原油中常以针型晶体析出,其蜡晶细小,结合能力强。石蜡和微晶蜡都会与原油中的液态组分结合形成凝胶,但微晶蜡所形成的凝胶具有更高的强度。

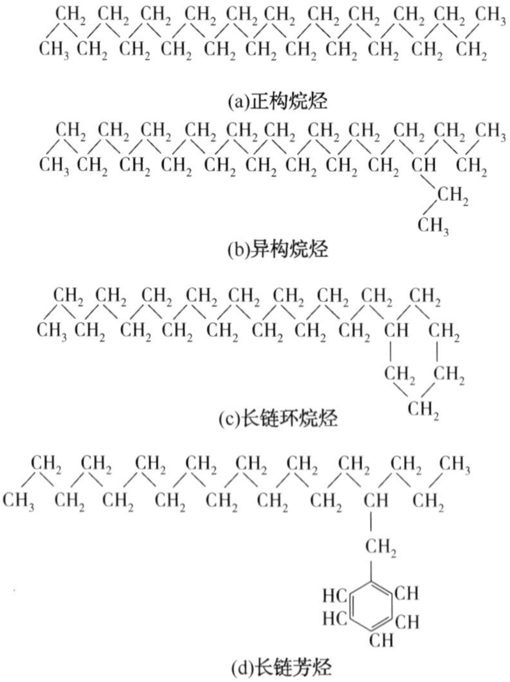

(a)正构烷烃

(b)异构烷烃

(c)长链环烷烃

(d)长链芳烃

图1-1 蜡的典型结构

二、蜡的特征

石蜡和微晶蜡的正构烷烃、异构烷烃、环烷烃数量皆不相同。石蜡主要是正构烷烃，而微晶蜡主要是环烷烃、支链烷烃和芳烃，二者的区别见表1-1。

表1-1　石蜡和微晶蜡的区别

项目	石蜡	微晶蜡
正构烷烃,%	80~90	0~15
异构烷烃,%	2~15	15~30
环烷烃,%	2~8	65~75
分子量	260~500	470~780
熔点范围,℃	50~65	60~90
典型碳数	C_{16}—C_{30}	C_{30}—C_{60}
结晶度,%	80~90	50~65
化学结构	主要为直链分子，少量支链分子，末端可能有芳烃支链	多数为支链分子，少量直链分子

石蜡的主要晶型如图1-2所示。蜡的结晶介质会影响蜡的晶型变化，通常情况下，蜡型为斜方晶格[图1-3(a)]，斜方晶格的结构为星状(针状)或者板状(片状)，是易形成大块蜡晶团的结构，这类晶格结构的蜡晶体体积与比表面积比值较小。除斜方晶格以外，因形成条件不同，也会出现六方晶格结构[图1-3(b)]。若蜡中同时存在胶质、沥青质等其他介质，且冷却速度较慢，则会形成过渡型结晶的结构。

(a)片状　　(b)针状　　(c)树枝状　　(d)微晶状

图1-2　石蜡的主要晶型[2]

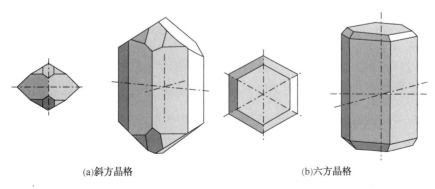

(a)斜方晶格　　　　　　　　　　(b)六方晶格

图1-3　石蜡的晶格结构

第二节　油田原油结蜡机理及其影响因素

我国开采出的大部分石油都具有较高的蜡含量(一般高于 20%，甚至达到 40%)。随着我国学者在原油结蜡及清防蜡领域的研究不断深入，近年来出现了大量的相关研究成果。研究的热点主要有含蜡原油的清防蜡方面的发展、含蜡原油的蜡沉积以及清防蜡技术等[3]。了解清防蜡技术首先就要理解结蜡的机理，以及它的影响因素，对石蜡沉积方面开展研究对于预测石蜡沉积的情况以及确定最佳清防蜡方法具有重要的现实意义。

一、油井结蜡的机理

结蜡的机理涉及许多基础理论，目前对于石蜡沉积的机理存在多种解释，总体来说还没有一个统一的认识，相关理论有溶解度理论、结晶理论、分子扩散理论、惯性效应以及重力沉降机理。

1. 溶解度理论

常压下可以将原油和蜡看作固液平衡的二元系，油为液相，蜡为固相。温度较高时，蜡完全溶解在原油中，此二元系就变为单一的液相，且溶解度决定了蜡溶解的量。温度降低时，蜡的溶解度减小，当温度降低至析蜡点时，该体系为过饱和状态，即开始有蜡析出，体系变为固液两相的分散体系状态[4]。当温度进一步降低时，输油管道内形成径向温度梯度。之后，蜡晶由分散相转变为连续相，从而形成晶格网络，将油包覆在内，当其强度达到一定程度时，分散介质则被分割包围在其中成为分散相，只有在外力作用下，原油才会发生流动。

2. 结晶理论

原油中的蜡以结晶的方式出现，意味着体系温度降到了析蜡点以下。带有极性基团的高分子物质会吸附在蜡表面，加速蜡晶的聚集，而带有长侧链的非极性高分子会在结晶过程中进入石蜡的结构与石蜡共晶。无定型的固体高分子物质作为晶种，能够诱导晶核形成。根据结晶理论，又可以将结蜡的过程分为三个部分：首先是晶核形成，其次是晶体的成长，最后是晶体与晶体之间连接起来形成结构。

3. 分子扩散理论

分子扩散理论认为，原油在流动过程中会向周围环境散热，蜡晶粒子开始析出表明油温下降到了原油的浊点以下。壁面和原油体系如果存在温度差，即会存在蜡的浓度梯度。分子扩散理论认为蜡晶分子的迁移方式有径向扩散、剪切弥散及布朗运动三种。

1) 径向扩散

根据径向扩散，可以将结蜡过程分为三个阶段。首先，溶解蜡分子析出。当温度降低至蜡的结晶温度以下时，蜡晶体便开始析出，管路中任意位置的温度一旦降低至析蜡点以下，就会出现蜡析出的现象。管路内部的蜡分子会随着原油流动，而管壁处析出的蜡会沉积。其次，溶解的蜡会在管内形成浓度梯度。由于在冷却条件下，管壁处的温度先降低，因此管壁上蜡的浓度会大于管中心位置的浓度，蜡会从原油内部到管壁处形成径向的蜡浓度梯度。这种径向的浓度梯度会导致蜡从高浓度处向低浓度处进行扩散。最后一个阶段是蜡的沉积。一旦形成初始的结蜡沉积层，则会加速蜡沉积的速度，在原油流动的过程中，溶解蜡会继续向沉积的部位扩散，使沉积层厚度增加。径向扩散示意如图1-4所示。

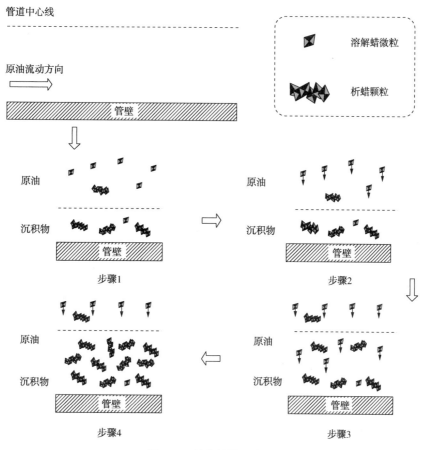

图1-4 径向扩散示意图

2）剪切弥散

剪切弥散是指蜡分子的一种横向迁移。在原油流动过程中，流体有层流和湍流两种状态。在湍流状态下，涡流作用会使悬浮于油中的蜡晶粒子迅速迁移，蜡晶分子的运动速度和方向与油的流线方向基本一致。而在层流状态以及层流向湍流的过渡状态下，则存在速度梯度。在油流的剪切作用下，不考虑分子之间的相互作用，则蜡晶分子还可以一定角速度转动，这将导致蜡晶分子的运动速度降低，同时会逐渐向壁面靠拢。蜡晶分子的角速度可用式（1-1）表示[5]：

$$\Omega = -\frac{1}{R_0^2} \times b \times v_0 \qquad (1-1)$$

式中　Ω——蜡晶分子旋转的角速度；

v_0——管中心的速度矢量；

b——流场中管轴到分子中心的矢径；

R_0——管半径。

当蜡晶分子接近壁面时，其线速度与角速度都有很大程度的减小，最终蜡晶分子会停留在壁面上，通过范德华力聚合沉积。有学者认为，在一定条件下，剪切弥散对蜡的沉积几乎没有影响[5,6]。但在恒定流量时，蜡层厚度逐渐增加，管道内的有效输送半径减小，则流速增加，管壁剪切应力也增大，当剪切应力增大到一定程度时，相当于对管壁上的蜡进行了机械清除，即冲刷了管壁，所以有学者也提出，湍流条件对移除蜡沉积物有显著影响。

3）布朗运动

布朗运动是指悬浮在液体或气体中的微粒所做的永不停息的无规则运动。在原油运输过程中，蜡晶分子会由于碰撞而进行轻微的布朗运动。存在浓度梯度时，由于布朗运动，蜡晶分子会从高浓度到低浓度方向迁移，在胶体化学中，这种溶胶粒子顺着浓度梯度迁移的现象称为溶胶的扩散作用。而由布朗运动引起的迁移可以是向壁面迁移，也可以向湍流中心迁移。学者们通过实验证明，布朗运动和剪切弥散一样，对蜡沉积的影响非常小，在分析时可以忽略不计。

4. 惯性效应

湍流旋涡中带有的蜡颗粒会根据惯性向管壁方向移动。湍流旋涡会消散，但蜡颗粒会根据惯性继续向管壁运动并最终停留在管壁上。有学者研究提出，由于分子布朗运动，原油内蜡分子颗粒的沉积速度与其惯性效应作用力呈正比，旋涡将蜡分子带向管壁处，因此管壁上的蜡颗粒沉积速度会相应提高[7]。

5. 重力沉降机理

蜡析出后的密度将会大于原油的密度，由于重力原因，会使得原油内部的蜡分子沉积，而后出现油井结蜡现象。也有学者通过实验认为，重力沉降机理在结蜡过程中的影响非常小，通常可以忽略不计[8]。

每种机理在蜡沉积的过程中都有发生。为了研究蜡沉积的主要机理，需要大量实验验证和深入分析。经过研究可知，布朗运动及重力沉降机理是结蜡机理中相对次要的理论。这是因为在通常情况下，管壁温度较低，所以较易析出蜡，即蜡可能会直接从管壁向管中心位置移动，并非管中心析出蜡再向管壁移动。并且，由蜡晶分子产生的布朗运动极其微小，同时也鲜有研究表明管壁底部结蜡厚度高于顶部，因此重力沉降机理也相对次要。

而通过大量实验可以证明，高温状态下，分子径向扩散是结蜡的主要机理；温度较低时，剪切弥散是主要的沉积原因。

二、油井结蜡的规律

油井结蜡的规律与原油、天然气、石蜡的组分有关，了解结蜡的规律有利于分析其特点，从而更好地解决结蜡问题。分析结蜡规律大致有以下几个步骤：第一步需要分析原油、天然气、石蜡的样品，对其理化性质进行了解；第二步需要测定石蜡的熔点和不同压力下的析蜡温度；第三步是测定胶质和沥青质的成分及含量，这是因为沥青质由胶质聚合而来，对蜡晶能起到一定分散作用；第四步是用冷板、冷指或循环流动等方法，模拟结蜡过程，验证分析结果[2]。

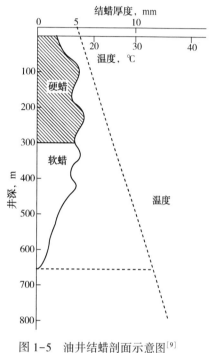

图 1-5　油井结蜡剖面示意图[9]

图 1-5 为油井结蜡剖面示意图，反映了油井结蜡厚度的大致规律。从图中可以看出，从开始结蜡的高度往上，结蜡量逐渐增多，到一定高度后又开始减少，在接近地面处结蜡量降低，这可能是由于接近地面的部分油的流速较大，会将一部分蜡冲走带到地面以上[9]。

1. 研究结蜡规律的方法及装置

为了明确结蜡的规律，各个国家的学者创建了各种各样的蜡沉积实验装置。从 20 世纪 60 年代起至今，主要的实验方法包括冷板法、冷指法、转盘法和环道实验[10]。其中，冷指法与冷板法实验装置的基本原理相同。

Hunt 和 Jorda 等[11,12]利用静态冷板法的试验装置，可在不同温度、不同时间、不同材质、不同温差和冷却速度的条件下，对浸入原油中的金属板（即冷板）的蜡沉积量进行测量。20 世纪 90 年代，Hamouda 等用金属管取代静态冷板法试验装置中的金属板，建立了静态冷指法试验装置[13]。冷指法实验装置的原理如图 1-6 所示。

蜡沉积的环道实验装置原理如图 1-7 所示。与冷指法相比，环道实验所描述的原油在管道中的流动状态更接近真实情况。该装置主要包括供油系统、供气系统、测量系统、温度控制系统、参比段、测试段、取样段和数据采集系统等。但搭建环道实验装置的成本较高，且取样较为困难。同时，环道实验法是利用结蜡的总量来计算管道结蜡的平均厚度，但在实际情况下，管道结蜡的情况十分复杂，该计算方法不能有效表达出管壁结蜡的厚度。

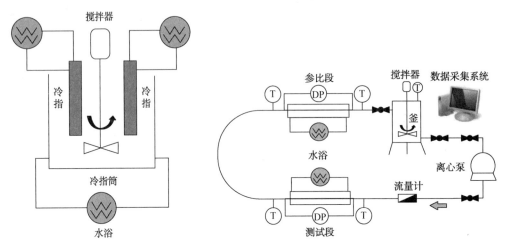

图 1-6　冷指法实验装置原理图[14]　　　　图 1-7　环道实验装置原理示意图[14]

2. 油井结蜡的共性规律

各个国家和地区的学者采用各种方法，研究出了一系列结蜡的规律。虽然不同地区、油田、油井结蜡的规律都有不同，但都存在以下共同的规律：

（1）油井中原油蜡含量越高，结蜡情况越严重。蜡含量多的情况下，可能一天就需要清蜡两三次[15]。

（2）油井结蜡情况通常是开采时间越长，结蜡情况越严重。

（3）原油出产量越低且井口出油温度越低的油井结蜡情况越严重。高产井一般压力较大，流速较大，即蜡的初始结晶温度较低，流体中有较小的热损失，油流温度高，不易于蜡的析出。反之，产量较低的油井由于有较大的热损失，因此油流温度低有利于蜡的析出。

（4）含水量、含砂量越低的油井越不容易结蜡。宋奇等[16]经过研究得出，油井的析蜡点随着含水量的增加而上移。这可能是因为含水量较高，含蜡量就会相对较少，且高含水量会使流体比热容增大，流动过程中使温度下降的幅度较小，因此蜡不易析出。同时，含水量高可能会在油井壁面上形成水膜，不利于蜡的沉积。

（5）油井相关设备越干净，越不容易结蜡，因此管壁光滑的情况下不容易结蜡，而管壁表面粗糙度越大，越容易结蜡，当清蜡不彻底时也容易结蜡。

（6）油井的油管下部、油层、油井底部和油井口周围不容易结蜡。自喷井结蜡的地方在井的一定深度上。在油井底部，油中的溶解气大量存在，因此溶解蜡的能力较强，随着油气上升，溶解气的量减少，且高度上升，压力降低，所以蜡析出得也越多。油井口处不易结蜡是因为靠近油井口处流速较大，一部分蜡会被冲走带到地面上。

现如今有很多研究人员致力于研究油井油田结蜡的规律。崔杨等[8]经过实验得出了管壁中蜡层厚度与时间变化的规律，结蜡层的保温作用随着蜡层厚度增加而增加，但同时也会导致管壁的温度梯度下降，使蜡沉积速度变慢；黄启玉等[17]研究了新疆油田原油蜡沉积的规律，壁温相同的情况下，油温升高而蜡沉积速度增大，且管壁温度越低，蜡沉积的速度增大的幅度越多；范开峰等[18]利用冷指装置分析了油水乳状液中的蜡沉积规律，温差相同时降低油壁温度会使蜡沉积量增加，且含水量增加，蜡沉积量减小。

三、结蜡的热力学和动力学模型简介

分析结蜡的现象和预测结蜡的厚度是一个非常复杂的问题，这是因为每个油田都有独特的条件和特点，很难准确预测或分析结蜡的情况，同时析蜡的表征通常需要花费很多时间，且分析成本较高。因此，需要有理论模型来代替大量的重复实验。

热力学模型和动力学模型是蜡沉积的两个主要模型。蜡沉积热力学模型以相平衡、热力学等理论为基础，结合大量结蜡沉积实验，大多用于计算原油的析蜡点以及不同温度范围析出的蜡量。20 世纪 80 年代末，Won[19]提出了以理想溶液理论为基础的蜡沉积的热力学模型，之后又考虑了固相的非理想性，对原来的模型进行了修正；1993 年，Pedersen[20]在理想溶液理论的基础上建立了蜡析出的模型，他将固相看作与液相处于平衡状态的理想溶液，将液相看作可用状态方程进行描述的非理想溶液；1997 年，Rønningsen 等[21]基于正规溶液理论提出了蜡析出的预测模型，充分考虑了压力变化对析蜡的影响。

传统的蜡析出模型基本都以正规溶液理论为基础，利用半经验方法确定热力学的参数。确定参数之后，就可以建立具体的热力学方程，之后再进行求解。结蜡的热力学模型的建模步骤如图 1-8 所示[22]。

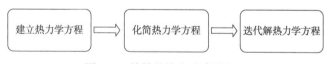

图 1-8　结蜡的热力学建模步骤

蜡沉积的动力学模型分为单相流蜡沉积模型和多相流蜡沉积模型。在单相流蜡沉积模型方面，Burger 模型是 Burger 等[23]在 Fick 扩散定律的基础上，考虑分子扩散和剪切弥散的影响而建立的模型。Kinetic 模型[24]属于半经验模型，它可以综合考虑温度、压力、流态、持液率等相关因素，但对实验数据的依赖较为严重。Hsu 模型[25,26]仅考虑分子扩散作用，忽略剪切弥散的影响，虽然该模型定义了蜡沉积倾向系数，但仍旧存在较大误差。多相流蜡沉积模型大多借鉴单相流蜡沉积的模型，由于受到很多因素的影响，解释多相流蜡沉积模型的机理十分困难，因此其精准度难以保证。其他方面的模型，如黄启玉[27]研究了管壁剪切应力和温度梯度，得到了关于蜡沉积倾向系数的回归式等。国内外学者们通过研究各种结蜡的模型，进行了大量实验，这些模型可以运用到现场的管理与运行中，这为研究结蜡现象提供了有力的技术支持。

四、油井结蜡的危害

原油油层的蜡含量和渗透率呈反比例关系[28]，蜡含量越高，渗透率越低，蜡沉积越多，越容易堵塞产油口，从而降低了石油的开采效率，影响原油的采收率。

对泵来说，泵的出口位置结蜡会导致油管的沿程损失增大，地面驱动系统的运行负荷增加；在泵的吸入口及其以下部位结蜡，可能会使泵烧毁；泵的下部结蜡，将降低泵的吸油性能。

对油管来说，结蜡导致油流动的管径减小，严重时将使管路堵塞，出现卡泵的现象，从而降低产量。

对油井来说，油井结蜡容易损坏设备，井口结蜡会增大井口回压，使深井泵的压头增大，开采成本也因此增加。

我国渤海油田的辽东、渤南、秦皇岛等作业区均有较为严重的结蜡问题。根据 2015 年的调查结果，因结蜡问题导致平均单井损失产油量 33.9t/d，平均的生产效率降低了 14%，给渤海油田造成了极大损失[29]。

图 1-9 为英国的 Lasmo 公司海底回收管道剖面结蜡情况图[30]，显示了蜡的堆积情况。从图中可以看出，蜡沉积在管壁上，几乎将管道堵住。由于严重的结蜡问题，该公司被迫放弃了成本将近 1 亿美元的作业平台。由此可见，结蜡会给企业带来严重的后果，因此研究清蜡以及有效防蜡的手段尤为重要。

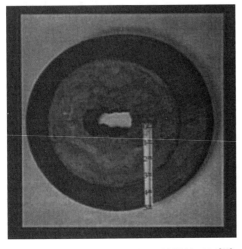

图 1-9 海底回收管道剖面结蜡情况图[30]

五、结蜡现象的影响因素分析

1. 温度

温度是影响结蜡的主要因素之一。地层深度越浅，温度越低，因此随着高度变化，油井内部也呈现温度梯度。同时，在开采过程中，开采条件的变化也会导致温度的变化。当温度在析蜡点以上时，蜡溶解在原油中，此时不会结蜡；若温度达到析蜡点以下，则蜡会析出，且温度越低，蜡析出的量越多。然而，开采过程中原油组分会发生变化，析蜡温度也因此会发生变化。

2. 压力和溶解气

在高温高压的条件下，原油中的轻质组分一直溶解在油中，这会增加石油对蜡的溶解性，降低蜡的析出量。压力在饱和压力之上时，压力降低，原油没有脱气，结蜡初始温度会降低；压力在饱和压力之下时，压力降低，油中的气体不断析出，蜡的溶解性降低，结蜡的初始温度就升高。原油在脱气初期脱出的是轻组分，如甲烷、乙烷等；在后期脱除重组分，如丁烷等。研究表明，轻组分对蜡溶解能力的影响力小于重组分，因此压力持续降低时，初始结蜡温度会明显升高。

采油时，油从地层到地面的过程中，压力会不断减小，当压力降低到饱和压力之后，原油就会发生脱气。气体在分离过程中膨胀，发生吸热，会导致油流温度降低，因此气体析出会使原油对蜡的溶解度降低，即降低油流温度有利于蜡的析出。蜡在不同密度油品中的溶解量与温度的关系如图 1-10 所示。

3. 原油的性质及组成

在原油中加入一些溶剂，可以使原油的黏度降低，打破原油体系的稳定性，使沥青质沉积或者絮凝，蜡在不同溶剂中的溶解度如图 1-11 所示。研究表明，有些溶剂对蜡可以起到溶解的作用，提高蜡在原油中的溶解度，使蜡的结晶温度降低。

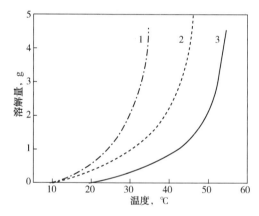

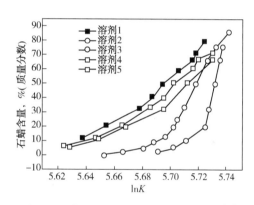

图 1-10　蜡溶解量与温度的关系曲线图[2]

　　　1—密度为 0.7352g/cm³ 的汽油；

　　　2—密度为 0.8299g/cm³ 的原油；

　　　3—密度为 0.8816g/cm³ 的脱气原油

图 1-11　蜡在不同溶剂中的溶解度曲线[31]

油气体系中有机固相的沉积主要是取决于重质组分的占比，油气组成直接影响固相的产生和析出。有研究表明，重质组分含量多，固相容易产生；而轻质组分含量越多，初始结蜡温度会越低，蜡溶解在油中的比例越多，即蜡不易析出。

4. 原油中水和机械杂质的影响

原油中水和机械杂质对于蜡的初始结晶温度影响不大，但原油存在的细小砂粒会给蜡结晶提供核心，有晶核存在时，结蜡速度会加快。此外，油中的含水量越多，油流温度降低得越慢，这是因为水的比热容比油的比热容大。同时，高含水量的油在管路运输时也易在管壁上形成连续水膜，不利于蜡的沉积，因此含水量增高，结蜡现象减轻。研究表明，当含水量达到 70% 以上时，产生水包油乳化物，即水将蜡包住的一种物质，会阻挠蜡晶的聚集，从而减缓结蜡[32]。

5. 原油中的胶质和沥青质

石油沥青可以分离成为油分、胶质和沥青质。胶质具有很强的极性，且化学稳定性差，是一种活性物质。研究表明，胶质含量增加，析蜡温度会降低，石油中的胶质会吸附在蜡上从而阻止蜡晶持续析出。然而，胶质含量增加到一定程度后，对结蜡的影响将很小[33]。

胶质在受热或者常温下氧化可以转变为沥青质，沥青质是胶质进一步的聚合物，实验表明，它会以极小的颗粒分散在油中，成为结蜡的核心，却对蜡晶起到分散作用。因此，蜡晶虽然会析出，但不易聚合沉积。而实际情况有时并非如此，胶质、沥青质存在时，蜡沉积后的强度明显增大，水不易将其冲走，且沥青质增多时，蜡的稳定性增强，会形成自身胶束，参与结蜡的共晶作用[33]，这是一种促进结蜡的现象。由此可见，胶质和沥青质对结蜡的影响是存在着矛盾的两个方面，哪个方面占据主要地位，就可以起哪个方面的作用。

6. 液流速度与管壁表面粗糙度及表面性质的影响

由于高产量的油井原油流速高、压力大、脱气少，因此结蜡温度较低，且在运输过程中热损失较小，油在油管中可以保持较高的温度，低产量油井的结蜡情况一般比高产量油井严重。同时，高产量油井由于有较大的流速，油对管壁的冲刷作用较强，蜡很难沉积在管壁上。

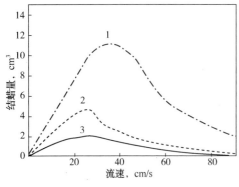

图 1-12 流速与结蜡量的关系[2]

1—钢管；2，3—塑料管

根据图 1-12 可知，油的流速与结蜡量的关系近似于正态分布。随着流速增大，结蜡量增加，当流速达到一定程度时，结蜡量反而下降，且输油管材料不同，结蜡量也有所不同，管壁光滑程度越好，越不易结蜡。相关研究也表明，亲水性越强的表面越不易结蜡。

管壁和油存在一定的温差，蜡在管壁处容易达到饱和的状态，从而会析出。若管壁不光滑，则给蜡分子提供了结蜡核心，使蜡晶体持续长大；蜡晶分子又在范德华力的作用下相互吸引，再加上开采过程中有一定的砂粒，也会提供结蜡的核心，这两个过程交替进行，从而造成油管和油井结蜡。

7. 举升方式对结蜡的影响

举升方式也是影响油井结蜡的因素之一。自喷井和气举升井在井下节流时，气体会膨胀吸热导致温度下降，因此会引起结蜡。若节流的位置在井口，则温度下降幅度更大，结蜡现象更加严重[34]。

第三节　油井清蜡技术

基于油井结蜡对采油的不良影响，油井清蜡技术已然成为采油工艺中至关重要的一环。近年来，随着石油和天然气的勘探、开发和石油加工向纵深方向的迅速发展，研究和解决蜡沉积问题的紧迫性和重要性愈加突出。但随着石油技术的发展以及人们对安全、环境、效益重视程度的提高，对清防蜡工艺技术提出了一些新的要求，一些成熟的工艺技术因成本、效果和环保方面的局限被逐渐改进、停用或替代。因此，采用无污染、无腐蚀的新型清蜡技术和环保、有效、长寿命的防蜡技术以及相关产品对解决油井结蜡问题具有重要意义[28]。目前，得到大规模应用的清蜡技术主要有机械清蜡技术、热力清蜡技术、化学清蜡技术，以及近年来发展起来的微生物清蜡技术、超声波清蜡技术等，上述技术均在油井清蜡中取得了良好的效果。

一、机械清蜡技术

在众多清蜡技术中，机械清蜡技术是最早发展起来的一种清蜡方法。机械清蜡技术采用机械刮削的方法，清除附着在油井管壁、抽油杆上的积蜡。通过地面设备将专用的清蜡设备如刮蜡片、麻花钻头下入到油井中结蜡部位，利用清蜡设备在结蜡处做上下往复的机械运动，使积蜡破碎，随原油在井口采出。机械清蜡技术广泛应用于自喷井和有杆泵抽油井。

1. 机械清蜡设备

1）自喷井机械清蜡设备

对于自喷井的清蜡，通常使用机械刮蜡设备和机械清蜡设备，机械刮蜡设备主要包括绞车、钢丝、滑轮、刮蜡器、铅锤等（图1-13）。进行清蜡操作时，刮蜡片在铅锤重力的作用下，向下刮蜡；通过绞车实现刮蜡片的上提，将刮下的蜡带出地面。如此反复，定期清蜡，达到清蜡的目的。

机械刮蜡装置通常在油井结蜡初期或结蜡不严重时使用，能够取得良好的清蜡效果。但当油井结蜡严重时，油管壁内附着一层厚厚的蜡，堵塞管道。此时再向油井中下刮蜡片就变得相当困难，应采用钻头清蜡的办法对自喷井进行清蜡操作。钻头清蜡设备与刮蜡片清蜡设备类似，不同之处在于将绞车换为通井机，铅锤换加重钻头，下接清蜡钻头，较为常用的是麻花钻头。对于堵塞情况相对严重的井，麻花

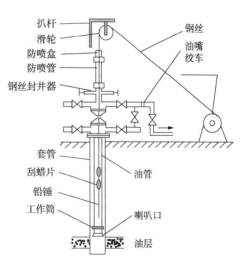

图1-13　自喷井刮蜡片清蜡装置示意图[35]

钻头因其结构原因不能下放到油井中，此时需要先使用矛刺钻头将蜡打碎后再使用麻花钻头进行清蜡操作[35]。

自喷井常采用机械清蜡技术，日常做好压力、温度和产量的监控，发现结蜡应及时采取措施，在现场操作时，要保证一定的油流速度，避免清除的蜡堵塞地层，同时依据每口井的实际情况来制订清蜡方案。

2）有杆泵抽油井机械清蜡设备

（1）抽油杆尼龙刮蜡器。

有杆泵抽油井主要是利用安装在抽油杆上的刮蜡器的往复运动来清除油井和抽油杆上的蜡。以下着重介绍20世纪80年代中期发展起来的一种清蜡技术——尼龙刮蜡器刮蜡，尼龙刮蜡器也是目前油田通用的机械清蜡设备。该设备由抽油杆、限位器、刮蜡器组成，结构较为简单，如图1-14所示。

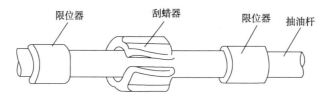

图1-14　尼龙刮蜡器结构示意图

尼龙刮蜡器由强度高、耐腐蚀的尼龙铸塑而成，制造简单，具有表面光滑且亲水、蜡晶分子不易在刮蜡器表面积聚、不易结蜡、摩擦系数小等优点。两个限位器之间的距离称为刮蜡器运动的冲程。

① 工作原理。

抽油杆尼龙刮蜡器是利用抽油杆在抽油过程中的往复运动实现油井清蜡。为了能够清除油井管壁以及抽油杆上的积蜡，需在温度降到蜡析出之前安装刮蜡器。清蜡过程分为两个过程：首先，刮蜡器静置不动，抽油杆运动，利用抽油杆与尼龙刮蜡器之间的相对运动，清除抽油杆上的积蜡；随后，刮蜡器受到安装在两侧的限位器的影响，被迫运动，从而清除管壁上的积蜡。由于刮蜡器外表的螺纹凹槽，使得刮蜡器在运动过程中并不是直上直下的往复运动，而是围绕抽油杆旋转运动，减小了刮蜡阻力，提高了刮蜡效果。

② 尼龙刮蜡器的技术参数(参照Q/0783SKL 004-2017)。

尼龙刮蜡器的技术参数及相关要求见表1-2至表1-5。

表1-2　刮蜡器基本参数

序号	型号	肩部倒角，（°）	内径 d，mm	外径 D，mm	高度 L，mm	开口距离，mm
1	GL-Z-19-B-KL	20	19.05+0.5	57±0.5	60±1	10±0.5
2	GL-Z-22-B-KL	20	22.23+0.5	57±0.5	60±1	12±0.5
3	GL-Z-25-B-KL	20	25.40+0.5	57±0.5	60±1	14±0.5
4	GL-Z-28-B-KL	20	28.58+0.5	57±0.5	60±1	16±0.5

表 1-3 限位器基本参数

名称	肩部倒角	长度 L, mm	外径 ϕ, mm
限位器	无	80±1	35±1

表 1-4 限位器安装距离

配套抽油机冲程, m	1.8	3.2	4.2	4.5	4.9
限位器安装距离, mm	620±20	1100±20	1400±20	1500±20	1600±20

表 1-5 技术要求

序号	特性	特性值		试验方法
		刮蜡器	限位器	
1	材质	尼龙 6		应符合 SY/T 6662.3 的规定
2	尺寸偏差	符合表 1-2 中尺寸要求	符合表 1-3 中尺寸要求	一级钢卷尺和精度 0.02mm 游标卡尺测量
3	洛氏硬度	—	85~114HRM	应符合 GB/T 3398.2 的规定
4	开口张力	2940N	—	应符合 GB/T 1040.1 的规定
5	回弹量	0.02mm	—	应符合 GB/T 1040 的规定
6	纵向承压	—	30~45kN 静载不发生塑性变形和破碎	应符合 GB/T 1040.1 的规定
7	横向承压	—	20~30kN 不发生塑性变形和破碎	应符合 GB/T 14484 的规定
8	轴向额定载荷试验	—	4~5kN 的轴向额定载荷, 静载 5min, 不发生塑性变形、无位移	万能材料试验机进行测试
9	外观	表面光洁色泽一致, 无水化气斑, 内部无气泡, 无局部收缩		目测辅以手感检测

③ 尼龙刮蜡器使用的计算方法。

一根抽油杆上可安装刮蜡器的数量为

$$m = \frac{L-0.3}{0.5S} \qquad (1-2)$$

式中 m——一根抽油杆上安装的刮蜡器数量, 个;

　　　L——抽油杆长度, m;

　　　S——冲程长度, m。

一口抽油井需安装的抽油杆尼龙刮蜡器的数量与井口结蜡点深度有关:

$$M = \frac{H}{L} \qquad (1-3)$$

式中 M——安装数量, 个;

　　　L——抽油杆长度, m;

　　　H——结蜡点深度, m。

尼龙刮蜡器的主要缺点如下: 由于限位器的存在, 刮蜡器不能清除抽油杆接头和限位器上的蜡，因此要定期辅以其他清蜡技术。在实际生产中，常与热力清蜡的方式结合使用，以达到良好的清蜡效果。

实践得知，油井采用机械清蜡操作时使用的刮蜡杆非但不会降低油井的采油效率，还因刮蜡杆对管柱良好支撑作用，有利于扶正管柱，能较好地除去油井管壁上附着的蜡。实际生产中，机械清蜡通常与热力清蜡一同使用，能够达到很好的清蜡效果，满足生产需要。

（2）机械式自动清蜡器。

为克服尼龙刮蜡的缺点，通过进一步的改进，一种机械式自动清蜡器开始在一部分油田试验应用，清蜡效果良好。一种自动清蜡装置[36]如图1-15所示。

图1-15　一种自动清蜡装置

清蜡器由多个结构组成，自动清蜡装置在正常工作时，步弹簧加紧抽油杆，使得刮蜡装置与抽油杆不发生相对运动，利用抽油杆的运动带动清蜡装置运动。其中的换向楔齿转向油管壁，使清蜡装置做单向运动。当清蜡装置主体运动到抽油杆接口处时，通过接口处的楔形构造，迫使步弹簧张开，利用清蜡装置主体的运动，其刀口刮去油管上附着的蜡质；当刮蜡主体停止运动时，由于步弹簧处于打开状态，抽油杆在清蜡装置中滑动，以此来清除抽油杆上的蜡。

自动清蜡器的使用对安装间隙有要求，如果有零件脱落等情况，易造成卡死，现场操作性低；结蜡区间须是直井段，最大井斜角不超过7°。

（3）自动解堵清管器[37]。

该装置将清管和解堵集于一身，在清蜡过程中，能够通过压差感应装置压力变化，提前了解前方积蜡情况，并自动开启前端剪切装置，破坏积蜡的结构，防止管堵，其结构如图1-16所示。

自动解堵清管器主体由前端的剪切装置、中间的动力部分以及后端的推进装置三部分组成。当油井中结蜡后，导致压差感应装置前后压差变化，当压差达到一定数值时，开始供电。带动刀片运动剪切，对积蜡进行破坏，同时叶轮旋转，利用反作用力，推动装置继续进行，达到清蜡解堵的效果。

（4）泡沫清管器。

机械清蜡技术在国外已经发展了相当长的一段时间，机械清蜡技术基本成熟。Canavese等研制出一种新型、低成本和低风险的泡沫清管器，并且该清蜡器检测功能与多

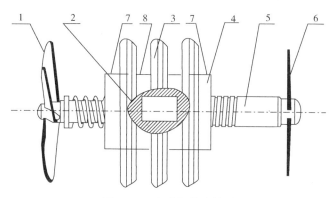

图 1-16　自动解堵清管器

1—叶轮；2—动力供应装置及电磁感应装置；3—皮碗；4—轴架；

5—传动轴；6—高强度硬质合金刀片；7—差压感应装置；8—信号发射器

功能清蜡器(探测功能、定位功能、判断内径大小变化功能等相结合的清管器)类似；此外，该清蜡器还具有其他附加功能，可以检测管内部由于腐蚀等原因引起的粗糙度变化，并且能够通过测定 pH 值和盐度来对腐蚀进行评估。该清蜡技术相对于以前的机械清蜡技术降低了成本，但整体成本还是很高[38]。

2. 机械清蜡技术现场应用及清蜡效果

营 926 X1 自喷井：依靠天然能量开发，原油密度为 0.8697g/cm³，黏度为 22mPa·s，凝固点为 25℃。该井投产 2 个月后，发现油压由 1.8MPa 下降至 1MPa，套压由 2.8MPa 下降至 2.5MPa，产量由 20t 下降至 13t。检查油嘴时，发现油嘴已被蜡堵塞，结合现场数据诊断为该井结蜡。通过分析，采用机械清蜡技术，用 30mm 的刮蜡片清蜡，操作中发现下行至 70m、160m 左右时出现蜡卡现象，反复进行 3 次刮蜡，清蜡后效果明显，液量由 13t 提升至 17t，油压由 1MPa 提升至 1.6MPa。结合油井压力、液量变化情况，制定清蜡周期为每月一次[39]。

3. 机械清蜡技术评价

作为最早应用的清蜡技术，机械清蜡具有简单、直接、快速的优点。同时使用机械清蜡技术，不会伤害油层，使用后不会导致原油产量的下降。早期的机械清蜡装置只能清除管壁上的积蜡，不能清除其他地方的积蜡，容易造成管堵现象的发生；虽然自动解堵清管器和泡沫清管器的研发解决了管堵的问题，但也增加了成本。

机械清蜡技术在使用过程中，存在需要停产时间长、影响采油、花费较大、清蜡不彻底等缺点。

二、热力清蜡技术

热力清蜡技术是利用蜡在某一温度下熔化这一特性，通过提高流体或沉积面的温度，对沉积的蜡垢进行溶解作业，并以此来达到清蜡的目的。

1. 清蜡原理

通过热传导，将热流体的热量传递给油井和管壁，继而传递到积蜡表面，使其温度升高。当温度高于蜡的熔点时，蜡受热熔化，大块积蜡脱落、溶解，随原油一同抽出。相较于机械清蜡技术，热力清蜡技术清蜡更彻底，但热力清蜡耗能高、花费高。

2. 热力清蜡技术的分类

热力清蜡技术根据清除方式可分为蒸汽清蜡、电热清蜡、热流体循环清蜡、热化学清蜡四种[28]。

1）蒸汽清蜡

（1）工作原理。

蒸汽热洗技术是指利用高温水蒸气来溶解油井以及管线中的积蜡的技术。主要是以蒸汽为载体，利用地面高温蒸汽车将污水或清水加热成水蒸气，并将水蒸气自上而下，按小排量，连续不断地注入油套管环形空间，使热能沿环空迅速注入，再借助于抽油泵的抽吸作用形成一个热循环系统。如此，高温流体在循环过程中，高温水蒸气不断地将热量传递给油管、抽油杆及抽油泵，使井筒温度不断升高，当温度高于蜡的熔点时，油管内壁和抽油杆外壁的积蜡逐渐溶蚀，利用抽油泵的正常工作，将熔化的蜡随着油流带出井筒，从而实现热洗清蜡的目的[40]。同时随着水蒸气的不断注入，油井及地面管线的温度场也逐步稳定，当洗井达到一定时间后，管线中的结蜡也随之被清理。

（2）蒸汽热洗技术优缺点。

蒸汽热洗是热力清蜡中较为常用的一种清蜡手段，清蜡效率高，在油田中得到了广泛的应用，其具有以下5个方面的优点：

① 洗井用水量少。

蒸汽热洗过程水的用量为 $8\sim10m^3$。主要由于水由液态转化到气态的过程中，水分子间的氢键消失，转化为作用力很弱的范德华力，体积急剧膨胀。同时，该过程为吸热过程，携带等量的热量所需的液体体积更小，洗井的总液量减少。

② 减少油层伤害。

水蒸气在注入过程中，热量不断被抽油杆吸收，温度降低液化。由于蒸汽液化后产生的压力低，不足以将水挤入地层，减少了对油层的伤害，缩短了洗井后的恢复期。

③ 清蜡彻底。

蒸汽进入井口的温度一般为130℃，最高可达160℃，进口的高温保证了出口温度仍然超过90℃，远高于蜡的熔点，如此高的温度使得积蜡能够充分溶解，并随抽油杆工作带出。同时蒸汽热洗过程常常在5h以上，且蒸汽经过油管壁时无死角，可加热任一位置处的积蜡，确保了蒸汽热洗清蜡的彻底性。

④ 保障连续生产。

蒸汽热洗过程中，不需要停工，油井中的积蜡在高温下溶解后随油一同抽出，避免了因停工造成蜡卡事故的发生。

⑤ 适应性广。

蒸汽热洗适用于日产液 5~15m³、动液面 1000m 左右、结蜡严重、排水周期长的油井，特别适用于底层能量不足的油井清蜡。

蒸汽热洗的缺点如下：

① 热洗时间长。

由于蒸汽热洗过程中热量的逐级传递，导致油井内温度需要较长的时间来达到稳定，因此较常规热洗时间长。

② 不适用于卡封井，因其不能建立热循环。

蒸汽热洗清蜡技术受结蜡程度、热洗方式、热洗周期、热洗深度、热洗温度及时间等多种因素影响，应用效果存在较大的差异性。

（3）蒸汽热洗现场应用实例。

宁东油田 2015 年全年共计实施热洗清蜡 145 井次，其中蒸汽热洗井 78 次，取得了较好的使用效果，保证了油井的正常生产，延长了检泵周期。其中 NP5 井日产液 13.8m³，含水量为 52%，沉没度不足 50m，地层能量不足，为防止伤害地层，选择蒸汽热洗进行清蜡。洗井泵压基本为 0，井口出液温度为 78℃，洗井 7h，洗井过程中上调工作制度，洗井后第二天含水量即基本恢复正常；功图载荷差下降 2.3kN，抽油机耗电量减少 14kW·h/d，上、下电流及井口回压均有所减小，洗井效果明显的同时有效避免了地层的伤害，大大缩短了排液周期。洗井前后对比数据见表 1-6。

表 1-6 洗井前后数据对比

序号	热洗时间	热洗方式	热洗前			热洗后		
			载荷，kN	电耗，kW·h/d	电流，A	载荷，kN	电耗，kW·h/d	电流，A
NP5	2015-01-18	蒸汽热洗	47.19/25.22	110	8.8/8.3	46.06/24.39	96	7.8/7.4

叶三拨油田具有深层、低孔隙度、低渗透率、低丰度等特征，原油物性差，蜡含量较高，最高可达 20%，随着生产的进行，油井内温度、压力下降，造成石蜡的不断析出，其结晶体便聚集和沉淀在抽油杆、油管、抽油泵、套管等设备和管材上。这不但减小了油管内的油流通道，而且加重了抽油杆与抽油机的载荷，增加电动机耗电量，甚至有杆断风险，严重影响油井的正常生产和抽油设备的正常工作。

试验叶三拨油田叶 21 断块叶 22-28 井效果，该井结蜡严重，导致抽油杆在上、下行运动时阻力增大，抽油杆上行时，井筒结蜡会使摩擦阻力增大，抽油机上行负荷增大，电动机电流增大；抽油杆下行时，摩擦阻力抵消了抽油杆的一部分重力，井下负荷减小，电动机举升配重时负荷增大，电流增大。因此，抽油机结蜡时上、下行程电流会不同程度地增加，最大载荷与最小载荷差距大，杆断风险大。蒸气热洗后，示功图恢复正常，最大载荷变小，最小载荷变大，上、下行电流减小，取得了良好的清蜡热洗效果，有效避免了常规热洗对地层造成的伤害，维护了油井的正常生产。自 2013 年以来，对于叶三拨油田已实施清蜡热洗技术 80 井次，由于高温蒸汽热洗温度高，可达到 100℃以上，熔化蜡能力强，使热洗清蜡更彻底。据统计，作业后电流减小，产液量提高，最大、最小载荷差距变小，效果明显，油井恢复正常生产。抽油机热洗质量大幅度提高，热洗效果非常理想，解决了能源浪费、系统管线设备结垢严重、火管坍塌概率大等问题[42]。

2）电热清蜡

电热清蜡也是利用加热手段来提高原油温度，以此来达到清蜡目的的一种工业手段。与蒸汽热洗的方式不同，电热清蜡一般采用抽油杆通电作为发热体，通过热量传递将温度传递给原油，使已经析出的蜡在高温下溶解的同时，避免了蜡的继续结晶析出。此外，电热清蜡也适用于稠油开采，因为稠油黏度对温度变化十分敏感，温度每升高 10℃，黏度降低一半左右。

电热清蜡效率高、效果好，但是投资大、耗电高等缺点始终制约其发展与应用。目前，电热清蜡技术主要有集肤效应电热杆清蜡和加热电缆清蜡两种。

（1）集肤效应电热杆清蜡[43]。

电热杆清蜡装置主要由传感器、整体电缆、空心杆、终端器、变螺纹接头、电热抽油杆、防喷盒、二次电缆、控制柜等组成，其结构如图 1-17 所示。其中，电热抽油杆、防喷盒、二次电缆、控制柜组成了电加热抽油杆装置。

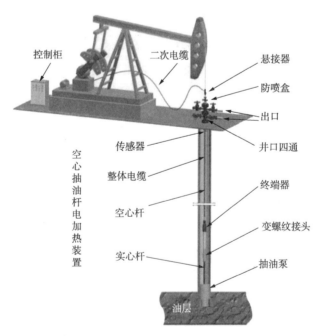

图 1-17　电热杆清蜡装置结构示意图

工作原理：利用控制柜将三相交流电变为单相交流电，与空心抽油杆内部的绝缘铜导线相连，通过底部的终端器构成回路，使电流沿绝缘铜导线横截面传送，导线中心没有电流通过，从而在铜导线上产生涡流，这就是集肤效应。利用集肤效应使空心抽油杆生热，以此达到清蜡的目的。电热杆清蜡装置技术参数见表1-7。

表1-7　电热杆清蜡装置技术参数

项目	数值	项目	数值
抗拉强度，MPa	≥790	最大扭矩，kgf·m	≥110
屈服强度，MPa	≥640	工作温度，℃	−20~180
加热深度，m	900~1600	耐电压，V	≥2000
伸长率，%	12	热效率，%	≥98
接箍直径，mm	50	绝缘电阻，MΩ	≥500

针对文南油田沙一段稠油开采困难的特点，引进了电热抽油杆技术，现场应用5口井。累产稠油2652t，开采效果显著。2001年11月26日，NW79-140井下入电加热抽油杆进行稠油开采，获得了成功。该井日产液2.4t，日产油1.2t，含水量为50%。电热杆加热功率控制在48kW，日耗电量1156kW·h。由于电热杆处于油管内部，加热液体热损失小，因此效率高达90%以上。井口出液温度为60℃，电动机上、下行电流为67A和60A，该井一直生产正常。随后又在W264井、W138井、W184-32井、W79-130井4口井上应用电热抽油杆技术进行稠油开采，均获得成功。

文南油田较偏远的文179区块，油井集中，产能较高。但是由于该区块开采技术尚未完善，使用常规加药、热洗等清蜡措施，极易造成油层伤害，影响原油采出率。进行电加热后，油井悬点载荷明显下降，产量略有上升。以W179-13井为例，该井通电加热前日产液19.9t，不含水最大载荷为108kN；加热后日产液23.5t，最大载荷降为95kN。说明电加热清蜡效果明显，有效避免了洗井液等外来物质的进入，减少了油层伤害[44]。

（2）加热电缆清蜡。

加热电缆清蜡装置的工作原理是电缆缠绕在油管上，电缆通电生热，溶解油管积蜡，提高温度，防止进一步结蜡，加热功率可随实际生产需要随意调节。图1-18为加热电缆清蜡装置结构示意图。

华北油田采油三厂的楚29-5井，蜡含量高，沥青质含量高，热洗仅26天，每周需加药化防2次。该井于1995年9月初停

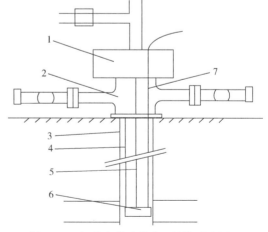

图1-18　加热电缆清蜡装置结构示意图

1—专用井口；2—井口四通；3—套管；
4—油管；5—抽油杆；6—抽油泵；7—加热电缆

产，热洗清蜡无效；后在该井下入加热电缆，经使用加热电缆清蜡后，日产油15t，应用效果良好。

3）热流体循环清蜡

热流体循环清蜡的主要原理是利用加热流体在井筒中循环流动，使油井中的油温升高，温度的升高可以避免因温度降低而析蜡，同时又可以将已经析出结晶的蜡质熔化，从而保证连续生产。热流体循环清蜡主要包括常规热洗、空心抽油杆热洗和热氮清蜡。

（1）常规热洗清蜡。

① 工作原理。

通常进行反洗井操作，在生产过程中，采用比热容高、与油井配伍性好、不会伤害油层且经济环保的热流体，如热油、热水、热气等。将热流体注入抽油杆与油套环空内，将积蜡熔化。随着生产过程进行，热流体以及熔化的蜡跟随原油在油管中流出。常规热洗清蜡具有洗井过程中无须停产、不伤害地层、洗井后回复时间短等优点[41]。

② 常用设备。

通常使用的设备是热洗车，车辆按照排量、功能和适用性的不同又可分为大排量热洗车、锅炉车、煤炉车、超导热洗清蜡车等，超导热洗清蜡车如图1-19所示[36]。

通过地面设备将热洗介质加热到一定温度（井口返出液温度控制在60~70℃），并将热洗介质以一定速度（5~15m/h）注入油内循环，循环到井内温度达到蜡的熔点（50℃左右）后，蜡逐渐熔化并随同热洗介质返至地面。

图1-19　超导热洗清蜡车[36]

③ 常规热洗优缺点。

常规热洗清蜡具有热洗车机动性好、加热温度高、较其他清蜡方法清蜡更彻底、适用性广、见效快等优点，但操作费用高，且对于压力低或敏感性地层使用热洗车会造成倒灌，伤害油层，热洗后恢复时间长，影响油井产能。与蒸汽热洗类似，常规热洗不适用于卡封井，并且热洗车类型的选择受热源和产液量、井深、结蜡点等井况限制。

④ 常规热洗现场应用实例。

a）低压小排量煤炉车热洗。

王场油田热力清蜡的最常用方式是低压小排量煤炉车热洗，清蜡成本低、施工简单。通过洗井前的加药、循环、回灌，控制洗井过程中的排量、温度，达到熔蜡清蜡目的。

广 9 斜-9 井，在 700m 以上井段是原油中蜡析出沉积的主要部位，现场热洗 2.5h 后在 70m 以上井段温度达到 60℃，50m 以上井段温度达到 80℃，而在 70m 以下部位没有达到熔蜡所需温度。因此，该井煤洗过程在 70m 以上是依靠煤洗液的熔蜡和井液的冲刷作用，而在 70m 以下则主要是依赖井液的冲刷作用将杆管壁上的蜡进行清除。当上部的蜡沉积逐渐热熔后，因油井没有充足的井液将这部分熔蜡冲刷带走，熔蜡将会下滑，把下部的杆管环形空间堵死，将油管憋漏或憋爆[45]。

b）热洗车循环热洗。

营 691-1 HF 井，含水量低(不足 1%)。进入冬季后，该井回压升高，液量减少，最大载荷增大，最小载荷减小，其载荷曲线如图 1-20 所示。现场落实情况，发现油嘴套内有大量蜡块。采用 300 型热洗车循环热洗，热洗后最大载荷由 83.6kN 下降至 82.5kN，最小载荷由 43.9kN 提升至 46.9kN，回压由 1.6MPa 下降至 0.8MPa，液量由 18.2t 提升至 22.5t，热洗完含水量出现短期的升高，由 0.6% 猛增至 46.1%。经过 24h 生产，含水量基本恢复正常[39]。

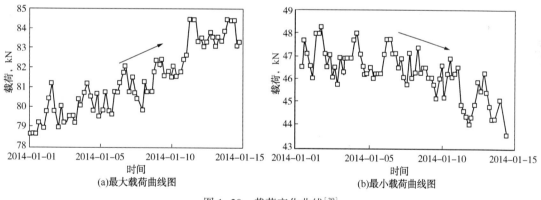

图 1-20　载荷变化曲线[39]

c）热力车油洗和水洗。

热力车油洗和水洗的清蜡效果好，前者是针对高产油井清蜡，后者是针对高液量、高含水量油井清蜡。热力车水洗容易造成洗井后含水量恢复慢。热力车油洗的出发点是消除对地层的伤害。但在实际生产过程中，部分井油洗清蜡后排水期长，严重者则伤害地层，使油井丧失产能。以王 57 斜-8 井为例，该井用王 45 拉油点罐内原油进行热洗清蜡后，油井却失去产能，调查发现是原油底水未放干净造成的。分析原因认为：外来水进入地层后，使油水界面张力增大，原来的连续油相运动减弱甚至卡断，实际生产表现就是油量减少或不出油。因此，对热水洗井应考虑该井地层的敏感性，热油洗井则要严格控制原油含水量。

（2）空心抽油杆热洗清蜡。

空心抽油杆热洗流程包括两部分：一是井下空心抽油杆柱及单流阀；二是地面空心光杆、高压阀门、弯管、快速接头及高温耐压胶管等。

空心抽油杆是用无缝钢管和空心接头通过摩擦焊焊接而成，在螺纹接头部分设有密封装置，连接后密封可靠，除了具备普通抽油杆的功能，还可通过中心孔道注入热油、蒸汽、化学降黏剂等，中心孔道还可以装入电缆，用作电热杆。利用空心杆进行热洗清蜡，在结蜡油井的油管内实现热洗循环，其技术特征是把井口的实心光杆变成空心光杆，实心抽油杆换成空心抽油杆加入井下开关总成，下入油管结蜡点以下30m，热力载体（热油、热洗水）通过空心杆进入油管，在油管加热原清蜡后从油管返回到地面流程，达到油管内循环热洗清蜡的目的[46]。空心抽油杆热洗清蜡流程如图1-21所示。

空心抽油杆热洗清蜡工艺是将一定长度（600~800m）的空心抽油杆及配套的热洗单流阀下入油井结蜡深度以下位置，下接实心抽油杆，由热洗锅炉车加热热洗介质，热洗介质经高压耐温软管泵入空心光杆，向下经空心杆流至单流阀。在此过程中，空心杆被加热，杆外壁的结蜡被熔化；热洗介质经单流阀流入管杆环空内后，沿油管向上流动，管内油流被加热，油管内壁和空心杆外壁的结蜡也随之被熔化，随着上返油流一同被返排至地面流程。

油管内循环清蜡工艺杆柱由空、实两种性质的光杆组成，其结构如图1-22所示。

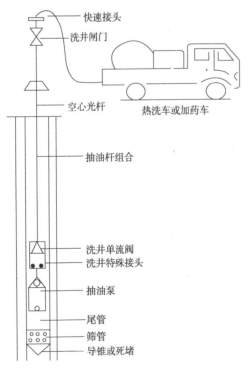

图1-21　空心抽油杆热洗清蜡流程

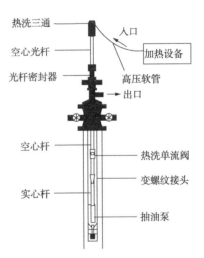

图1-22　空心杆热洗装置示意图[47]

实心光杆短节与空光杆间采用专用洗井三通相连，空光杆下连空心抽油杆，由井下洗井开关与实心杆连接，空心杆下入位置为油管结蜡点以下 30~50m，当通过产量分析、制定热洗周期、需要进行热洗清蜡时，则使用快速接头将专用软管与热洗清蜡车及井口洗井三通连接，热洗清蜡车将热流体以一定的排量及压力泵入空心杆，打开井下专用洗井阀，热流体由管杆环空上升至井口并进入单井生产管线，从而达到油管内循环热洗清蜡的目的[47]。

① 空心抽油杆热洗清蜡的优缺点。

空心抽油杆热洗清蜡的优点如下：

a）洗井时洗井液只在油管内循环，不伤套管，不与地层相接触，从根本上杜绝了洗井液伤害地层的问题，清蜡效果好。

b）热洗时间短，热洗介质用量小，热洗效率高，不影响泵正常工作，油井不减产。

c）热洗后油井排水期短，油井产量恢复快。

d）避开油套环空，管杆环空自循环，能很好地解决卡封井热洗清蜡的难题。

其缺点在于：热洗时泵压高，对地面设备及管线要求高；同时为避免管杆环空过小，需使用 ϕ86mm 的油管，加上空心杆的使用，在一定程度上增加了管杆的投入成本。

由于空心抽油杆热洗清蜡设备较复杂，因此在操作施工中要注意以下 4 个方面：

a）施工前应对热洗清蜡井的结蜡情况及有关井史资料数据进行详细的了解分析，并做到下井施工设计的管柱结构配置尺寸数据准确可靠。

b）凡是要施工下井的空心抽油杆及其相匹配连接的零部件，均要按下井管柱设计要求尺寸进行检查核实后方可下井；凡是下井的空心抽油杆及匹配零部件，都要保持杆内外的清洁和通畅。

c）凡是与空心抽油杆相匹配下井的零部件，其性能必须灵活可靠，如光杆单流阀等在施工下入空心抽油杆的过程中要注意对各连接螺纹部位检查、清洁、涂螺纹油，以防泄漏粘扣或断脱等事故的发生。

d）凡是下井热洗清蜡的空心抽油杆，不允许有弯曲变形和损伤存在，在施工上修和移动抽油机驴头时，应注意不要压弯光杆或碰坏控制闸门及其他零配件。

空心抽油杆热洗清蜡操作简单，清蜡效果好，克服了常规热洗伤害地层的缺点；但该技术还需提高抽油杆的强度及其配套工具的性能，确保单流阀打得开、封得严；应尽可能增大抽油杆内径，降低系统压力。

② 空心抽油杆热洗清蜡现场应用实例。

宁东油田的 ND27P4 井在生产过程中发生了套损，因此进行了卡封作业，考虑到该井前期生产时结蜡严重，为避免无法热洗导致蜡卡的发生，卡封作业时下入了空心杆，后期生产中定期进行蒸汽热洗清蜡。洗井时单向阀打开压力为 5.6MPa，正常洗井压力为 3.6~4.9MPa，井口出液温度为 80℃，洗井 2h，洗井液量为 7.8m³。洗井后功图载荷差下降

3.07kN，抽油机耗电量减少 8kW·h/d，洗井效果明显，有效解决了卡封井的清蜡难题[41]。

新疆春光油田排二区块，排 206-9 井、排 2-23 井采用空心抽油杆热洗清蜡前，油井结蜡严重，影响日常生产；应用该技术清蜡后，油压、日产量全部恢复至投产时的水平，经济效应高，进一步验证了空心抽油杆清蜡技术的优越性[48]。

（3）热氮清蜡[36,49]。

热氮清蜡的工作原理是由制氮车组产生连续不断的高压氮气，经加热装置加热达到所需温度后，注入井下进行洗井作业，达到清蜡解堵、稠油降黏、助排、提高油井产量的目的。与传统的液体热洗清蜡技术相比，热氮清蜡技术使用氮气，在使用过程中既不会对采油设备造成腐蚀，也不会对原油品质造成影响，同时不伤害地层和影响生产时率，此外高温的氮气具有更强的冲刷能力，对地层有一定的解堵提压作用，节省拉水运输费用。

4）热化学清蜡

为彻底清除沉积在井筒内的蜡，曾采用热化学清蜡的方法。它是利用化学反应生热来清除积蜡，利用清蜡物质在油管中发生化学反应生热，溶解沉积在油管上的积蜡。常见物质有氢氧化钠、活泼金属，与盐酸作用，可放出大量的热[50]。反应方程式如下：

$$NaOH+HCl \longrightarrow NaCl+H_2O \quad \Delta H = -99.23×10^3 J/mol$$

$$Mg+2HCl \longrightarrow MgCl_2+H_2 \uparrow \quad \Delta H = -460.6×10^3 J/mol$$

$$2Al+6HCl \longrightarrow 2AlCl_3+3H_2 \uparrow \quad \Delta H = -572.5×10^3 J/mol$$

传统的化学生热清蜡体系也曾经在油田工业中使用，而且大部分的应用都取得良好的效果。上述方法虽然产热可观，但是所用原料经济性不高，且实际应用过程中清蜡效率低，因此常与热酸处理联用。

相比蒸汽热洗、电热清蜡、热流体循环清蜡等利用外部热量熔化积蜡并带出油井的技术，热化学清蜡技术能够克服其他 3 种清蜡技术在清蜡过程中会产生热量损失导致井内尤其是井底温度降低、热油中的石蜡沉积的缺点。

正是由于热化学清蜡技术的优势，人们对于热化学清蜡体系的研究从未停止，总结了一系列新化学生热体系[51]：

（1）亚硝酸盐与铵盐生热体系。

由壳牌公司研发的化学生热清蜡体系于 1984 年在海军 3 号石油储备库中使用。系统使用两种溶液，即亚硝酸钠（$NaNO_2$）和硝酸铵（NH_4NO_3）或氯化铵（NH_4Cl），反应方程式如下：

$$NaNO_2+NH_4NO_3 \longrightarrow N_2 \uparrow +2H_2O+NaNO_3 \quad \Delta H = -5543800 J/mol$$

1mol $NaNO_2$ 与 1mol NH_4NO_3 反应产生 5543800J 的热量，且反应过程中伴有氮气的生成，有助于流体的流动。

（2）金属钠与水生热体系。

KKG 公司发明的化学生热清蜡体系的反应原理与上述原理基本类似，其反应方程式如下：

$$2Na+2H_2O \longrightarrow 2NaOH+H_2\uparrow \quad \Delta H=-184800J/mol$$

1mol Na 与 1mol H_2O 反应产生的热量是 92400J。按每个质量单位计算，采用新的化学生热方法制成的固体化学棒比壳牌公司研发的液体溶液产生热量更有效。反应过程中伴随氢气的产生，具有与氮气相同的提高流体流动性能的作用。该反应虽然有氢氧化钠的生成，生成的氢氧化钠会立即与油管壁生成絮状氢氧化铁腐蚀油管，但是基于油管壁上的油膜与油管普遍具有抗腐蚀性能的涂层等原因，该反应产生的腐蚀作用极小，对油井的影响可忽略不计。

（3）过氧化氢生热体系。

过氧化氢（H_2O_2）是一种不稳定的过氧化物，具有特殊气味，性质极不稳定，易分解，遇光、热、金属离子、有机物等都会分解为氧气和水，并伴随大量热的生成。

$$2H_2O_2 \longrightarrow O_2\uparrow +2H_2O \quad \Delta H=-196000J/mol$$

由于 H_2O_2 的不稳定性，其不适用于油气井，分解产生的氧气极易引起爆炸。

（4）多羟基醛氧化生热体系。

多羟基醛化合物（如葡萄糖）在催化剂的作用下与三氧化铬反应，生成二氧化碳气体，并伴随大量热的生成。

新化学生热技术清蜡的优势如下：

（1）热效率高。在井筒中产生大量的热量，直接扩散到沉积在油管壁上的石蜡上，热量不会在井筒中损失，减少能量的消耗。

（2）成本低。同化学防蜡剂相比，可以节约 60% 的成本。

（3）施工时不停产，不影响产量。

（4）反应产物不伤害油层。

（5）施工简单，成功率高。

（6）同热洗清蜡方式相比，可以节约大量的水、电、天然气等能源物资。

热化学清蜡技术在俄罗斯油田进行了现场应用。其中#639 油田#4858 油井含水量非常高，达到了 97%，且该井结蜡严重，无法连续生产作业。为了保证连续生产，采用电热清蜡技术，但并未达到清蜡的目的。后采用热化学清蜡技术，1996 年 9 月 28 日，在油井中投入两根清蜡棒，清蜡效果十分显著。资料显示，清蜡前日产液仅有 32m³，放入清蜡棒 4h 后，日产液上升到 48m³。1996 年 10 月 2 日，计量产量上升到 45m³。

#654 油田#4713 油井是一口电泵井，清蜡前不产液，油井含水量为 93%，根据油田资料记录，在该井下 370m 处因蜡堵停产了 3 天。值得注意的是，1997 年 11 月 30 日，在油

井中使用了电加热装置，但并没有达到恢复生产的目的。1997 年 10 月 1 日 14：00 投入 3 根清蜡棒并加入 5L 水；14：30 又投入 2 根清蜡棒；15：45 启泵生产，油压以每分钟 0.1~0.15MPa 的速度上升；16：10 又投入 2 根清蜡棒，油压以每分钟 0.35MPa 的速度上升并开始出液，这种状态持续了 1h；到 17：10 时停泵，为了验证清蜡效果，用直径 42mm 的通井规进行通井，在 270m 处遇阻（油管内径为 62mm）；17：40 又投入 5 根清蜡棒并加入 4L 水，20：00 启泵生产，油井产量上升。1997 年 10 月 2 日，据油田资料，油井生产正常[50]。

2005 年 12 月，在塔里木轮南油田 LN2-5-13B 井首次运用该化学生热技术清蜡获得了成功。试验前 φ38mm 通径规通井至井下 40m 处遇阻，试验后 φ38mm 通径规顺利下放至井下 4000m，通井顺畅无阻[51]。

三、化学清蜡技术

化学清蜡技术分为无机放热法和有机溶剂法。无机放热法利用药剂反应生热使蜡溶解达到清蜡的目的。但是无机放热法成本高，清蜡效果一般，已经很少有油井采用。有机溶剂法，即利用有机溶剂使蜡溶解来清蜡[52]。

1. 清蜡剂清蜡机理

清蜡剂的分子结构与石蜡分子相似，使得清蜡剂能够与石蜡分子结合，从而阻碍蜡在油管壁上的沉积。清蜡剂作用原理如图 1-23 所示。

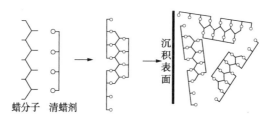

图 1-23　清蜡剂作用原理示意图

使用对积蜡有很强溶解性的溶剂使积蜡溶胀、软化，将其完全溶解或悬浮于原油中，随油一同抽出，达到清蜡的目的。清蜡剂还能够改变蜡的晶形结构，使蜡变得易于除去。我国最早使用的清蜡剂是 1977 年大庆油田科学院通过筛选 60 多种有机溶剂后，研制出的大庆一号清蜡剂[47]。

2. 清蜡剂的主要成分

1）溶剂

一般选用溶蜡较强的溶剂，常用的溶剂有二硫化碳、四氯化碳、三氯甲烷、苯、甲苯、二甲苯、轻质油等。此外，还有一部分不多于三个氮原子的有机胺类，如吡啶、吗啉、正丁胺、二甲基丙胺等。其中，二硫化碳、四氯化碳、三氯甲烷对蜡的溶解能力最强。溶剂是清蜡剂最主要的成分。

2）互溶剂

由于蜡中通常含有极性物质，如胶质、沥青质等，在溶剂中的溶解能力差，需要加入甲醇、乙醇等低碳数醇作为互溶剂以提高蜡在溶剂中的溶解度。

3）表面活性剂

表面活性剂在不同种类的清蜡剂中作用不同。在油基清蜡剂中起润湿、分散作用；在水基清蜡剂中起润湿反转作用，使结蜡表面反转为亲水表面，有利于蜡的脱落；在乳液型清蜡剂中起乳化剂的作用，使水和油形成 O/W 型乳状液。常见的表面活性剂有磺酸盐型、季铵盐型、芳基磺酸盐、油溶性烷基铵盐、聚氧乙烯壬基酚醚、磷酸酯等。

4）碱性物质

在清蜡剂中加入碱性物质，可以与胶质、沥青质等极性物质反应，产生易于分散在水中的物质，从而可被水基清蜡剂或油带走。常见的碱有氢氧化钠、氢氧化钾、碳酸钠等。

5）水

水主要用来形成乳状液外相，同时还可以增加清蜡剂的相对密度。

3. 清蜡剂种类

化学清蜡剂可分为油基型清蜡剂、水基型清蜡剂和乳液型清蜡剂。

1）油基型清蜡剂

油基型清蜡剂的作用原理是将对沉积石蜡具有较强溶解和携带能力的溶剂分批或连续反注入油井，将沉积石蜡溶解并携带走。结蜡严重时，可将清蜡剂大剂量加入油管中循环以达到除蜡的目的。在油基型清蜡剂中通常加入表面活性剂，利用表面活性剂的润湿、渗透、分散和洗净作用，进一步提高溶剂的清蜡效果。油基型清蜡剂的清蜡效果非常好，但其多数具有毒性，且易燃易爆。

近几年油基型清蜡剂研究活跃，已经研制出多种油基型清蜡剂的配制方法。蔡万伟等研制出一种闪点高、凝点低、安全无毒且环保的油基型清蜡剂。该油基清蜡剂主要由饱和烷烃、芳烃、渗透剂、增稠剂等组成[47]，其主要成分及含量见表 1-8。

表 1-8　油基清蜡剂配方

组成	二甲苯	三甲苯	辛烷	白矿油	渗透剂 F331	正辛醇	正戊醇
体积分数，%	25	10	15	40	0.6	7.05	2.35

中国矿业大学李明忠等[53]利用重溶剂油具有较高的密度，而且和轻质油在溶蜡性能方面具有协同作用，将轻质油与溶剂油按体积比 6∶4 组成油基型清蜡剂，溶蜡速度可达 0.037g/min。胜利油田曹怀山等使用有机溶剂、表面活性剂、蜡晶改进剂、加重剂等研制的 CL-92 油基型清蜡剂，在温度为 50℃的条件下，溶蜡速度为 6.48g/(mL·min)。黑龙

江省科学院石油化学研究院李冰等研制的 JQF-1 减黏型清防蜡剂，具有减黏、防蜡沉积和清除积蜡等优良性能。该药剂能在冬季低温(-35℃下)使用和存放，防蜡率不低于 65%，降黏率为 30%~35%，清蜡周期一般可达 3 个月以上。大庆石油学院范振中等研制 FLO 油基型清防蜡剂，室内实验表明，溶蜡速度大于 0.02g/min，静态防蜡率大于 50%，降黏率大于 30%，动态防蜡率大于 60%。长庆油田张煜等研制的 YS-3 清防蜡剂由有机溶剂、表面活性剂和高分子聚合物(蜡晶改进剂)、渗透剂、加重剂等组成。测定结果表明：该清防蜡剂 50℃下溶蜡速度为 2.3mg/(mL·min)，清蜡周期可达 1 年以上。

油基型清蜡剂的优点如下：清蜡速度快，适用于低温环境，加入聚合物可以起到防蜡的作用；适合在高寒地带使用，可以替代热洗，有效地延长清蜡周期，提高油井采出率。但其也具有不适合含水量较高的油井，易燃、易爆、有毒等缺点。

2）水基型清蜡剂

水基型清蜡剂以水作为分散介质，在其中加入表面活性剂、互溶剂及碱性物质。表面活性剂将石蜡表面由亲油变成亲水，使得石蜡能够溶解在水基清蜡剂中，同时表面活性剂的渗透作用可使蜡分子与管壁间的黏结力减弱，从而有利于清蜡。

水基型清蜡剂安全、经济，但是只有用 80℃ 以上的水配制清蜡剂才能起到清蜡的作用，清蜡效果差，大部分以防蜡为主、清蜡为辅。

黄晓东研制了一种水基型清防蜡剂 YE-60，该水基型清防蜡剂为非离子表面活性剂型，配制方法如图 1-24 所示。该清防蜡剂既有清蜡效果，又有防蜡效果，以防蜡为主，清蜡效果不佳[47]。

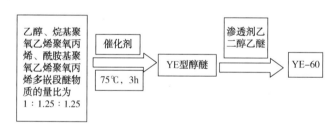

图 1-24　水基型清防蜡剂 YE-60 的配制方法[47]

王晶等对 7 种表面活性剂进行了分散性实验，筛选出 NP-10、OP-10、AEO9、渗透剂 T 四种效果较好的表面活性剂，又经过两两复配，全部复配，最终确定当渗透剂 T：OP-10=50：1 时，防蜡效率达到最高值，约为 70%，效果最好。对于目前油井结蜡问题，该方法能够促进采油能源的规模化与高效低成本开发，提供了更好的防蜡解决方案[54]。

水基型清蜡剂适用于含水量高的油井，安全、无毒；但其清蜡效果差，常用作防蜡使用。

3）乳液型清蜡剂

乳液型清蜡剂是采用乳化技术，将清蜡效率高的芳烃或混合芳烃溶剂作为内相，将表面活性剂水溶液作为外相配制的水包油型乳状液。选择有适当浊点的非离子型表面活性剂作乳化剂，就可使乳化液在进入结蜡段之前破乳，起到清蜡作用。

乳液型清蜡剂实际上就是水基清蜡剂与油基清蜡剂的复配产物，内相是溶剂，外相是水，用表面活性剂使其乳化，属于水包油型清蜡剂。乳液型清蜡剂常温下性质稳定，在油井温度下破乳，分解为油水两相。乳液型清蜡剂油相作为高效的溶蜡剂，水相含有表面活性剂，常作为防蜡剂使用。

乳液型清蜡剂既克服了油基型清蜡剂易燃、易爆、对人体毒害性较大等缺点，又克服了水基型清蜡剂清蜡效率低、受温度影响较大的缺点，保留了有机溶剂及表面活性剂的清蜡效果，具有很好的发展前景。

4. 影响清蜡效果的因素

1）清蜡剂的类型

根据相似相溶原理，溶质与溶剂的溶解参数接近时，互溶性更好。根据实际情况，选择与石蜡相容性好的清蜡剂有利于彻底清蜡[55]。

2）清蜡剂的用量

石蜡溶液的黏度随清蜡剂用量的增加而减小，但二者并不是简单的线性关系，而是其黏度与清蜡剂用量之间存在极值。因此，选择清蜡剂用量时，应选择曲线拐点附近，避免因用量不足而造成清蜡不彻底；或加入量过多导致浪费，经济效益低。

3）清蜡温度

清蜡温度选在石蜡熔点附近，在保证清蜡效果的同时，经济性最高。

4）现场加药方式、加药制度

好的清蜡效果不仅要有好的配方，现场加药方式、加药制度也很重要。在室内测试时清蜡效果显著的清蜡剂，现场应用时往往发现效果并不理想，甚至还会出现完全没有作用的情况。因此，清蜡剂的使用必须根据油井条件和结蜡情况，采用合适的加药方式来保证清蜡剂的使用效果。原则上，清蜡剂加注时，要保证石蜡与药剂有充分的接触时间，以此来达到良好的清蜡效果。

5. 化学清蜡剂加药方法

1）自喷井化学清蜡

由于自喷井井口压力比较高，因此一般采用高压加药罐加药，将足量清蜡剂加入高压加药罐。清蜡时，将清蜡剂压入油管内进行清蜡；通过调节套管阀的开度来控制单位时间的加药量，实现向油套环形空间连续加药和断续加药。但是要注意加药周期，可用示踪剂测试求得合理的加药周期。

2）抽油井化学清蜡

一般采用抽油井清蜡装置，加药时先关闭进气阀和连通阀，打开放空阀放空，再打开加药阀加够足量的药，然后关闭加药阀和放空阀，打开进气阀；清蜡时开大连通阀，将清蜡剂一次性加入油套环空，计算好清蜡剂到达结蜡井段时停机熔蜡。

3）活动装置加药法

利用专用加药罐车和车上的加药泵向井内一次注入清蜡剂。该方法必须严格控制加药周期，一般可采用加示踪剂的方法确定[35]。

6. 加药制度

清蜡剂加入过程中，通过实时监控油井负荷，根据油井负荷的变化，有针对性地调整加药量，从而达到清蜡剂的最佳应用效果。

7. 清蜡剂中含有机氯的危害

清蜡剂溶剂中的有机氯以氯代烷为主，主要有四氯化碳、氯仿等。目前，油田清蜡剂主要向环保方向发展，评价标准对有机氯的含量有了明确的规定。在原油处理方面的降凝剂、破乳剂等化学助剂中含有有机氯，或者炼油过程中使用含有有机氯的破乳剂、脱盐剂和油罐清洗剂等，使原油中氯化物含量升高，这种有机氯会在原油加工过程中导致设备腐蚀和下游催化剂中毒，甚至重大停产事故。

1）腐蚀

有机氯在低温下对设备不产生腐蚀，但在高温、高压及 H_2 存在的条件下，发生化学反应生成 HCl，石脑油中的硫、氮和氧等经过预加氢反应生成 NH_3、H_2S 和 H_2O。当 HCl 和 NH_3 同时存在时，反应生成结晶点较低的 NH_4Cl 堵塞系统通路。石油加氢处理的目的之一是将有机硫转变为 H_2S 然后将其脱除。但在预加氢反应生成物中有 HCl 存在时，HCl 会溶于水产生酸性环境，硫化物保护膜会溶于盐酸，造成设备腐蚀。

有机氯腐蚀的另一种形式是露点腐蚀和酸性水冲刷腐蚀。当设备内表面温度达到水的露点温度时，含 HCl 的物质就会在设备内表面出现水滴，HCl 溶于水，形成浓度很高的酸，迅速腐蚀金属，出现大小不一的坑，严重部位出现穿孔。当有足够的液相水生成时，产生的酸性水在流速很高的物流推动下，冲击设备表面，使设备遭到大面积腐蚀。

2）对下游催化剂毒害

在加氢工艺一段转化炉中的水蒸气作用下，有机氯与转化催化剂中的某些物质形成低熔点或易挥发的表面化合物，使镍催化剂因烧结而破坏其晶相结构，从而永久丧失活性，进料中含有机氯，会加速镍晶体的熔结，加速催化剂的老化，并且慢慢地通过床层流至下游。

有机氯对低变催化剂的毒害作用比硫更大，有机氯与铜锌系列的催化剂首先形成低熔点的金属氯化物，并且有机氯对催化剂的毒害使催化剂不能再生。进气中氯化物的质量分数即使十分微小，也会显著毒害低变催化剂，使催化剂活性大幅度降低。由于有机氯能够腐蚀设备，使催化剂中毒，化学清蜡剂中避免使用四氯化碳等有机溶剂，以降低对生产的危害。

四、其他清蜡技术

1. 微生物清蜡技术

将以石蜡或碳氢化合物为食的微生物加入原油，微生物会主动靠近石蜡，将原油中的饱和碳氢化合物、沥青胶质降解，将其由长链烃降解为短链烃。微生物清蜡技术利用微生物这一生理特性来降低原油中的蜡含量，从而抑制蜡的析出，达到清防蜡的目的[43]。

该技术具有施工简单、有效期长、用量少、经济效益高、适用性广等优点。此外，微生物代谢会产生生物乳化剂和表面活性剂，能够改善油层润湿性，提高油井产率。

2. 超声波+电热清蜡技术

超声波清蜡技术辅以电热清蜡，平均清蜡周期相比于热洗清蜡大幅下降，清蜡时不压油层，不存在含水量恢复问题，便于保持油井的连续生产。超声波清蜡机理主要有两点：一是在超声波的作用下，井内蜡与油管壁之间会产生空隙，便于剥离，从而阻碍蜡在油管壁上的再次吸附；二是在超声波的作用下，高分子长链的蜡被击碎成低分子链，提高了蜡的溶解性和流动性。超声波与电热清蜡技术的联用，经济性更高[56]。

以萨中油田为例，北一区西部共有 52 口抽油井，平均热洗周期为 70 天，洗井后恢复正常产量 2 天，全年累计洗井 260 次，每次热洗清蜡后原油减产 8t，全年累计减产 2080t；采用超声波+电热清蜡技术，每口井清蜡时间仅需 2 天，一台清蜡设备就可以满足该区块油井全年的清蜡需要。由于采用超声波+电热清蜡技术不会影响原油采出率，相当于每年增产 2080t，仅需半年的时间就可收回设备购置款，经济效益显著。

3. 超导热洗清蜡技术

1）工艺原理

以抽油泵工作时产生的压力作为动力来源，以此在油井中建立循环。井下液体由循环管路，经超导加热器快速加热后，注入油套环空，使油井内温度上升。采出的液体继续经过超导加热器加热后注入油套环空，如此循环，使得油井内温度不断升高，通过热量的传递，将热量传递给油管和抽油杆，溶解其上沉积的蜡，自动化程度高，清蜡速度快，效果良好[57]。

2）工艺类型

（1）单井自循环热洗清蜡工艺。

利用超导热洗装置进行反洗井操作，利用单采出液单流经超导清蜡装置，快速升温后，灌入油套环空，与地层产出液混合后由抽油泵举升至采油井口，至此完成一个循环。经过不断循环，井内温度不断升高，以此达到清蜡的目的。

（2）串联式超导热洗工艺。

将相邻的多口井进行串联，利用串联井的采出液作为循环介质，同时由于将多口井串联，提高了设备负荷，需要提高作业参数，加快循环速度，以此来保障清蜡的顺利进行。

液量增大，使得清蜡能力大大增强，清蜡更彻底。

3）现场应用实例

张家垛油田采用串联式超导热洗工艺，实现了三口井的串联，有效延长了洗井周期，清蜡效果优异。超导热洗工艺以油井产出液为热介质，与地层配伍性好，起到了保护油层的作用。洗井后产液量略有上升，适合特低渗透强水敏地层油井清防蜡的需要，能够有效解决张家垛油田油井的结蜡问题，延长检泵周期，减少蜡卡作业井次。

4. 高温发泡剂洗井技术

在分子结构中引入亲水、亲油、亲蜡基团制备的高温发泡剂，能够显著降低油、水上的界面张力，有利于水包油型乳液的形成。油分子外表面包裹着水分子，降低了油分子间的相互作用，使其黏度降低，提高了流动性和溶解度，清蜡效果显著。

高温发泡剂洗井具有不伤害油层、清蜡能力优越、饱和溶蜡量高、速度快、操作简单、施工安全、耐高温等优点，可用于油气井，但其成本高昂。

5. 点滴加药清蜡技术

通过地面加药设备，将清蜡药剂注入油井。通过抽油杆的环套空间，清蜡药剂逐步溶解、扩散至整个油井，最终与原油一同进入抽油管，经抽油泵从井口排出。

点滴加药清蜡技术应用时需要每天定时定量地加入清蜡剂，避免了其他清蜡技术需要集中清蜡的弊端，延长了油井热洗周期，提高了油井的采油效率。但是由于持续不断地加入清蜡剂，造成操作费用高，需专人操作，增加了劳动成本。清蜡剂的连续滴加，能够减少防蜡剂的用量，一定程度上降低了防蜡成本。但由于药剂在井中分散不均，加药过程中存在前期浓度过大造成浪费、后期浓度不足、清蜡效率不高的问题[58]。

经过多年的研究与应用，油井清蜡技术愈发趋于完善。其中，机械清蜡技术相对成熟，但机械清蜡过程中需停产停工，影响采油效率，且清蜡不彻底；热力清蜡技术虽然清蜡彻底，但成本高；化学清蜡技术中，乳液型清蜡剂的研究受到广泛关注。油井清蜡的问题，不可能只靠单一清蜡技术就可以彻底解决。对于未来清蜡技术的发展，必将是多种清蜡技术相结合。对于结蜡厚度大的油井，首先应用机械清蜡技术，除去大块积蜡；后采用热力清蜡与化学清蜡的方式，除去机械清蜡所不能除去的死角；最后应用防蜡剂或微生物防蜡技术，进行清防蜡。这样既结合了不同清蜡技术的优点，又延长了清蜡周期，保证了油井的连续生产。未来，清蜡与防蜡相结合的多功能清蜡剂必将成为研究重点。

第四节　油井防蜡技术

含蜡原油在世界各大油田中广泛分布，具有凝点高、低温流动性差的特点。含蜡原油中的蜡主要是 C_{16}—C_{40} 的正构烷烃，当温度低于析蜡点时，原油中的石蜡开始结晶析出。通常含蜡原油中析出的蜡晶呈细小针状或片状，形貌不规则，容易相互交叉重叠，形成三维网状结构，将液态油束缚其中，致使原油出现胶凝，失去流动性，给原油开采和运输带来诸多问题[59-61]。

为了解决蜡沉积带来的问题，提高含蜡原油的流动性，许多专家学者从理论上提出并在实践中应用了很多种解决蜡沉积问题的技术。与产生蜡沉积后再采取补救方法的清蜡技术相比，防蜡无疑更加经济。油井防蜡主要从 3 个方面进行预防：（1）防止蜡在原油所接触的管壁沉积。石蜡晶体易在粗糙壁面上附着与聚集，通过对管壁进行改良，可以改善管壁表面的光滑度，达到防蜡的目的。（2）阻止石蜡晶体的持续聚集。蜡垢的形成是蜡晶体持续聚集造成的，因此在原油开采过程中，可以在原油中适当加入某些化学药剂，抑制石蜡晶体的聚集，使其长期处于分散状态。（3）防止石蜡晶体析出。在原油开采过程中，可以运用某种手段防止石蜡晶体的析出[62]。

目前，油井防蜡技术大致分为油井内衬与涂层防蜡技术、强磁防蜡技术、微生物防蜡技术和化学防蜡技术。不同的防蜡技术适用于不同的情况，油田通常采用某一种或多种技术的组合以获得改善含蜡原油流动性的最佳效果。

一、油井内衬与涂层防蜡技术

国外从 19 世纪 60 年代开始研制涂层油管来防蜡防腐，我国华北油田第一机械厂引进美国贝克休斯公司全套油管（钻杆）内涂层生产线，生产了部分内涂层油管和钻杆，并在华北油田和吐哈油田试用，由此拉开了我国内衬与涂层防蜡研究的序幕。

油井内衬与涂层防蜡是通过改变油管壁面的光滑度和润湿性来阻止蜡在管壁大量沉积，常用玻璃衬里油管和涂料油管。玻璃衬里油管是在油管内壁衬上由 SiO_2、Na_2O、CaO、Al_2O_3、B_2O_3 等氧化物烧结而成的玻璃衬里，这种玻璃表面十分光滑且具有亲水憎油特性，同时也具有良好的隔热性能[63]。玻璃衬里油管的厚度通常为 0.5～1.0mm，下在油井结蜡井段，对油井结蜡有很好的预防效果。涂料油管是通过在输油管道内壁涂覆一层固化后表面光滑并且具有亲水性能强度高的物质来减少或防止蜡沉积的一种方法[64]。防蜡涂料制备简单、应用广泛，而且能保持长期稳定高效，不需要定期清洗管道或添加防蜡剂。此外，防蜡涂层还能抑制金属腐蚀，对管道起到至关重要的保护作用。

1. 油井内衬与涂层防蜡技术防蜡机理

1）油井内衬防蜡机理[65]

油井内衬的防蜡机理可分为以下 4 点：

（1）内衬油管表面光滑，使蜡不易在表面上附着；

（2）普通油管表面亲油，而内衬油管表面亲水，并且表面极性很强，使蜡不易附着；

（3）内衬油管所用的内涂层是热的不良导体，减少了油流的热损失，可减缓蜡的析出；

（4）当对已经结蜡的内衬油管表面用热介质清洗时，采用活性水润湿油管表面，可恢复其表面的亲水性。

2）涂层技术防蜡机理

涂层技术与油井内衬的防蜡机理大致相同，主要针对自喷井和注水井[66]：

（1）涂层能降低管壁的粗糙度，抑制油井结蜡。涂层表面比较光滑（涂层油管表面绝对粗糙度为 0.005mm，一般油管表面绝对粗糙度为 0.2mm），不利于蜡沉积，管壁结蜡量明显较少，结蜡量受流速的影响减弱。

（2）涂层中加入亲水表面活性剂使涂层具有亲水性，油井生产过程中管壁上形成薄水膜层，阻止蜡及其他杂质与涂层表面接触，达到防蜡的目的。

（3）涂层具有保温作用，可以延缓蜡的析出。防蜡涂层的导热率大幅低于普通油管的导热率，这样的涂层对体系温度下降及管壁附近的温度梯度过高都有所改善，进而提高了防蜡效果。

2. 防蜡涂层的种类及特征

在管道内壁涂上一层或多层涂层可以抑制和消除蜡沉积[67]。防蜡涂料不仅具有制备简单、应用范围广的优点，还能保持长期的效率和稳定的效果，具有广阔的应用前景。

近年来，国内外在防蜡涂层领域取得了许多突出成果，特别是在仿生智能界面材料领域。石油工业中用于防蜡的涂层可分为低表面能涂层、仿生超亲水涂层和新型有机凝胶涂层三类。

1）低表面能涂层

在早期研究防止石蜡沉积的涂层时，研究人员普遍认为光滑表面或低表面能涂层可以有效抑制石蜡沉积。因此，在大量的实验中采用低表面能聚合物复合涂料对管道内壁进行涂覆，通过控制材料表面的自由能来研究涂层抑制石蜡沉积的性能。

Jessen 等[68]研究了不同管材表面的石蜡沉积，发现光滑塑料表面的石蜡沉积量比钢表面的少得多，且在较长时间内保持较低的沉积量。Jorda[69]研究涂层表面粗糙度对石蜡沉积的影响，实验结果表明，与环氧树脂和聚氨酯表面相比，光滑的酚醛树脂表面在降低石蜡沉积物的析出上表现出优异能力。相比之下，由于钢或塑料表面粗糙，石蜡沉积量更大，因此其认为防止石蜡沉积的涂料应具有光滑表面、高极性、高光泽和柔韧性，以长期抵抗油井中的石蜡沉积。

随着聚四氟乙烯（PTFE）的发展和应用，为了比较树脂涂层在防止蜡聚集和减少涂层表面摩擦阻力方面的相对效果，Zhang 等[70]将含氟聚合物和其他树脂材料应用于管材内壁。他们研究了 8 种涂料的效果，实验结果表明，低表面能的含氟聚合物和硫化硅胶涂层具有显著的减阻和防蜡效果，硅胶涂层的防蜡率最高可达 75%。

为了满足原油输送的实际工况，Quintella 等[71]评价了使用 3 种聚合物涂层时原油流动状态对抑制石蜡沉积的影响。图 1-25 显示了聚丙烯（PP）、高密度聚乙烯（HDPE）和乙烯—醋酸乙烯酯共聚物（EVA 28，含氧量为 28%）3 种涂料的结构。研究发现，聚丙烯表面的甲基降低了表面氢原子的密度，阻碍了原油中烷基与表面的相互作用，因此抑制石蜡沉积的倾向更高，对原油流动状态的影响更好。

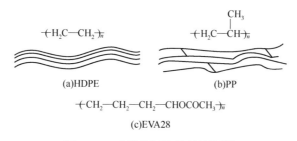

图 1-25　防蜡涂层的化学结构[71]

Rashidi 等[72]研究了海底管道涂层表面粗糙度对马来西亚石蜡沉积的影响以及原油冷却速度和流速对不同结蜡涂层的影响，如图 1-26 所示，粗糙度最小的聚氟乙烯（ETFE）涂层对结蜡的控制效果最好。此外，原油冷却速度越快，石蜡沉积速度越快。但在低流速时，石蜡的沉积速度随流速的增大而增大，当流速大于某一临界值时，沉积速度迅速下降。这是因为在较低的流速范围内，原油处于层流状态，在管道中停留的时间较长，产生了更多的热量损失，原油温度的快速下降导致石蜡沉积。

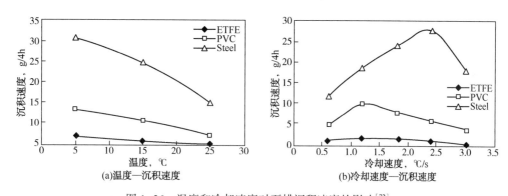

图 1-26　温度和冷却速度对石蜡沉积速度的影响[72]

目前，对于低表面能防蜡涂层的研究已经非常深入，相继开发出许多表面能很低的新型涂料，其中大部分是聚四氟乙烯衍生物。在现代石油工业领域中，使用的涂料多为低表面能涂料，具有良好的防蜡效果。然而，为了适应更苛刻的使用环境，迫切需要开发更优良的防蜡涂料，同时涂料的机械性能和耐腐蚀性能也需要提高。

2）仿生超亲水涂层

近年来，研究人员将仿生学的思想应用到功能材料的研究中，试图借鉴和模仿自然界中经过长时间进化的有效结构，如叶片上表面的超疏水结构[73]、荷叶下表面和鱼皮表面的超亲油结构[74]、珍珠壳层的有机和无机结构等[75]。其中，一些研究人员专注于管道防蜡工作，研究成果相当丰富。

Charles[76]用三种硫氧化物处理碳钢获得高度亲水表面，该表面可在原油与金属的界面之间形成一层水膜，减少石蜡的沉积和附着，使石蜡晶体容易被流体携带。Li 等[77]研究了吉林油田含水原油生产和运输过程中含水量对石蜡沉积的影响。结果表明，含水原油流经涂有亲水玻璃涂层的碳钢表面，蜡沉积量随含水量的增加而减少。

除了普通的玻璃涂层，Bae 等[78]用 TiO$_2$纳米颗粒和阴离子磺化聚醚砜通过静电自组装制备了防污纳米复合膜。TiO$_2$粒子的加入提高了膜的亲水性，抑制了膜表面与有机污染物之间的相互作用。Guo 等[79]用硅酸钠和混合酸溶液处理镀锌碳钢表面，形成了化学转化涂层。该涂层主要由 Zn、O、Si 等元素组成，在空气中亲水，在水下超疏水。结合表面粗糙结构，转化膜首先被吸附在水中，形成一层水膜。水膜具有良好的不黏附性，从而产生了很好的防蜡效果。Wang 等[80]在碳钢表面制备了一种具有花状微结构的焦磷酸盐涂层，该涂层在蜡沉积实验中显示出良好的防蜡性能，防蜡率达 80%左右，且具有良好的稳定性，防蜡涂层的稳定性如图 1-27 所示。在涂层表面亲水性和微结构的协同作用下可以形成稳定的水膜，防止石蜡沉积（图 1-28）。

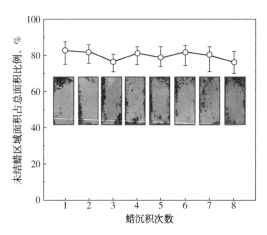

图 1-27　防蜡涂层的稳定性[80]

(a)碳钢　　　　　　　　(b)转化涂层　　　　　(c)含水原油中转化膜

图 1-28　油滴在不同基底上的润湿状态示意图[80]

2013 年，Li 等[81]发现了亲水合金涂层的防蜡性能。当同时添加 Zn、Ni、Fe、P 等元素修饰碳钢表面时，碳钢表面形貌变得非常粗糙，形成微纳米复合结构，防蜡效果显著提高。2015 年，Liang 等[82]在碳钢表面制备了具有三层结构的复合涂层（图 1-29），从下到上依次为用于提高耐蚀性的电沉积锌膜、用于构建鱼鳞表面形貌的磷化膜、赋予涂层表面超亲水性的二氧化硅薄膜。

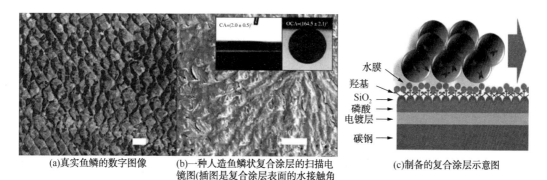

(a)真实鱼鳞的数字图像　　(b)一种人造鱼鳞状复合涂层的扫描电镜图(插图是复合涂层表面的水接触角和油接触角的数字图像)　　(c)制备的复合涂层示意图

图1-29　具有鱼鳞状表面结构的水下超疏水复合涂层

在蜡沉积实验中，复合涂层表现出良好的抗石蜡沉积性能。2016年，Liang等[83]在镀锌碳钢表面制备植酸转化涂层，研究了pH值对原油中石蜡沉积的影响。结果表明，在pH值为4时，钢表面形成的转化膜的效果明显优于锌涂层(图1-30)。

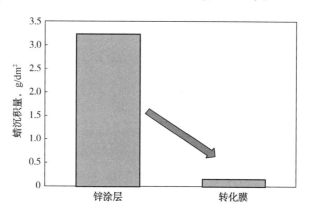

图1-30　锌涂层与转化膜的比较[83]

3) 新型有机凝胶涂层

除了低表面能和仿生超亲水涂层，一些研究人员开始致力于减少表面和界面之间的阻力，研制出新型有机凝胶涂层。凝胶涂层表面可以达到超低附着力的状态，降低涂层对蜡的附着力，对防止蜡沉积有很好的效果。

Yao等[84]用聚二甲基硅氧烷(PDMS)制备了一种新型有机凝胶材料(OG)。他们将PDMS矩形切片浸入原油(汽油和柴油)中1天，油分子扩散到PDMS中并使PDMS膨胀，最后将其转移到碳钢表面，研究其防蜡性能。由于石蜡晶体与PDMS表面之间的黏结力很低，比传统材料小500倍，经油处理后的PDMS具有良好的防蜡性能。他们认为PDMS有机凝胶材料可以抑制石蜡在其表面不均相成核。在液体石蜡与PDMS表面开始接触时，液体石蜡扩散到表面的油层中，成核结晶，极大地减少了与PDMS表面的接触，由此产生的微观复合结构对石蜡晶体的附着力很低。因此，无论原油处于静止或流动状态，该涂层都具有优异的防蜡性能。

有机凝胶涂层不仅具有制备简单、性能优良的优点，而且为制备超低附着表面提供了一种新的方法。未来，有机凝胶涂层除了在石油领域，在机械制造、环保、造船等领域也将有很大的发展前景。

3. 表面能防蜡技术的应用及面临的挑战

在现代石油工业中，最先进的油井内衬与涂层防蜡技术已付诸实践。从最初的酚醛树脂涂料到现在的乙烯四氟涂料，具有低表面能的涂料使防蜡效果不断提高。然而，随着海洋石油的勘探开发，恶劣的条件和环境因素的变化，对原油管道涂层提出了更高的要求。它们不仅需要具有更好的防蜡、防垢效果，还要能够提供长期稳定的保护，以保证石油的正常开采和运输。

近年来，涂料与原油之间的界面润湿性受到越来越多的关注。利用仿生概念设计了超亲水微纳米结构复合涂层和自增强超低附着表面等新型功能涂层。这些新材料的研究和制备不仅提供了新的思路，而且提高了机械性能、耐腐蚀性能和高效稳定性等综合性能。

在未来防蜡涂料的研究和发展中，仿生超亲水涂层在油水多相混流状态下具有很大的研究潜力。当然，新型防蜡涂层也会具备越来越多功能。它们不仅要提供高效稳定的性能以防止蜡沉积，还必须具有耐腐蚀、耐低温、抗冲刷和优良的机械性能。因此，新型防蜡涂层只有具备诸多优异的综合性能，才能长期有效地解决原油管道中蜡的沉积问题。

二、强磁防蜡技术

强磁防蜡技术是针对高含蜡原油在集输过程中容易发生的蜡沉积现象，利用永久磁铁或电磁装置产生磁场，将磁场作用于蜡晶、沥青质等微观粒子，改变其结构以及聚集状态，使原油经过磁场处理后黏度下降、管道内结蜡量减少的技术。

20世纪60年代，苏联率先研制出一种永磁防蜡降黏器，并将其应用于什卡波夫油田，取得了一定的防蜡降黏效果[85]。但是当时永磁材料价格昂贵而且性能不稳定，容易产生退磁现象，因此磁防蜡降黏器没有被推广起来。1978年，苏联科学家开始研制电磁式防蜡降黏器，并在乌辛斯克油田进行了电磁防蜡降黏实验研究[86]。经过磁处理后含蜡原油的流动性有了很大的改善，同时原油的凝点也有所降低，这一研究成果在当时引起了广泛关注，使电磁防蜡降黏技术得以迅速发展。美国Ener-Tec公司于20世纪90年代初生产出可调式直流电磁防蜡降黏器并应用于油田，图1-31显示了该公司生产的电磁防蜡降黏器。20世纪80年代起，我国将研制的磁防蜡降黏器先后应用于大庆、玉门、新疆等各大油田，并取得了一定效果[87]。随着高性能稀土永磁材料的出现，磁防蜡技术得到了迅速发展，在油田开始大规模应用。目前，永磁材料已经发展到第三代——钕硼铁永磁，理论状态下最大能产生1500mT的高强磁场。

(a)油井井口　　　　　　　　　　　　　　(b)输油管线

图 1-31　Ener-Tec 公司生产的电磁防蜡降黏器

1. 强磁防蜡技术防蜡机理

由于原油为抗磁性物质，当原油通过磁场时，烷烃分子中的核外电子的自旋磁矩受到磁场作用后产生微小的改变（相对电子运行轨道而言），即产生一个瞬时的诱导磁矩，诱导磁矩的产生破坏了石蜡分子结晶时的定向排列，使蜡晶不易聚集，破坏蜡晶的生成，起到防蜡的作用[88]。同时，磁化作用破坏了原油各烃类分子间的作用力，使分子间的聚合力减弱，其中的胶质和沥青质以分散相而不是缔结相溶解在原油中，从而使原油的黏度降低，流动性增强。

磁防蜡是近年来新兴的防蜡技术，虽然研究发现磁处理对清防蜡确实有显著效果，但磁处理对原油结蜡影响的机理至今仍处于初步探索阶段，目前在解释磁防蜡的机理方面存在多种理论，具有代表性的 4 种分别是磁致胶体理论、磁致胶质网络解体理论、磁致分子排列取向理论及磁致蜡晶解体理论，这 4 种理论推动了磁防蜡机理的发展。

1）磁致胶体理论

磁处理作用使得含蜡模拟油形成胶体，模拟油中的蜡以胶体为晶核结晶。这种胶体形成的晶核与大分子蜡形成的晶核不同，胶体晶核具有负电荷，且形成的蜡晶颗粒较大，有利于原油低温运输[89]。

2）磁致胶质网络解体理论

磁场对分子电矩的作用结果导致原油中的胶质网络解体，使得原油中的胶质缔合形成的网络解体，原油中受胶质网络束缚的各种烃分子可以自由地移动并在原油内部结晶，从而实现了磁处理的降黏、防蜡作用[90]。

3）磁致分子排列取向理论

蜡晶具有分子极性性质，磁场使抗磁性蜡晶分子的平面垂直于磁场方向取向排列，使得形成的蜡晶取向排列。这种有序排列有助于原油的流动运输，且能防止原油形成网状结构[91]，实现了磁场防结蜡的目的。

4）磁致蜡晶解体理论

磁场磁化了原油中的抗磁性烃类分子，使得分子间的排斥力增加，从而增大了分子间的距离，不易形成蜡晶，且可以导致蜡晶解体，从而达到了磁处理降黏的作用[92]。

以上各种观点并不是相互对立的，有可能几种机理同时发挥作用。这些理论为磁防蜡机理的进展奠定了基础。

2. 常用磁防蜡器的基本类型及特征

目前应用的磁防蜡器主要有永久磁防蜡器和电磁防蜡器[93]。永久磁防蜡器的优点是结构简单，价格便宜，无须外部能源供给，安装后基本上不需要维护。其缺点如下：首先是由于永磁材料性能不稳定，随着时间的推移，永久磁防蜡器的磁场强度会逐渐减弱，从而影响处理效果；其次，永久磁防蜡设备的磁场强度不可调节，适应性较差，而且对于同一口油井开采的原油，随着开采时间的延长，其成分或含水量将发生变化，可能导致已经安装的永久磁防蜡器失效。电磁防蜡器的优点是磁场不会随着时间的流逝而减退，并且磁场的强度可以控制；其缺点是励磁线圈需要外部电源供给，与永磁式防蜡器相比成本较高，并且安装时受现场环境影响较大[94]。

按现场的安装结构形式，用于集输管线的磁防蜡器可以分为外磁式防蜡器和内磁式防蜡器两种[93]。外磁式防蜡器是把稀土永磁体组成的磁路直接包裹在输油管线上，其磁力线沿着导线管线通过管壁对管内流体产生磁化作用。这种装置结构简单，安装方便，但场强较低，介质被磁化的作用有限。内磁式防蜡器是由稀土永磁体构成的磁场，以一定的结构装置安装在输油管线内，其磁力线通过管内，磁力线与流体流动的方向垂直，其中磁场强度较高，能使管内流体被充分磁化，但安装较麻烦。

3. 磁防蜡的主要影响因素

磁处理后的原油在结构和性质方面都发生了较大的变化。在结构方面，显微镜下明显可见未经磁处理的原油中蜡晶既多又粗，相互连接的蜡晶网络将原油分割包围于其中，网络结构较强[图1-32(a)]。磁处理原油中的蜡晶少而长，蜡晶的连接较为松散，网络结构较弱[图1-32(b)]。在性质方面，磁处理原油与未处理原油的主要差异在于析蜡高峰期出现延迟，磁处理的原油黏度下降。磁防蜡降黏的影响因素主要包括以下6个方面：

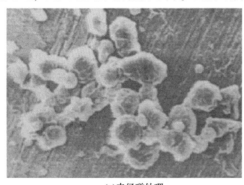

(a)未经磁处理   (b)经磁处理

图1-32　蜡晶结构[95]

（1）磁场强度。

磁防蜡降黏器的磁场强度是决定磁化效果的重要因素。研究结果表明，磁场强度介于200~400Gs，抗磁性物质就会显示磁化效应[95]。因此，对一定油质和一定工作条件，在一定磁场范围内提高磁场强度可以提高磁化效果，但不是越高越好，因为原油是由多种有机物组成的，加之各地的原油成分及其含量的不同，这些抗磁物质的磁化率不同，要想取得最佳的磁化效应，必须进行最佳磁场匹配。

（2）磁处理频率。

增加磁处理次数可以在一定程度上增强磁处理的效果。对于电磁式防蜡器，通过向电磁感应线圈施加一定频率的脉冲电流来实现达到一定的磁处理次数。

（3）磁场位形。

磁处理效果不但与感应强度有关，而且与磁场位形有关。磁场位形表现为磁场在流体运动方向上的空间变化，主要分为垂直磁场和平行磁场两大类。垂直磁场的磁力线方向与原油流动方向垂直，平行磁场的磁力线则平行于原油的流动方向。美国学者Johnny[96]就此问题进行了多次实验，实验结果表明，平行磁场的磁处理效果略优于垂直磁场。而电磁式防蜡器的磁场由通电线圈产生，磁场位形即为平行磁场。

（4）磁处理温度效应。

温度是在同一种油样中影响石蜡沉积最敏感的因素。在电磁防蜡降黏器工作过程中，电感线圈通电以后不但会产生一定强度的磁场，而且会产生附加的温度效应。这可以使原油在流经电磁防蜡降黏器时被加热，温度升高可以提高防蜡降黏效果。

（5）原油流速。

原油通过磁场必须具备足够的流速，否则磁化效果就会减弱。因为原油分子的运动是原油整体的规则运动和分子的无规则布朗运动的合成[97]，原油必须有足够的流速使规则运动占优势，这样油分子便可以以一定量的、规则的速度进入磁场，从而保证了原油的有效磁化，而且有利于阻止分子间的重新迅速缔结。

（6）作用距离。

原油以一定的流速通过磁处理设备，产生磁化效应的时间是一定的，随着运动距离的增加和时间的延迟，磁化效应会逐步减弱甚至消失[98]。

4. 强磁防蜡技术的应用及面临的挑战

近年来，强磁防蜡技术以其特有的优点在油田防蜡降黏方面得到了广泛应用。强磁防蜡技术属于原油的物理改性技术，特点是设备安装简单、使用方便、无污染、成本低、时效长，不但能够降低原油的析蜡点，而且能够降低原油黏度，提高原油在输油管中的流动性，减小输送阻力。但是，目前对影响强磁防蜡作用效果的主要因素以及机理的认识还不够深入，导致所生产的电磁防蜡降黏器具有通用性不够好的缺点。因此，研制一种具有良好的防蜡降黏效果和通用性的电磁防蜡降黏器，极具潜在的实用价值和广阔的市场前景，对于提高整个油田的防蜡降黏技术水平尤为重要。

三、微生物防蜡技术

微生物防蜡技术是利用石油烃降解菌将原油中的烃类、胶质、沥青质降解，降低原油中的蜡含量来防止油井结蜡的一种新兴防蜡技术，是微生物采油技术（MEOR）的一个分支，起源于 19 世纪 80 年代，由美国、加拿大等国家首先提出。1986 年开始应用于美国得克萨斯州的油井防蜡，取得较好效果，随后应用愈加广泛。

1994 年，华北油田、冀东油田等开始引进该项技术并取得了较好的应用效果，由于国外微生物防蜡剂的价格高昂且对于一些油田的油井并不适用（如江汉油田属于高温高盐油井），因此逐渐停止对该项技术的引进。同时，我国技术人员积极开展微生物防蜡技术的研究与应用，并取得了一定研究成果。

1. 微生物防蜡技术作用机理

1）微生物自身作用

微生物防蜡剂是由多种厌氧及兼性厌氧菌组成的石油烃降解菌混合菌[99]。石油烃降解菌混合菌从高含蜡油井采出液分离，以原油中的蜡质成分作为唯一碳源进行新陈代谢。微生物个体微小，细胞壁具有特殊结构，有的表面具有鞭毛，黏附性很强，且生长繁殖快。微生物黏附于金属或黏土等润湿物体表面（如套管内壁、抽油杆表面）生长繁殖，形成一层薄而致密的亲水膜，具有屏蔽晶核、阻止蜡晶沉积的作用。

2）微生物对原油中石蜡的降解作用

微生物能将油井中的长链烃分解为短链烃，改变原油的组成，从而改善其流动性。已经产生的石蜡沉积也可以被微生物降解，从管道上剥落。因此，微生物能使原油中的长链烃含量减少、短链烃含量增加，减轻原油结蜡，降低原油凝固点。

3）微生物代谢产物的作用

微生物代谢产生脂肪酸、类脂和糖等生物表面活性剂和短链烃、乙醇、乙醛、有机酸、二氧化碳、甲烷、氢气、氮气等物质[100]。脂肪酸、类脂和糖等生物表面活性剂可使蜡晶畸化、阻止蜡晶进一步生长，从而有效防止蜡、沥青质、胶质等重质组分的沉积，并对石蜡具有分散乳化作用。有机酸能促使石蜡溶解，从而提高含蜡原油的流动性。部分石油烃降解菌能够产气，如二氧化碳、氮气、氢气能使原油膨胀，降低原油的黏度，从而改善含蜡原油的流动性。

2. 采用微生物防蜡技术的关键步骤

1）微生物菌种的选取

菌种的选取是微生物防蜡技术成功的关键，研究表明各种微生物菌种只适用于特定含蜡原油。目前，国外对微生物防蜡剂的研究已达到较高水平，研制的微生物菌种可对碳原子数范围为 C_{16}—C_{63}（甚至细化到某一特定碳数段）的烷烃分子进行生物降解[101]。因此，我国应借鉴国外的先进技术和经验，针对不同油田具体油井的蜡质情况进行试验，筛选出具有耐温、耐盐、高效、适应性强的微生物菌种。

表1-9中列出了已经发现的一些石油烃污染物降解微生物，有些微生物能够降解多种石油组分，有些微生物只能降解某一种组分。其中，部分微生物能产生生物表面活性剂，提高原油的降解程度。

表1-9 降解石油烃的微生物

石油烃类	微生物名称
脂肪烃	不动杆菌属、芽孢杆菌属、短杆菌、微球菌、苍白杆菌、假单胞菌、红球菌、曲霉菌、念珠菌、青霉菌
单环芳烃	红球菌属、不动杆菌属、芽孢杆菌属、假单胞菌属、盐单胞菌属、鞘氨醇杆菌属
多环芳烃	无色杆菌属、芽孢杆菌属、黄孢原毛平革菌
胶质	假单胞菌属、弧菌科、肠杆菌科、莫拉菌科

2）确定合适的油井

微生物防蜡技术的适用范围见表1-10，实施微生物防蜡技术的油井应满足以下条件：

（1）井况正常的抽油机井，井底温度最高不超过120℃；

（2）施工油井应在近半月内无酸化、化学固砂等措施，且套管井筒不加杀菌剂。

根据上述条件，在实施微生物清防蜡技术时，可以选用出砂井、水敏井、低产低效井和普通稠油井，不宜选用不含水的油井和自喷井。

表1-10 微生物防蜡技术适用范围表

项目	井别	产液量，m³/d	含水量，%	温度，℃	原油含蜡量，%	沉没度，m	产出液矿化度 mg/L	pH值
适用范围	抽油机井	1~40	5~98	2020	≥3	≥50	<360000	6.0~9.0

3）使用正确的施工方法

为了获得良好的微生物清防蜡效果，应采用如下施工方法：施工前先进行一次常规热洗，且热洗要彻底，待油井恢复正常生产后(一般为3~7天)，采用套管加入法加入微生物防蜡菌剂，即在抽油机正常工作(不关井、不停井)的情况下，将一定量的菌剂从油套管环空泵入油井，一般每月1次，必要时应加入少量营养剂。

在采用油井微生物防蜡技术期间，应注意考查生产电流、示功图、载荷和油井产量等施工参数，并据此对菌种加入量和加入周期进行调整。此外，针对有特殊参数的油井或油田生产现场有特殊要求的情况，可采用特殊的加药方法(包括菌剂加药量、加药周期，营养剂的投加与否及其加药量、加药周期等)，应根据具体情况设计相应施工方案。

3. 微生物防蜡技术的特征

近年来，微生物防蜡技术已广泛应用于油井中，取得了较好的经济效益和环保效益。

与传统的化学和物理方法相比,微生物法防蜡技术很多优点:筛选出适宜的菌种后,操作简单,而且成本相对低廉,产生的经济效益也较大;投入使用后,可有效减缓输油管道等设备的结蜡现象,延长检泵周期[102]。微生物有较强的环境适应性,投入使用后可持续生长,清防蜡工作因此能同时且长期进行,使得管理工作方便许多。此外,投入使用的微生物均为无毒无害菌株,不会因剧烈的物理化学变化对地层及储层产生伤害,也不会造成环境污染,安全环保,对原油品质的提升有一定的辅助作用,在后期的炼油处理过程中,高温会杀死绝大多数微生物,因此不会对油品产生不良影响。微生物防蜡技术是一种新型、经济、安全、环保的油井防蜡技术。

同时,微生物防蜡技术也具有一定的局限性。在温度较高、重金属离子含量较高、盐度较大的油层条件下,微生物易遭到破坏,而且培养微生物的难度系数较大,在一定温度下微生物的存活率较低。

4. 微生物防蜡技术的应用及面临的挑战

Rana 等[103]研究发现,将采油功能微生物发酵液注入油井及管线,石蜡封堵的问题得到明显改善,洗井周期可延长至 6~8 个月,原油采收率提高了 8%~20%,试验的 100 口油井均获得了显著效果。

He 等[104]在辽河油田选用芽孢杆菌和假单胞菌混合发酵液进行了微生物防蜡的现场试验。在所选的 4 口油井中,原油增产 561t,洗净周期持续 4 个月,节省了 16 轮热洗和 44 轮添加剂清洗的费用,展示出微生物防蜡技术显著的经济效益。针对延长七里村采油厂属于低渗透油藏,存在地层压力低、温度低、原油含水量低、易结蜡的问题,姜兰等[105]筛选出清防蜡菌种 DM-1,并结合采油厂进行现场试验,总结出了一套适合该地区油井情况的微生物清防蜡施工工艺。在试验期间,20 多口油井运行正常,没有结蜡现象,清蜡周期提高一倍以上。

在我国,微生物防蜡技术已经在胜利油田、辽河油田、大庆油田、中原油田开展了现场试验。在防蜡机理方面主要侧重于微生物对石蜡的降解、降黏作用研究。该技术有其独特的优势,但也存在一定的局限性,要规避这些局限性,可通过对菌株驯化提高微生物对环境的适应性,也可以通过基因工程等方法对菌株进行改造以获得目的性状。

四、化学防蜡技术

化学防蜡技术是通过在井筒中加入化学药剂或在抽油泵下安装带有固体防蜡剂的短节,随着防蜡剂溶入流体达到防蜡效果。防蜡剂能抑制原油中蜡晶析出、长大、聚集和(或)在固体表面上沉积,通常可分为蜡晶改性剂和蜡晶分散剂(表面活性剂)。

对化学防蜡技术的研究最早始于 20 世纪 40 年代初,防蜡剂的研究主要分为 4 个阶段:新防蜡剂研究阶段、防蜡剂改性合成阶段、针对特殊油田改性阶段、防蜡剂复配阶段。经过多年的研究探索,防蜡剂种类日益丰富,可以满足大部分油田的需求。防蜡剂在不同历史时期的重要研究成果及时间节点如图 1-33 所示。

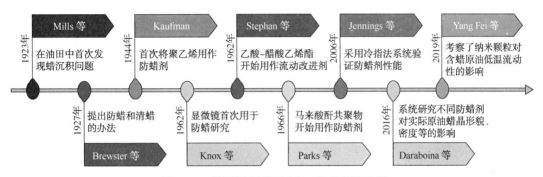

图 1-33　防蜡剂在不同历史时期的主要发现

1. 化学防蜡剂的作用机理

目前，化学防蜡剂确切的作用机理尚不清楚，一些学者推测防蜡剂通过影响蜡晶体的形态以及蜡分子与晶体之间的相互作用抑制蜡聚集或将蜡从软沉积物转变为硬沉积物。以下简要介绍防蜡剂的四种可能的作用机理，包括成核理论、共晶理论、吸附理论和增溶理论。

1）成核理论

成核理论也被称为结晶中心理论，在原油温度高于析蜡点时，由于防蜡剂分子的熔点相对高于原油的析蜡点或防蜡剂分子的分子量大于蜡的平均分子量，防蜡剂分子先于蜡分子析出，成为晶核发育中心，使蜡分子围绕晶核自发聚集成胶状物。防蜡剂与蜡分子结合后，构成一端有缺陷的表面，削弱与周围蜡分子的相互作用，从而阻止大尺寸蜡晶的形成。

研究人员证明，梳状聚合物更易在蜡表面形成岛状缺陷，充当成核位点，阻碍蜡进一步生长。由于石蜡长链与防蜡剂分子中的长烷基链之间有较强的范德华力，防蜡剂优先与油相外的蜡分子结合，而防蜡剂的侧链会产生空间位阻，促进更多更小蜡晶体的形成，抑制较大尺寸蜡晶体的形成，图 1-34 为成核理论示意图[106]。

2）共晶理论

共晶理论是指当温度低于析蜡点时，防蜡剂与原油中的蜡组分共晶或在已经形成蜡结晶的晶体表面析出。防蜡剂分子中与原油中蜡分子相同的结构(非极性基团)在晶体生长过程中与蜡晶相互作用，与蜡分子不同的结构(极性基团)阻止和破坏蜡晶的生长[108]。因此，防蜡剂可以阻止蜡晶进一步结合到沉积物中使沉积物变弱。在没有添加防蜡剂时，蜡晶呈二维增长，导致蜡晶呈不规则菱形，容易形成网状结构。添加防蜡剂后蜡晶晶形由菱形演变成四棱锥，使蜡晶的比表面积减小、表面能降低、不易形成网络结构[81]。与纯体系相比，防蜡剂的存在使内聚能密度(有序转变的驱动力)降至无防蜡剂时的1/3。因此，防蜡剂显著延迟蜡晶的生长和凝聚。图 1-35 为共晶理论示意图[106]。

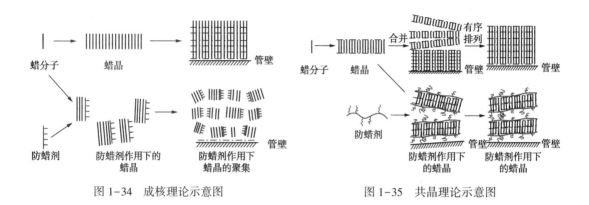

图 1-34　成核理论示意图　　　　　　图 1-35　共晶理论示意图

3）吸附理论

吸附理论是指一些防蜡剂对管壁有良好的亲和力，吸附在管壁上，使管壁变成疏油表面[107]，阻止石蜡在管壁上吸附。但形成的沉积层可能较为薄弱，原油流动过程中可能会因剪切携带作用而脱落。图 1-36 为吸附理论示意图[107]。

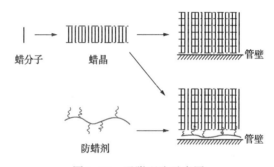

图 1-36　吸附理论示意图

4）增溶理论

增溶理论是指加入防蜡剂后蜡在原油中的溶解度增大，析蜡量减少，蜡的分散度增加。分散后蜡晶表面的电位发生变化，蜡晶之间相互排斥，不易聚结形成三维网状结构。结晶学也认为，添加防蜡剂改善了溶质的溶解性，使溶液的过饱和度下降，从而降低了表面晶体生长速度，阻碍了晶体的生长。

2. 防蜡剂使用效果影响因素

针对不同的油田，防蜡剂使用后的效果不同，目前没有一种防蜡剂适用于所有油田。由于原油的组成十分复杂，防蜡剂的结构也复杂多样，这些不确定因素会对防蜡剂的防蜡效果产生不同程度的影响。

1）胶质、沥青质对防蜡效果的影响

原油中的胶质、沥青质是天然的防蜡剂，胶质是带有长侧链的稠环芳烃并含有极性物质，沥青质是分子量大于胶质的物质。Oliveira 等[108]研究发现沥青质与蜡晶相互作用会改变蜡晶晶形,将其蜡晶的结构变小。沥青质浓度为 0.5% 时,可将凝点降低 50℃ 以上,与降凝剂有协同作用,胶质与沥青质相互作用可在原油中起到分散的效果。Yi 等[109]研究表明原油中含有胶质、沥青质有益于发挥防蜡剂的最大效果,但是胶质、沥青质的含量是重要因素。

2) 烃类对防蜡效果的影响

原油中自身含有的烃类也是影响原油凝点的关键因素,碳数小于 16 的组分可以充当防蜡剂使用,在原油中作为溶剂以及胶质、沥青质的分散介质。根据对防蜡剂防蜡效果的影响(影响程度大小为环烷烃和烷烃>长侧链的轻芳烃>重芳烃),当这些组分在原油中的含量达到一定程度时,可以使防蜡剂完全丧失防蜡性能。研究表明,当环烷烃和异构烷烃的浓度在一定范围内时,可以提高防蜡剂的效果,这可能是由蜡晶结构的不规则所导致的[110]。

3) 防蜡剂的碳链结构对防蜡效果的影响

防蜡剂的使用效果很大程度上取决于防蜡剂的组成及结构,防蜡剂中的长链烷烃与蜡形成共晶,使含蜡原油凝点降低。Borthakur 等[111]经研究证实,防蜡剂的长链烷烃与侧链具有相似的平均碳数时具有最佳的降凝效果。当碳链上的基团为极性基团时,可以阻止蜡晶聚集凝结,从而延缓蜡晶网状结构的形成,侧链烷基的长短决定了蜡晶的聚集程度。Jang 等[112]通过分子动力学模拟得出梳形防蜡剂侧链烷烃最适宜的是—$C_{28}H_{57}$,碳原子数在 25~31 范围内时效果较好。Deshmukh[113]指出防蜡剂侧链碳原子为 8~16 时,对 Nada 原油的降凝效果较好。因此,凝固点较高的原油使用烷基碳链较长的防蜡剂比较有效,而低凝固点的原油使用烷基碳链较短的防蜡剂效果较好。

4) 防蜡剂的分子量对防蜡效果的影响

防蜡剂的分子量大小影响其自身在原油中的溶解度,小分子量的防蜡剂可以更好地溶解在油样中,同时不易在油样中形成结晶,聚合物分子量及其分布对相行为及降凝效果均有较大的影响。

邹玮等[114]认为防蜡剂分子量介于 4000~10000 为最佳,其作用效果比较显著,过高或过低都难以得到最好的降凝效果。研究结果表明:对于平均碳数较低、正构烷烃分布较宽的原油,大分子量的防蜡剂作用效果最优。反之,平均碳数较高、正构烷烃分布较窄的原油对小分子量的防蜡剂响应较高。而对于平均碳数较高、正构烷烃分布较宽的原油,使用中等分子量的防蜡剂效果是最好的。

5) 防蜡剂的支化度对防蜡效果的影响

防蜡剂分子的支化度对防蜡效果的影响远大于烷烃碳链长度的影响。当防蜡剂分子支化度过高时,防蜡剂结晶度变大,同时防蜡剂分子与蜡晶形成共晶的程度也相应增加,分散度减弱。将防蜡剂的支化度控制在一个合适的范围内,有利于防蜡剂发挥最大的降凝效果。

6）防蜡剂的加入量对防蜡效果的影响

防蜡剂的加入量是影响防蜡剂防蜡效果的重要因素，向原油中加入多少防蜡剂可以达到最佳的防蜡效果是值得研究的问题，防蜡剂的加入量存在着最佳范围，低于最佳范围，防蜡剂不能起到最佳的防蜡效果。加入量适当，防蜡剂可以与油样中的蜡晶恰好相互作用，既不会造成防蜡剂的浪费，又可以达到防蜡的目的。

7）防蜡剂的反应条件对防蜡效果的影响

防蜡剂的反应条件主要包括反应时间、反应温度、处理温度和搅拌速度等。这些条件决定了防蜡剂的性能，反应时间的长短对防蜡剂的性能有很重要的影响，要想防蜡剂达到性能稳定需要一定反应时间，得出防蜡剂的最佳反应时间可以使防蜡剂发挥最佳防蜡效果。反应温度、处理温度的变化可以影响防蜡剂的性能与油样的溶解程度，温度的变化会导致防蜡剂与蜡晶之间的相互作用发生变化。搅拌速度的变化会影响防蜡剂与油样的作用程度。总而言之，控制防蜡剂的反应条件会提高防蜡剂的防蜡效率。

在不同的处理方法中，化学防蜡剂的使用在原油工业中有所增加，因为有许多化学物质对石蜡有抑制作用。然而，目前并不存在对所有油井都同样有效的防蜡剂，通常一种化学物质在一口井中正常发挥作用，但即使在同一个盆地中，其在另一口井中也会失效。因此，到目前为止还没有创造出通用的化学防蜡剂。

3. 常用化学防蜡剂的种类及特征

防蜡剂主要有稠环芳烃型防蜡剂、表面活性剂型防蜡剂、聚合物型防蜡剂和固体防蜡剂4种。

1）稠环芳烃型防蜡剂

稠环芳烃为含有两个及两个以上的苯环共用两个相邻的碳原子而组成的烃（图1-37）。

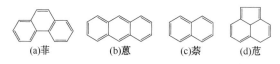

(a)菲　　　　(b)蒽　　　　(c)萘　　　　(d)苊

图1-37　稠环芳烃

稠环芳烃作为防蜡剂，一般通过两种途径发挥作用：一种是作为晶核。由于石蜡在原油中的溶解度比稠环芳烃大，当稠环芳烃溶于溶剂加到油井后，在原油的开采过程中由于原油的温度、压力降低以及轻质组分的逸出，稠环芳烃优先于石蜡先析出来，成为石蜡析出的晶核，石蜡就在此晶核上结晶。由于这种晶体中存在稠环芳烃，破坏了石蜡原有结晶的排列，导致石蜡不会在这种晶体上继续长大，也就不会有蜡沉积现象，从而达到防蜡的目的。另一种是参与石蜡的晶核组成。与第一种途径情况类似，稠环芳烃进入石蜡晶核内部，使石蜡的晶核发生改变，从而抑制石蜡晶体的生长，起到防蜡效果。此外，稠环芳烃的衍生物也具有一定的防蜡效果（图1-38）。

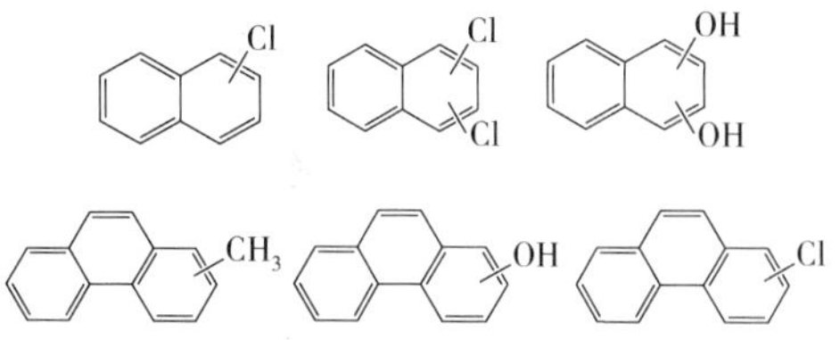

图 1-38 稠环芳烃衍生物

2）表面活性剂型防蜡剂

表面活性剂型防蜡剂是通过表面活性剂在蜡晶表面或结蜡表面上吸附，起到防蜡作用的防蜡剂。该类防蜡剂可分为油溶性和水溶性两类。

（1）油溶性表面活性剂。

油溶性表面活性剂是通过吸附在蜡晶表面，使之变成极性表面，不利于非极性石蜡的结晶，从而阻止蜡分子进一步沉积。合成脂肪酸的乙二胺盐属于油溶性表面活性剂，将该种盐溶于煤油中，加入油井后，可以防止蜡沉积。用油醇、油胺、烷基酚醛树脂、环氧乙烷聚醚类和苯甲酸萘酯也可以配制成油溶性防蜡剂，同时也具有清蜡的效果。此外，石油磺酸盐也可以作为油溶性防蜡剂。

（2）水溶性表面活性剂。

水溶性表面活性剂在结蜡表面（如油管、抽油杆和设备表面）上吸附，造成极性反转，从而阻止蜡在其表面上的沉积。水溶性表面活性剂型防蜡剂是通过改变结蜡表面的性质发挥作用。由于表面活性剂具有两亲性，依据相似相溶原理，它可以在蜡晶周围形成一个以非极性基团为内层、极性基团为外层的分子吸附膜。由于极性基团朝外，它可吸附体系中的水，形成一层水膜，从而阻止蜡分子进一步沉积。用作防蜡剂的水溶性表面活性剂主要有季铵盐型、平平加型、OP型、聚醚型、Tween型等。

3）聚合物型防蜡剂

聚合物型防蜡剂通常是一些高分子物质，具有与蜡分子相类似的长烷基链结构，高分子链节中的非极性链节部分可与蜡共晶，而极性链节部分则使蜡晶及晶型产生扭曲，阻止蜡晶继续长大形成网络结构，从而达到防蜡的目的。将聚合物型防蜡剂在蜡晶析出前加入原油中作用效果最好。常用的聚合物型防蜡剂有聚乙烯、聚丙烯酸酯、乙烯—醋酸乙烯酯共聚物（EVA）、乙烯—羧酸乙烯酯共聚物及丙烯酸酯及其共聚物等。通常以烯烃为主的各种聚合物对石油防蜡产生的效果明显。

高分子聚合物型防蜡剂的特点如下：（1）带有非极性基团（或链节）和极性基团，其中极性基团均为酯基；（2）聚合物以自由基聚合机理共聚而成，而自由基共聚难以准确控制聚合物的分子量和分子链中两种结构单元的比例及微观分布。

大量实验证明[115]，高分子聚合物型防蜡剂的防蜡效率不仅与原油的组成有关，还与防蜡剂的种类、结构和分子量等诸多因素有关，高分子聚合物型防蜡剂结构和分子量的不确定性给聚合物防蜡机理的研究带来了较大的困难。

4）固体防蜡剂

固体防蜡剂的主要成分是高压聚乙烯，高压聚乙烯是一种高分子型防蜡剂，其在高温、高压和氧引发下聚合而成，为支链线型结构，易在油中分散并形成网状结构。

由于高压聚乙烯和石蜡链节相同，而高压聚乙烯在深度很小时就能形成遍及整个原油的网络结构，因此石蜡易在其网络结构上析出，并彼此分离，不相互聚结长大，也不易在油套管内壁表面沉积而很容易被油流带走。

胶质、沥青质具有良好的分散性，它们是结构复杂的非烃化合物。胶质分子量较低（500~1500），沥青质分子量较高，沥青质是胶质的进一步缩合产物，它们的分子中既有极性部分，也有非极性部分，是天然活性剂。胶质和低分子量沥青质溶于油中，像外加的油溶性活性剂那样，通过改变蜡晶表面的性质而起作用，即活性剂在蜡晶表面吸附，使它变成极性表面，不利蜡分子进一步沉积。另一方面，高分子量的沥青质不溶于油，以微小固体颗粒形式分散在油中，作为晶核，当含量足够高时，使石蜡结晶形成许多细小的结晶颗粒，分散在油中被带走。因此，胶质、沥青质是聚乙烯类防蜡剂理想的天然分散剂。

（1）使用固体防蜡剂的技术特点。

① 固体防蜡剂与配套装置随管柱一次性下入尾管，其用量根据油井生产情况而定。检泵周期按1年计算防蜡剂用量[116]：

$$m = 10 \times q \times (1 - f_w) \times d \tag{1-3}$$

式中　m——固体防蜡剂用量，g；

　　　q——措施前产液量，t；

　　　f_w——含水量，%；

　　　d——有效期，d。

每个固体防蜡剂块重 mg，需要固体防蜡剂的个数：

$$n = \frac{m}{420} \tag{1-4}$$

② 油井不需要加清蜡剂和热洗，节约加清蜡剂费用和热洗费用。

③ 保护油层不受水侵伤害。

④ 减少了洗井液在井筒存流时间。

（2）施工工艺。

固体防蜡剂采用挤压注塑成型工艺加工而成，防蜡剂有效成分100%，形状为蜂窝煤状固体块，可使接触原油表面积增大，易被原油浸泡溶胀，缓慢溶解，使原油中防蜡成分保持一定浓度，确保长时间防蜡效果。

防蜡管用大于114mm×2000mm无缝钢管加工而成，抗拉强度不低于500MPa，抗内压强度不低于20MPa，各连接处抗滑扣载荷不小于20kN。采用两组合防蜡管下入深井泵下，两组防蜡块作用相同，温度不同，扩大了温度使用范围，延长了有效时间，使防蜡剂在原油析蜡点以下部位进入原油。

（3）适用范围。

固体防蜡剂适用范围如下：

① 含蜡量高、胶质沥青质高的油井。

② 泵吸入口温度在45~78℃范围内的油井。

③ 含水量低的油井。

防蜡剂大部分是高分子聚合物，用量较清蜡剂少，大约为100μg/g。早期使用的防蜡剂是多分支的聚乙烯，目前所用的防蜡剂大多为乙烯基酯类聚合物，从分子结构上看，防蜡剂含有极性基团和非极性基团，通过极性基团来分散蜡晶，通过非极性基团来共晶或吸附。聚合物的种类、分子量、构型、构象等均与防蜡降凝效果有着直接的关系，并且原油的多组分复杂性也影响防蜡剂的效果，因此单一防蜡剂无法满足各类原油的要求。

4. 化学防蜡剂的加注实例

1）长庆油田防蜡剂加注实例

长庆油田部分作业区油井腐蚀结蜡严重，加注了一种缓蚀防蜡剂。常规加药方式包括环空加药和地层注入两种。其中，环空加药又分为间歇加药和连续加药。综合考虑操作安全性、便利性、作业周期及效果，采用间歇加药方式。该缓蚀防蜡剂在长庆油田进行现场实验，通过现场监测，确定了最佳加药周期和加药量，加药周期为7~10天，加药量根据各井生产情况不同而不同。检泵周期延长3倍以上，抽油机上行电流平均下降20A以上，为该地区油井防蜡和缓蚀工作提供了更好的保证[117]。

2）PY-1型固体防蜡剂加注实例

PY-1型固体防蜡剂由主防蜡剂、溶解控制剂、分散剂等按照一定比例在加热条件下通过注塑机在模具中高压定型。对国内某油田油井进行测试，PY-1型固体防蜡剂的加入减小了抽油机的负载率，提升了系统的效率。将该油井进行长时间的现场观测，测试结果表明，PY-1型固体防蜡剂的加入能长时间稳定降低抽油载荷，平均载荷降低了10kN左右，大幅提升了抽油效率，并且防蜡周期大大延长，超过了200天[118]。

5. 化学防蜡技术的应用及面临的挑战

防蜡剂在含蜡原油中的应用受到广泛关注，特别是在中国、印度和埃及等存在含蜡原油生产运输问题的国家。由于许多化学物质都有蜡抑制作用，因此与不同的处理方法相比，化学防蜡技术的应用最广。然而，同样的化学防蜡剂对不同油井使用效果不同，因此到目前为止还没有通用的化学防蜡剂。

考虑到油田的温度和位置、原油的性质、防蜡剂的性质、环境问题、经济可行性和实验室研究的准确性等因素，为不同油田选择合适的防蜡剂仍是一个复杂的过程。此外，防蜡剂基础理论研究还不完善，原油和油品组成与防蜡剂分子结构间相互关系存在很大的不确定性，防蜡机理仍然存在争议，需要进一步研究探索。

参 考 文 献

[1] 陈大钧，陈馥. 油气田应用化学[M]. 2版. 北京：石油工业出版社，2015.

[2] 杨全安，慕立俊. 油田实用清防蜡与清防垢技术[M]. 北京：石油工业出版社，2014.

[3] 刘晓燕，姜卉，刘仁强，等. 我国原油结蜡及清防蜡的知识图谱分析[J]. 当代化工，2020，49(2)：446-449.

[4] 付倩倩. 油井井筒结蜡特性及清防蜡技术研究[D]. 成都：西南石油大学，2017.

[5] 黄启玉，李立，范传宝，等. 剪切弥散对含蜡原油蜡沉积的影响[J]. 油气储运，2002，21(12)：30-33.

[6] Brown T S, Niesen V G, Erickson D D. Measurement and prediction of the kinetics of paraffin deposition [C]. SPE 26548, 1993.

[7] 沈珺. 油井结蜡机理及防治技术分析[J]. 化学工程与装备，2020(3)：123-124.

[8] 崔杨，张文华，吴莹. 井筒清防蜡现状及工艺技术研究应用[J]. 中国石油和化工标准与质量，2019，39(5)：196-197.

[9] 大庆油田《油井清蜡与防蜡》编写组. 油井清蜡与防蜡[M]. 北京：科学出版社，1976.

[10] 陈帝文，谢英，麦方锐，等. 油水两相流蜡沉积规律的研究进展[J]. 石油化工，2018，47(11)：1292-1298.

[11] Hunt E B. Laboratory study of paraffin deposition[J]. Journal of Petroleum Technology, 1962, 14(11)：1259-1269.

[12] Jorda R M. Paraffin deposition and prevention in oil wells[J]. Journal of Petroleum Technology, 1966, 18(12)：1605-1612.

[13] 张雷. 论述油井结蜡研究现状[J]. 化学工程与装备，2016(7)：219-220.

[14] 黄辉荣，宫敬，王玮，等. 纳米降凝剂对含蜡油蜡沉积规律的影响研究[J]. 海洋工程装备与技术，2019，6(4)：639-646.

[15] 秦立龙. 油田化学(英汉对照)[M]. 北京：中国石化出版社，2019.

[16] 宋奇，罗江涛，王志明，等. 油井结蜡点位置预测及结蜡规律讨论[J]. 石油化工应用，2016，35(12)：31-33.

[17] 黄启玉，吴海浩. 新疆原油蜡沉积规律研究[J]. 油气储运，2000，19(1)：29-32.

[18] 范开峰，黄启玉，李思，等. 油水乳状液蜡沉积规律与扩散系数[J]. 油气储运，2015，34(10)：1067-1072.

[19] Won K W. Thermodynamic model of liquid-solid equilibria for natural fats and oils[J]. Fluid Phase Equilibria, 1993(82)：261-273.

[20] Pedersen K S. Prediction of cloud point temperatures and amount of wax precipitation[J]. SPE Production & Facilities, 1995, 10(1)：46-49.

［21］Rønningsen H P, Sømme B F, Pedersen K S. An improved thermodynamic model for wax precipitation：Experimental foundation and application［C］//BHR Group Conference Series Publication. Mechanical Engineering Publications Limited，1997.

［22］Zhenyu Huang, Sheng Zheng, H. Scott Fogler. 结蜡——实验描述、理论模拟和现场实践［M］. 杨向同，刘会峰，刘豇瑜，译. 北京：石油工业出版社，2018.

［23］Burger E D, Perkins T K, Striegler J H. Studies of wax deposition in the trans Alaska pipeline［J］. Journal of Petroleum Technology，1981，33(6)：1075-1086.

［24］Bern P A, Withers V R, Cairns R J R. Wax deposition in crude oil pipelines［C］//European offshore technology conference and exhibition. OnePetro，1980.

［25］Hsu J J C, Santamaria M M, Brubaker J P. Wax deposition of waxy live crudes under turbulent flow conditions［C］. SPE 28480，1994.

［26］Hsu J J C, Brubaker J P. Wax deposition scale-up modeling for waxy crude production lines［C］//Offshore Technology Conference. OnePetro，1995.

［27］黄启玉. 含蜡原油管道蜡沉积模型的研究［D］. 北京：中国石油大学(北京)，2000.

［28］郭海滨. 油井清蜡防蜡技术及新型技术应用［J］. 石化技术，2019，26(7)：256-257.

［29］张乐，屈撑囤，李金灵，等. 油井结蜡与防治技术研究［J］. 广州化工，2015，43(16)：60-62.

［30］Singh P, Venkatesan R, Fogler H S, et al. Formation and aging of incipient thin film wax-oil gels［J］. AIChE Journal，2000，46(5)：1059-1074.

［31］赵飞星，戴咏川，陈建军，等. 石蜡在基础溶剂中溶解性的研究［J］. 当代化工，2015，44(8)：1780-1782.

［32］马喜平，全红平. 油田化学工程［M］. 北京：化学工业出版社，2018.

［33］王一然，杨辉，许丹. 原油组成对原油管道结蜡规律的影响［J］. 中国石油和化工标准与质量，2016，36(9)：81-82.

［34］董红伟. 油井结蜡及清防蜡技术的研究［J］. 化学工程与装备，2015(12)：101-103.

［34］郭海滨. 油井清蜡防蜡技术及新型技术应用［J］. 石化技术，2019，26(7)：256-257.

［35］成兰. 清防蜡技术及其在茨榆坨采油厂的应用与效果评价［D］. 大庆：东北石油大学，2013.

［36］李雪松，周远喆，许剑，等. 油井清防蜡技术研究与应用进展［J］. 天然气与石油，2017，35(6)：66-70.

［37］杨宏伟，王烟帝. 可自动解堵清管器［J］. 油气田地面工程，2013，32(12)：153.

［38］刘建林，徐香玲，程永桂，等. 泡沫清管器过盈量计算及其对清管效果影响［J］. 中国石油大学学报(自然科学版)，2021，45(2)：111-119.

［39］王春云. 油井清蜡技术应用及效果分析［J］. 西部探矿工程，2015(8)：67-68.

［40］童真伟，郭大凯，赵磊，等. 蒸汽热洗工艺技术研究与应用［J］. 石油知识，2017(2)：54-55.

［41］何荣华. 热力清蜡工艺技术对比研究与应用［J］. 内江科技，2017，38(3)：19-20.

［42］杨璐. 浅析高温蒸汽热洗清蜡技术［J］. 中国石油和化工，2016(S1)：187.

［43］卿鹏程，宁奎，阎长生，等. 清防蜡工艺技术的研究及应用［J］. 钻采工艺，1999，22(6)：42-43.

［44］崔卫冠，李现东，董志清，等. 电热抽油杆技术［J］. 断块油气田，2004，11(1)：72-73.

［45］高明，杨延红，王朝晴. 王场油田清防蜡工艺应用及认识［J］. 江汉石油职工大学学报，2013，26（2）：19-21.

［46］马爱文. 空心抽油杆热洗清蜡质量控制技术创新及应用［J］. 石油工业技术监督，2009，25（2）：20-23.

［47］荆国林，包迪，王精一，等. 油井清蜡技术研究进展［J］. 能源化工，2016，37（3）：38-42.

［48］郭晶晶. 春光油田清防蜡工艺研究［J］. 河南科技，2014（21）：34-35.

［49］多清. 抽油井清防蜡技术的应用分析及研究［J］. 中国石油和化工标准与质量，2019，39（12）：244-245.

［50］潘昭才，黄时祯，任广今，等. 化学生热清蜡体系试验及其矿场应用［J］. 国外油田工程，2006，22（5）：19-20.

［51］潘昭才，李颖川，阳广龙，等. 一种新的化学生热体系在油井清蜡中的应用［J］. 石油钻采工艺，2006，28（6）：74-75.

［52］刘忠运，陆晓锋，汤超，等. 油田清防蜡剂的研究进展及发展趋势［J］. 当代化工，2009，38（5）：479-483.

［53］李明忠，赵国景，张贵才，等. 油基清蜡剂性能研究［J］. 石油大学学报（自然科学版），2004，28（2）：61-63.

［54］王晶，卓兴家，周长利，等. 针对大庆油田水基清防蜡剂的室内研究与应用［J］. 当代化工，2015（6）：1395-1397.

［55］马殿坤. 清蜡剂和清蜡条件的选择［J］. 油气田地面工程，1995，14（5）：25-28.

［56］于小明，张英. 超声波+电热清蜡技术［J］. 油气田地面工程，2004，23（8）：28.

［57］张磊，梁珀，曹胜江，等. 超导热洗清蜡工艺在张家垛油田的应用［J］. 复杂油气藏，2016，9（3）：80-82.

［58］段效威. 油井出蜡机理和油井清蜡技术初探［J］. 科技创新与应用，2013（27）：89.

［59］李传宪，张春光，孙德军，等. 降凝剂对蜡油中蜡析出与溶解影响的物理化学研究［J］. 高等学校化学学报，2003，24（8）：1451-1455.

［60］Yang F，Li C，Wang D. Studies on the structural characteristics of gelled waxy crude oils based on scaling model［J］. Energy & Fuels，2013，27（3）：1307-1313.

［61］李思，黄启玉，范开峰. 石油流体析蜡特性检测技术［J］. 石油学报（石油加工），2016，32（6）：1287.

［62］陈倩. 常规油井的防蜡与清蜡技术［J］. 化工设计通讯，2017，43（7）：69-70.

［63］王世成. 油井结蜡影响因素及防蜡技术的研究［J］. 化工设计通讯，2017，43（3）：21.

［64］Bai J，Jin X，Wu J T. Multifunctional anti-wax coatings for paraffin control in oil pipelines［J］. Petroleum Science，2019，16（3）：619-631.

［65］曾佳才，丁祥年，宋其伟，等. 内衬油管配套防蜡技术在鄯善油田的应用［J］. 石油钻采工艺，1993（6）：84-87.

［66］岳大伟. 聚氨酯涂层油管用于油井防蜡［J］. 油田化学，2008，25（3）：207-209.

［67］唐立杰，赵海林，孙宏晶，等. 物理清防蜡技术的研究现状分析［J］. 价值工程，2010，29（31）：

153-154.

[68] Jessen F W, Howell J N. Effect of flow rate on paraffin accumulation in plastic, steel, and coated pipe [J]. Transactions of the AIME, 1958, 213(1): 80-84.

[69] Jorda R M. Paraffin deposition and prevention in oil wells[J]. Journal of Petroleum Technology, 1966, 18 (12): 1605-1612.

[70] Zhang X, Tian J, Wang L, et al. Wettability effect of coatings on drag reduction and paraffin deposition prevention in oil[J]. Journal of Petroleum Science and Engineering, 2002, 36(1-2): 87-95.

[71] Quintella C M, Musse A P S, Castro M T P O, et al. Polymeric surfaces for heavy oil pipelines to inhibit wax deposition: PP, EVA28, and HDPE[J]. Energy & Fuels, 2006, 20(2): 620-624.

[72] Rashidi M, Mombekov B, Marhamati M. A study of a novel inter pipe coating material for paraffin wax deposition control and comparison of the results with current mitigation technique in oil and gas industry[C]// Offshore technology conference Asia. OnePetro, 2016.

[73] Gong G, Wu J, Jin X, et al. Adhesion tuning at superhydrophobic states: from petal effect to lotus effect [J]. Macromolecular Materials and Engineering, 2015, 300(11): 1057-1062.

[74] Chen K, Zhou S, Wu L. Self-healing underwater superoleophobic and antibiofouling coatings based on the assembly of hierarchical microgel spheres[J]. Acs Nano, 2016, 10(1): 1386-1394.

[75] Guo T, Heng L, Wang M, et al. Robust Underwater Oil-Repellent Material Inspired by Columnar Nacre [J]. Advanced Materials, 2016, 28(38): 8505-8510.

[76] Charles J G, Marcinew R P. Unique paraffin inhibition technique reduces well maintenance[J]. Journal of Canadian Petroleum Technology, 1986, 25(4): 822-828.

[77] Li M, Su J, Wu Z, et al. Study of the mechanisms of wax prevention in a pipeline with glass inner layer [J]. Colloids and Surfaces A: Physicochemical and Engineering Aspects, 1997, 123: 635-649.

[78] Bae T H, Kim I C, Tak T M. Preparation and characterization of fouling-resistant TiO_2 self-assembled nanocomposite membranes[J]. Journal of Membrane Science, 2006, 275(1-2): 1-5.

[79] Guo Y, Li W, Zhu L, et al. An excellent non-wax-stick coating prepared by chemical conversion treatment[J]. Materials Letters, 2012, 72: 125-127.

[80] Wang Z, Zhu L, Liu H, et al. A conversion coating on carbon steel with good anti-wax performance in crude oil[J]. Journal of Petroleum Science and Engineering, 2013, 112: 266-272.

[81] Li W, Zhu L, Liu H, et al. Preparation of anti-wax coatings and their anti-wax property in crude oil [J]. Journal of Petroleum Science & Engineering, 2013, 103(2): 80-84.

[82] Liang W, Zhu L, Li W, et al. Bioinspired composite coating with extreme underwater superoleophobicity and good stability for wax prevention in the petroleum industry [J]. Langmuir, 2015, 31 (40): 11058-11066.

[83] Liang W, Zhu L, Xu C, et al. Ecologically friendly conversion coatings with special wetting behaviors for wax prevention[J]. RSC Advances, 2016, 6(31): 26045-26054.

[84] Yao X, Wu S, Chen L, et al. Self-replenishable anti-waxing organogel materials[J]. Angewandte Chemie International Edition, 2015, 54(31): 8975-8979.

[85] 胡博仲，周望，程子健. 磁处理技术在大庆油田油水井中的应用研究[J]. 电工合金，1997（2）：37-39.

[86] 黄戊生，荣丽辉. 稠油资源的开发利用[J]. 资源开发与市场，2000，16(6)：3 62-363.

[87] 任福生，刘艳平，谢星周. 采油井磁防蜡器的矿场应用[J]. 钻采工艺，2004，27(1)：76-78.

[88] 马梦玉. 磁防蜡降黏技术研究与应用[J]. 化工管理，2015(35)：161.

[89] 耿段雨. 磁除垢防蜡的胶体表面化学分析[J]. 磁能应用技术，1989.

[90] 陈昭威. 磁处理原油的机理的探讨[J]. 磁能应用技术，1990（1）：15-18.

[91] 魏晓明，王美华. 磁场防蜡、降粘的微观机理研究[J]. 磁能应用技术，1992（4）：20-22.

[92] 陆喜. 夏子街油田采油井口强磁防蜡降粘试验研究[J]. 磁能应用技术，1993(3)：2-8.

[93] Dos Santos J S T, Fernandes A C, Giulietti M. Study of the paraffin deposit formation using the cold finger methodology for Brazilian crude oils[J]. Journal of Petroleum Science and Engineering, 2004, 45(1-2)：47-60.

[94] 侯光东，林彦兵，史存和，等. 抽油井磁防蜡技术及其应用[J]. 国外油田工程，2005，21(2)：41-43.

[95] 敬加强，杨莉，罗平亚，等. 含蜡原油结构的存在性研究[J]. 西南石油学院学报，2001，23(6)：67-70.

[96] Evans Jr J L. Apparatus and technique for the evaluation of magnetic conditioning as a means of retarding wax deposition in petroleum pipelines[M]. University of Florida, 1998.

[97] Keating J F, Wattenbarger R A. The simulation of paraffin deposition and removal in wellbores[C]. SPE 27871, 1994.

[98] 纪永波. 原油磁处理降粘技术在华北油田的应用[J]. 油田地面工程，1993，12(3)：23-26.

[99] 王静，高光军，徐德福，等. 清防蜡菌种的评价及现场试验[J]. 石油钻采工艺，2006，28(1)：52-55.

[100] 刘长，赵爱华，郭省学，等. 采油微生物对原油清防蜡机理及矿场应用[J]. 临沂师范学院学报，2006，28(3)：62-66.

[101] 王彪，林晶晶，王志明，等. 微生物清防蜡技术研究综述[J]. 长江大学学报(自然版)理工上旬刊，2014(6)：112-114.

[102] Monkenbusch M, Schneiders D, Richter D, et al. Aggregation behaviour of PE-PEP copolymers and the winterization of diesel fuel[J]. Physica B：Condensed Matter, 2000, 276：941-943.

[103] Rana D P, Bateja S, Biswas S K, et al. Novel microbial process for mitigating wax deposition in down hole tubular and surface flow lines[C]. SPE 129002, 2010.

[104] He Z, Mei B, Wang W, et al. A pilot test using microbial paraffin-removal technology in Liaohe oilfield [J]. Petroleum science and technology, 2003, 21(1-2)：201-210.

[105] 姜兰，魏登峰，燕永利. 微生物清防蜡工艺技术在七里村油田的应用[J]. 内蒙古石油化工，2009，35(5)：87-89.

[106] Al-Yaari M. Paraffin wax deposition：mitigation & removal techniques[C]//SPE Saudi Arabia section Young Professionals Technical Symposium. OnePetro, 2011.

[107] Groffe D, Groffe P, Takhar S, et al. A wax inhibition solution to problematic fields: A chemical remediation process[J]. Petroleum Science and Technology, 2001, 19(1-2): 205-217.

[108] Oliveira G E, Mansur C R E, Lucas E F, et al. The effect of asphaltenes, naphthenic acids, and polymeric inhibitors on the pour point of paraffins solutions[J]. Journal of Dispersion Science and Technology, 2007, 28(3): 349-356.

[109] Yi S, Zhang J. Relationship between waxy crude oil composition and change in the morphology and structure of wax crystals induced by pour-point-depressant beneficiation[J]. Energy & Fuels, 2011, 25(4): 1686-1696.

[110] Deshmukh S, Bharambe D P. Wax dispersant additives for improving the low temperature flow behavior of waxy crude oil[J]. Energy Sources, Part A: Recovery, Utilization, and Environmental Effects, 2012, 34(12): 1121-1129.

[111] Borthakur A, Chanda D, Dutta Choudhury S R, et al. Alkyl fumarate-vinyl acetate copolymer as flow improver for high waxy Indian crude oils[J]. Energy & Fuels, 1996, 10(3): 844-848.

[112] Jang Y H, Blanco M, Creek J, et al. Wax inhibition by comb-like polymers: support of the incorporation-perturbation mechanism from molecular dynamics simulations[J]. The Journal of Physical Chemistry B, 2007, 111(46): 13173-13179.

[113] Deshmukh S, Bharambe D P. Wax dispersant additives for improving the low temperature flow behavior of waxy crude oil[J]. Energy Sources, Part A: Recovery, Utilization, and Environmental Effects, 2012, 34(12): 1121-1129.

[114] 邹玮, 刘坤, 廉桂辉, 等. 降凝降黏剂改善高凝原油流动性的研究进展[J]. 精细石油化工进展, 2015, 16(2): 17-19.

[115] 马俊涛, 黄志宇. 聚合物防蜡剂的研制及其结构对性能的影响[J]. 西安石油学院学报(自然科学版), 2001, 16(4): 55-58.

[116] 万玲侠. 固体防蜡技术在文南油田的应用[J]. 钻采工艺, 2003, 26(2): 97.

[117] 杨海燕, 宋连银, 王伟波, 等. 一种油井用缓蚀防蜡剂的研究与应用[J]. 石油化工应用, 2015, 34(5): 122-124.

[118] 吴岸. PY-1化学固体防蜡剂对抽油效率的提升分析[J]. 当代化工, 2016, 45(8): 1848-1850.

第二章 油田井筒和地面系统
结垢分析及清防垢措施

随着油田勘探开发的深入，储层情况日益复杂，"深、低、海、非"(深层、低渗透、海上和非常规油气)资源储量成为油气产量增长的热点。油气井开发的全生命周期都不同程度地面临结垢问题，严重困扰着油田的正常生产，结垢防治是正常生产过程流动保障工作的一个重要环节。本章主要介绍了油田结垢机理及结垢预测分析、油田井筒和地面系统清防垢技术。

第一节 油田结垢机理及结垢预测分析

油田结垢是油田开采过程中常见的破坏性问题之一，其可能发生在油田系统的任何部位，如井筒、井口、地面集输系统、地层等。在油、气、水等流体的流动过程中，因温度、压力等物理条件变化，流体中的物质相应发生变化，从水中析出固体物质。析出的固体物质称为垢，主要是溶解度小的钙、钡、锶等无机盐。

油田结垢的原因包括：

(1)油田水中易结垢离子含量高，在采油过程中受温度、压力变化，导致水中离子平衡状态改变，成垢组分溶解度降低而析出结晶沉淀；

(2)两种以上不配伍的水相遇，使水中不相容离子相互作用生成垢；

(3)采出物中某些组分的变化打破油田水中的平衡状态生成垢。

深入了解不同垢物的类型、生长机理，并对其进行预测，是油田清防垢的基础。因此，本节首先阐述了油田结垢的危害，然后分别介绍了结垢类型及机理、垢型分析及结垢预测。

一、油田结垢的危害

结垢是油田生产过程中普遍存在的一个问题，为了实现油田增产、稳产，除垢、防垢工作是油田开发过程中必不可少的一项工作。油田结垢一方面会造成油气管道堵塞问题，另一方面就是堵塞物对管道局部腐蚀损害，具体表现为以下几个方面[1]：

(1)井筒结垢会导致泵卡、筛管被堵死而无法正常工作，还可能导致井下管柱以及井下工具堵死，作业工具不能拔出，检测测试仪器设备无法下入，这些问题都会导致油田减产、不正常停工增多等问题，必将会带来巨额的经济损失。

（2）管线结垢会直接导致供、注水管道和油管有效直径的减少，从而使摩擦阻力增大、管道堵塞、注水系统的流量及注水效率显著降低，注水压力增加，能耗增加；还可引起注水井欠注、地层压力降低、地层能量补充不够等问题，最终造成油井产量降低。

（3）垢的沉积会引起设备和管道的局部腐蚀，使其短期内因穿孔而破裂，引起破坏性事故。同时，结垢还会使缓蚀剂与金属表面难以接触成膜，大大降低缓蚀效果，加重设备和管道的腐蚀，使管道报废。

（4）加热炉、辐射管结垢，导致产生过热现象，降低使用寿命。

（5）抽油杆结垢，导致抽油机的负荷增加。

（6）结垢使油田产量下降、降低设备传热效率，缩短油井使用寿命，导致油水井和注水系统的免修期大大缩短，增加修井作业的频次，从而使采油成本升高。

随着对油田的不断开发，油田工况与原有设计工况出现较大偏差，油田作业也经常因此而导致停产、减产。国内外许多油田都存在着不同程度的油田结垢问题。

在采油技术的不断发展下，我国很多油田已经进入高含水期，结垢发生在许多部位，注采水质不配伍结垢的问题日益突出，多种提高采收率工艺导致的附加结垢等新问题也不断显露出来。镇原油田始探于 20 世纪 70 年代，2009 年进入快速建产阶段，随着开发时间的延长，综合含水量上升，不同地层及注入水配伍性差，结垢问题日益突出，导致油井产量下降，注水井欠注等问题日益严重。截至 2018 年，井筒结垢井共 231 口，占开井数的 15.1%，其中严重结垢井 39 口，结垢厚度达 2~10mm，月结垢速率在 1mm 以上，主要为碳酸盐类；井筒结垢导致泵漏失，产量下降，维修作业井次增加，维修频次逐年上升，据统计，由 2008 年作业 8 井次上升到 2018 年的 118 井次，开发成本上升。集输系统结垢主要集中在加热炉进出口管线、收球筒出口管线及外输管线，结垢厚度平均为 7mm，最高达 25mm，月结垢速率在 0.15~2.5mm/m 不等。结垢造成收球筒压力升高、外输泵故障频繁、排量降低、加热效率降低、加热炉来油进出口压差大等问题，严重制约集输系统的正常运行[2]。

塔河油田部分单井开采进入注水开采时期，生产原油含水量高，水中成垢离子含量高，原油集输管道出现了不同程度的结垢现象（图 2-1）。塔河油田各生产区块采出水的矿化度都非常高，最高可达 236368.3mg/L，同时部分单井 Mg^{2+}、SO_4^{2-} 等含量也相当高，这些都不可避免地导致油田地面集输管线结垢。

江苏油田自 1996 年注采同步开发以来，随着注水时间的延续已有 97.5% 的采油井含

图 2-1　塔河油田某井管道结垢清理[3]

水。特别是回注污水以来，产出水的矿化度越来越高，油井结垢腐蚀现象日益明显，主要表现为油井免修期缩短、提出管杆泵上结垢、下大直径工具井筒遇阻等，严重影响了油田的正常生产。江苏油田原油凝固点一般在 30~42℃，原油从集输站到联合站必须加热，地下水矿化度也较高，为 9000~25000mg/L，加热集输势必引起长输管线结垢，其结垢剖面多呈月牙形，层次分明，晶型完整，垢型以 $CaCO_3$ 为主，并含有一定量的 FeS 和 $FeCO_3$[4]。

大庆朝阳沟油田 1995 年因结垢而检泵的油井占年检泵井的 19.7%，1998 年因结垢而检泵的油井比例上升到检泵井的 32.5%，1999 年发现 1800 多口油井中有 650 口结垢井。采取了防垢泵、井下点滴加药等技术阻垢后，结垢井的比例有所下降，但仍然会出现结垢造成的杆卡、泵漏等现象，给油田造成经济损失[5]。大庆榆树林油田结垢井占总井数的比例也较大，调查发现其注水井井筒、管线及地层配套系统均出现了较严重的结垢现象，是造成注水井地层堵塞的主要原因之一，降低了注水效率[6]。榆树林油田属低孔隙度、低渗透油田，储层泥质含量高、温度高、埋藏深，其垢样主要成分为 $CaCO_3$。注水井堵塞的因素除结垢外，还有悬浮物杂质堵塞、乳化堵塞等。

bp 公司在 2006 年评估，其全球业务范围内，因结垢造成的油井产量损失为 $(21~28) \times 10^4 t/a$。特别是 1991—2005 年，在北海油田的注海水开发区块，bp 公司一直面临着生产系统结硫酸盐垢难题，油井产量损失的 20% 源于结垢问题。因而每年开展的井下防垢剂挤注措施 200 口井，成本花费 2000 万美元。据统计，在环境苛刻的海上油田，因严重结垢导致的产量损失和防垢措施两项成本之和，高达每桶 15 美元。

苏伊士湾油田也面临着日益严重的结垢问题，集输管道和油水分离设备中存在着大量的硫酸盐垢。该油田曾经发生过严重的火灾事故，后查明是因为结垢引起原油处理器加热管腐蚀穿孔，致使被加热的原油流到燃烧器上[7]。

油田结垢不仅使油井产量降低，更有可能造成危及生命的严重后果。因此，分析结垢成因，应用合适的清防垢方法对油田正常生产有重大意义。

二、结垢类型及机理

1. 油田结垢类型

油田结垢类型不一，分类方法众多，可按照结垢部位、成垢机理及结垢化学组成分类[8]。

1）根据结垢部位分类

根据结垢部位，油田结垢一般可分为地层垢、近井垢、井筒垢和地面系统垢 4 类。

（1）地层垢。

地层垢是指油田采出水与地层水不配伍而产生的垢。尽管对注入水已经有了水质控制标准，但对预防注入水在地层中引起的结垢问题并没有相应的技术规范，特别是对那些中低渗透率的油藏，地层中结垢造成渗透率下降，致使注水时泵压升高，注入能力不断下降，甚至向地层中无法注水，吸水剖面的吸水厚度降低，钻井结垢检查井也能找到并证实地层垢存在。结垢一旦堵塞地层，通常是很难再清除掉的，因此地层垢造成的地层伤害通常是永久性的。

（2）近井垢。

有的生产井见水后产液量有时会急剧下降，直至无产液量，实施压裂或酸化处理后，产液量虽然增大，但很快又迅速下降，其原因是近井油层又很快结垢，因此效果不大。向生产井运移的含水的地层流体在经过近井地层时水中如果含有 CO_2，那么 CO_2 会因压力降低而逸出，这一过程破坏了水的原始平衡状态，可能有碳酸盐垢就地生成，近井地层遭受垢盐堵塞，这类垢是近井垢。近井垢造成渗透率下降，产液量也就相应减少，直接影响油井生产。

（3）井筒垢。

采油过程中，当流体从相对高温高压地层流入井筒时，由于压力和温度的急速降低，能产生以碳酸盐为主的结垢；若不同储层合采，由于不同层的产液中水的不相容性，可能有硫酸盐垢产生；使用电潜泵，由于泵体局部过热和地层流体遇泵后湍流等水力学因素作用，也可能有结垢生成，这些存在于井筒中的垢可称为井筒垢。结垢聚集在油管内外壁、筛管、尾管、套管内壁等处，可致使管径缩小，并对产液阻流。井筒垢对采油生产造成的危害是直接和巨大的，因此是防垢、除垢的重点部位。

（4）地面系统垢。

油井产出液离开井口以后，在经过不同的管线和设备时，会经历不同的压力、温度、流速、停留时间，以及几种水又可能重新混合，因此可能会有各种垢盐生成。一般在输油管线、注水管线弯头、闸门滞留区、加热沉降管等区域会生成大量垢，严重影响换热效率并存在生产隐患。同时，地面系统垢引起的腐蚀、坏损、除垢、维修等的经济损失无疑增大了采油成本。因此，地面系统垢应当定时清除。

2）根据成垢机理分类

按照垢物成垢机理的不同，油田结垢可分为颗粒垢[9]、化学反应垢、腐蚀垢、结晶垢[10]、生物垢和混合垢。

（1）颗粒垢：流体中悬浮的固体颗粒在设备表面积聚。

（2）化学反应垢：由化学反应形成的沉积物。

（3）腐蚀垢：金属材料参与化学反应所形成的腐蚀产物积聚。

（4）结晶垢：在流动条件下呈过饱和的溶液中，溶解的无机盐、蜡和胶质等有机物在设备表面的析晶或结晶产物。

（5）生物垢：水系统中的细菌等微生物及其代谢产物形成黏液，与悬浮在水中的无机物、泥沙和腐蚀产物等黏结混合，在设备表面形成微生物沉淀或生物膜。

（6）混合垢：上述5种污垢形成机制中，若干种机制同时发生而形成的污垢。

3）根据结垢化学组成分类

按照化学组成，油田常见的无机垢有 $CaCO_3$、$MgCO_3$、$CaSO_4$、$BaSO_4$ 和 $SrSO_4$ 等。实际上，一般的垢都不是单一的组成，往往是混合垢，只不过是以某种垢为主而已。常见油田垢物的性状见表 2-1。

表 2-1　常见油田垢物的性状

名称	化学式	表观形状
碳酸盐垢	$CaCO_3$	无杂质，致密白色细粉末
		含有 $MgCO_3$，菱形结晶
		含有 Fe_2O_3 或 FeS，致密黑色或褐色物
	$MgCO_3$	无杂质，白色结晶
硫酸盐垢	$CaSO_4$	无杂质，致密长针状晶体
	$CaSO_4 \cdot H_2O$	含有腐蚀物或氧化物，致密褐色物
	$SrSO_4$、$BaSO_4$	无杂质，坚硬、致密的白色或浅色细颗粒
硅酸盐垢	SiO_2、$CaSiO_3$、$MgSiO_3$	无杂质，坚硬、致密的白色或灰色物
铁化合物垢	FeS、Fe_2O_3、$Fe(OH)_2$、$Fe(OH)_3$	无杂质，黄色、褐色或黑色物
混合垢		无其他杂质，坚硬、致密的白色或浅色细颗粒
		含有腐蚀物或氧化铁等，致密褐色物

2. 油田结垢机理

1）基本结垢理论

水垢一般是具有反常溶解度的难溶或微溶盐类，它们具有固定晶格，单质水垢较坚硬致密。水垢生成主要取决于盐类是否过饱和以及盐类结晶的生长过程。在结垢过程中，主要作用机理有以下 4 种：

（1）热力学变化理论。

当井下热力学、动力学条件不发生改变时，即使地层水处于过饱和状态且有不相容离子，也会处于稳定的状态。在油井生产过程中，温度上升、压力下降或流速变化，都会造成高矿化度水结垢，其中温度变化的影响最为明显。

（2）流体动力学理论。

流体流速、形态及其分布都影响水垢的形成。在湍流条件下，水中质点剧烈的无规则运动加剧了离子的传质和混合，促进了晶核在流通壁面上形成，因此湍流区容易发生结垢，而流动的加剧也会增大流体对垢物冲刷剥离的能力，两者共同影响管道结垢情况[11]。

（3）不相容理论。

当地层水与注入水相遇，或不同层位含有不相容的离子的地层水相遇时，由于所含离子不同或离子浓度不同，极易在地层、井筒及集输系统中形成不稳定、易于沉淀的固体。

（4）结晶动力学理论。

结晶动力学的主要驱动力就是溶液的过饱和，溶质分子在过饱和溶液体系中析出沉淀。结垢要经历成核、晶体生长和沉积3个过程。成核包括均相成核和非均相成核两种类型。均相成核是由自发的分子碰撞引起的，作用较小[12]；非均相成核占垢形成的主导地位，是油田中的典型过程，由地层杂质、采出水杂质、管道表面粗糙度所引起，受多种因素影响。溶液从过饱和状态到晶核生成这一时期为诱导期，在诱导期内形成晶核需要克服大量能量，因此该时期是垢物生长的关键期。结垢种类不同，诱导期的时间也不同。

在纯溶液状态下，当成垢离子浓度未达到饱和状态时，不会出现沉淀，溶液处于稳定态；当成垢离子浓度超过溶解度、未达到过饱和临界点时，结晶颗粒较大，结晶速度慢且结晶量少，通过非均相成核附着到管壁上，溶液处于亚稳定态；当成垢离子浓度达到过饱和临界点并继续增加时，结晶颗粒变小，结晶速度快且结晶量增多，同时发生初始成核作用与次成核作用。

2）碳酸盐结垢机理

碳酸盐垢是由水中的 Ca^{2+}、Mg^{2+} 与 CO_3^{2-} 或 HCO_3^- 结合而生成的，其在水中沉淀的反应如下：

$$Ca^{2+}+CO_3^{2-}\longrightarrow CaCO_3\downarrow$$

$$Ca^{2+}+2HCO_3^-\longrightarrow CaCO_3\downarrow+CO_2\uparrow+H_2O$$

$$Mg^{2+}+2HCO_3^-\longrightarrow MgCO_3\downarrow+CO_2\uparrow+H_2O$$

3）硫酸盐结垢机理

油田硫酸盐垢常见的有 $CaSO_4$、$BaSO_4$、$SrSO_4$ 等，其在水中沉淀的反应如下：

$$Ca^{2+}+SO_4^{2-}\longrightarrow CaSO_4\downarrow$$

$$Ba^{2+}+SO_4^{2-}\longrightarrow BaSO_4\downarrow$$

$$Sr^{2+}+SO_4^{2-}\longrightarrow SrSO_4\downarrow$$

其中，$CaSO_4$ 是最常见的，其在38℃下主要生成石膏（$CaSO_4\cdot 2H_2O$），超过38℃主要生成硬石膏（$CaSO_4$），有时还伴有 $CaSO_4\cdot 1/2H_2O$。一般将含有 SO_4^{2-} 的采出水注入富含成垢阳离子（如 Ca^{2+}、Ba^{2+}、Sr^{2+}）的地层中，便会发生结垢的化学沉淀反应，使得地层、近井地带和井筒产生硫酸盐垢。

4）铁化合物结垢机理

水中的铁离子可能是天然存在的，也可能为腐蚀产物，大多数铁化合物垢来源于腐蚀产物。当水中含有 CO_2 时，会腐蚀生成碳酸铁，当 pH 值大于7时，碳酸铁很容易沉淀；当水中含有 H_2S 时，会腐蚀生成硫化铁，由于其较低的溶解度，很容易生成薄且致密的垢；当水与 O_2 接触时，会生成氢氧化铁、氢氧化亚铁、氧化铁等腐蚀产物，在一定条件下沉积成垢。

5）硅化合物结垢机理

地层岩矿与碱剂、黏土矿物反应生成硅酸根离子（$H_2SiO_4^{2-}$），硅酸根离子在溶液中存在水解和电离平衡，与一价离子（$H_3SiO_4^{-}$）和原硅酸分子（H_4SiO_4）共存。中性或弱碱性条件下，一价离子与原硅酸分子会通过氧联反应生成二聚体。原硅酸分子与生成的二聚体以及其他二聚体可继续通过氧联反应进一步聚合，形成硅胶颗粒，最终脱水形成二氧化硅颗粒，随结垢物一起沉积下来。

3. 结垢影响因素

1）成垢离子

注入水与地层水的不配伍以及多层位混合开采和多层产出液集输的处理方式，导致注入水和地层水中所含的成垢离子（如 Ca^{2+}、Mg^{2+}、Ba^{2+}、Sr^{2+}、Fe^{3+}、CO_3^{2-}、SO_4^{2-}、S^{2-} 等）相遇而产生沉淀析出。只要有 HCO_3^{-}、CO_3^{2-}、SO_4^{2-} 等阴离子的存在，同时又含有 Mg^{2+}、Ca^{2+}、Ba^{2+}、Sr^{2+} 阳离子，就可能形成 $CaCO_3$、$BaCO_3$、$MgCO_3$、$SrCO_3$、$CaSO_4$、$BaSO_4$、$MgSO_4$、$SrSO_4$ 等沉淀，这是油田结垢的内在因素。成垢离子的组成及含量直接决定了结垢垢型与结垢量的多少。成垢阴阳离子含量越高，则越容易发生结垢。对于某一种垢型，当 pH 值和温度超过其可溶性极限时，也会发生结垢。当混合两种水源时或水所处系统情况出现变化时，成垢离子浓度就会发生改变，为达到一种新的平衡，就会产生结垢问题，重新找到新的条件下的离子平衡。在油田易成垢情况中，过饱和度高的地方经常是在边界气液两相的界面、液固两相的界面、管路的拐角处、微小的缝隙处等。水中其他杂质的含量和种类对水垢的析出也有非常大的影响。一般来说，水中杂质越多，提供的相界面越多，难溶盐的介稳区越窄，水垢越容易析出。

2）盐含量

向难溶性电解质的饱和溶液加入含有不同离子类型的强电解质，由于盐效应能够使难溶性的强电解质的溶解度升高或者使弱电解质电离度上升，因此水中氯化钠等可溶性盐的含量增大会提高 $CaCO_3$、$CaSO_4$、$BaSO_4$ 等垢的溶解度。如对于 $CaCO_3$，$CaCO_3$ 的溶解度在 200g/L 的盐水中要比在高纯水中高出 2.5 倍；而在 120g/L 盐水中，$BaSO_4$ 的溶解度比在纯水中大了 13 倍，因此看出盐含量对难溶电解质的溶解度影响很大。

3）压力和温度

压力对 $CaCO_3$、$CaSO_4$、$BaSO_4$ 的结垢均有影响[13]。当系统内压力降低时，CO_2 分压下降，溶液中 CO_2 溢出，$CaCO_3$ 的溶解度降低，促进反应平衡向右移动，导致 $CaCO_3$ 垢生成。同样，在 CO_2 分压较大时，$CaCO_3$ 溶解度增大，$CaCO_3$ 垢形成趋势减弱。

随着注入水注入井筒，温度逐渐升高，这使得体系中原有的热力学平衡被打破，导致溶液中对温度变化较稳敏感的盐类发生结垢现象，尤其是碳酸盐类。$CaCO_3$ 溶解度随温度的升高而降低；不同结晶形式下，$CaSO_4$溶解度随温度的变化不同，$CaSO_4$、$CaSO_4 \cdot 1/2H_2O$ 的溶解度随温度升高而降低，$CaSO_4 \cdot 2H_2O$ 在37℃以下，溶解度随温度升高而增大，在37℃以上则相反，随温度升高而减小；$BaSO_4$的溶解度是随着温度与压力的升高而略有增大的，但温度和压力的影响幅度并不大；$SrSO_4$的溶解度随温度的升高与压力的降低而略有下降。

4）pH 值

pH 值对结垢的影响程度也较大。pH 值升高时，难溶盐的溶解度降低，进而增大结垢的趋势，这种影响对 $CaCO_3$、SiO_2 等特别明显，对 $CaSO_4$ 的影响较小，对 $BaSO_4$、$SrSO_4$ 的影响可忽略。pH 值降低时，会增大垢物的溶解度，延长结垢诱导期，使结垢趋势减弱，对碳酸盐垢影响明显。碱性环境下 HCO_3^- 倾向于转化为 CO_3^{2-}，随 pH 值升高更容易生成碳酸盐垢。酸性环境下碳酸主要以 H_2CO_3 和 CO_2 形式存在，不易形成碳酸盐沉淀，但较低 pH 值的水质对金属管道腐蚀性较强，会造成腐蚀垢。

5）其他因素

影响结垢的其他因素还包括矿化度、流体流动状态、流速及其分布、设备材质润湿与黏附、设备表面状况等[14]。

注入水矿化度对油田结垢的影响较大。在盐效应作用下，无机盐的溶解度会随矿化度的增加而呈现先增大后减小的趋势。随注入水矿化度的增加，溶液中总离子浓度增加，Ca^{2+}、HCO_3^- 等离子的活度相应减弱，从而降低了成垢阴、阳离子结合的能力，成垢概率降低。但随矿化度继续增加，溶液中阴、阳离子碰撞概率增大，因此成垢概率再次升高。

紊流的地方易发生结垢，如不光滑的管线内壁、发生腐蚀的表面及弯头、闸门、阀门等处。流体的流动状态可分为层流和紊流，当流速增大到一定程度时，流线不再清晰可见，惯性力对流场的影响大于黏滞力，流体不再稳定，这种流体状态就是紊流。这种状态下水的质点相互发生碰撞，液流之间混合的程度增大，促进水的传质，促使垢晶凝聚速度加快，晶核迅速形成。油田井筒井底区域紊流剧烈，因此结垢优先在井底部出现，其次易发生在上层层流区，并且垢的厚度一般随井筒深度增加而增加。

流速对污垢的影响较复杂。实验表明，只改变流速的情况下，结垢率会呈现出先增大后减小的趋势。一般认为，结垢率达到峰值后，提高流速可以增大流体对污垢作用的剪切力，减小水垢的附着速度，容易冲刷掉附着在管壁表面的晶核，从而抑制垢的生长。因此，在一定流速变化范围内，提高流体流速，可降低污垢形成的风险，增大传热系数。

润湿角的大小与成核所需能量成正比。润湿角越小，成核所需能量越低，晶核越容易形成，结垢的可能性也就越大。不同材质管材内表面的润湿与黏附物性是不相同的，如裸钢管材的润湿角小于90°，塑料管材的润湿角大于90°，这对于晶核的形成及其在材质表面的黏附有显著影响。

材质的表面状况同样影响了水垢的形成。如在管道内壁涂覆防垢涂层，即可形成光洁的表面，使晶核与材质的接触面积减小，导致附着力下降，进而延长结垢诱导期。一旦形成水垢或材质表面被腐蚀而变得粗糙，材质表面沉淀面积增大，则有很强的能力附着新水垢，导致新垢很容易继续沉积，继而产生次级水垢。

油藏注水过程中地层系统的特征，如物性参数、孔隙结构、喉道大小、储层类型及采油中的驱动方式、注水压力、注水温度等一系列条件，都对结垢产生显著影响。

三、垢型分析及结垢预测

结垢影响油田的正常生产，甚至给油田带来很大的经济损失。如果能准确分析油田水质量、结垢垢型，预测油田的结垢趋势、结垢部位，就能合理地采取相应措施预防结垢。

1. 结垢垢型分析

当注入水与储层配伍性较差时，就极易发生结垢现象，因此对油田水、注入水的水质评价是有必要的。

1) 油田水水质分析

油田水是指油、气田区域与油气藏有密切联系的地下水，所含离子、元素种类甚多，已测出的有 60 多种，常见的阳离子有 Na^+、K^+、Ca^{2+}、Mg^{2+}、H^+、Fe^{2+} 等，常见的阴离子有 Cl^-、SO_4^{2-}、CO_3^{2-}、HCO_3^- 等。

划分油田水水质种类的方式有很多种，其中苏林分类法和微量离子的特征参数可以指示原油的保存环境和原油性质，矿化度可以指示油田水的各种离子总含量。对油田水水质分析，可以有效判断可能成垢的离子成分及含量，为确定防垢技术和防垢工艺提供依据。

苏林分类法根据 Ca^{2+}、Na^+、K^+、Mg^{2+} 离子质量浓度以及其组成关系为依据，根据 $\rho(Na^+)/\rho(Cl^-)$、$[\rho(Na^+)-\rho(Cl^-)]/\rho(SO_4^{2-})$ 和 $[\rho(Cl^-)-\rho(Na^+)]/\rho(Mg^{2+})$ 三个成因系数，将天然水（油田水属于天然水）划分成 4 种基本类型[15]：$MgCl_2$ 型、$CaCl_2$ 型、Na_2SO_4 型、$NaHCO_3$ 型（表 2-2）。$MgCl_2$ 型水代表海洋环境下形成的水，在油田水中较为罕见。$CaCl_2$ 型水代表深层封闭构造环境下形成的水，是油田水主要化学类型，有利于原油的聚集和保存。Na_2SO_4 型水和 $NaHCO_3$ 型水都属于大陆水，前者是环境封闭性差的反映，是地表水中分布最广的一类水，不利于原油的聚集和保存，其分布带一般无油气藏；后者在油田分布较广，标志含油良好。水型的划分并不是指某种化合物出现的量的多少，而是以其出现趋势而定名的，如 $CaCl_2$ 型水指水中出现的趋势化合物为 $CaCl_2$。

表 2-2 苏林天然水成因分类表

水型		成因系数（质量浓度比）		
		$\rho(Na^+)/\rho(Cl^-)$	$[\rho(Na^+)-\rho(Cl^-)]/\rho(SO_4^{2-})$	$[\rho(Cl^-)-\rho(Na^+)]/\rho(Mg^{2+})$
大陆水	Na_2SO_4 型	>1	<1	<0
	$NaHCO_3$ 型	>1	>1	<0
海水	$MgCl_2$ 型	<1	<0	<1
深层水	$CaCl_2$ 型	<1	<0	>1

总矿化度(TDS)是指单位体积水中所含溶解状态的固体物质总含量,即单位体积水中各种离子、元素及化合物总含量,可用干固残渣(将水加热至105℃,水蒸发后所剩下的残渣重量)或离子总量表示,单位可用 g/L 和 mg/L 表示。油田水的矿化度是地理地质环境变迁所导致的地下水动力场和水化学场经历漫长而复杂演化过程的反映,不同地质条件下,油田水的矿化度差异很大。按照矿化度的大小将油田水分为5类(表2-3)。一般油田水具有较高的矿化度,如姬塬油田的油田水总矿化度为120g/L,属于高矿化度油田,增大了油田系统的结垢趋势,为油田防垢工作增加了难度。

表 2-3　油田水矿化度分类[16]

油田水类型	矿化度 M, g/L	油田水类型	矿化度 M, g/L
淡水	$M<1$	盐水	$10 \leqslant M \leqslant 50$
微咸水	$1 \leqslant M \leqslant 3$	卤水	$M \geqslant 50$
咸水	$3 \leqslant M \leqslant 10$		

2) 注入水水质分析

注入水要求水源充足、水质稳定,目前作为注水用的水源有地下水、地表水、采出水以及海水。对水质指标的要求越严格,对水处理系统的要求就越高,水处理的费用也相应提升,但对油层的伤害程度会降低,增注周期越长,相应的洗井增注费用越低。因此,通过调整水质控制指标、优选水质方案,在水质处理方案和增注措施方案之间寻求一个平衡点,对控制成本、提高注水系统综合运行效率具有重要意义[17]。

注入水水质指标包括溶解在水中的矿物盐、有机质和气体的总含量以及水中悬浮物含量及其粒径的分布。对注入水水质总的要求是不堵塞油层孔隙、不产生沉淀、无腐蚀性、具有较好的洗油能力。具体的水质指标包括物理指标和化学指标两大类:物理指标是指注入水的温度、相对密度、悬浮颗粒的含量及粒径、油的含量;化学指标是指注入水中盐的总含量、离子的总含量、氧化度、溶解氧以及细菌等。

现行的油田注入水水质标准是2012年国家能源局颁布的 SY/T 5329—2012《碎屑岩油藏注水水质指标及分析方法》(表2-4)。该水质标准是在1994年原有标准的基础上修订得到的,虽然在原有指标的基础上有所改进,但只能规定一个粗略的控制范围,不具有明确的针对性,因此其可行性和有效性受到较大的限制,不宜笼统地应用于中、低渗透的油气层。各大油田应考虑储层自身物性特征因素和开发特点,通过实验研究等方法制定适合各自油田的不同水质标准及水质保障体系,以达到有效高效注水的目的。

表 2-4　推荐水质主要控制指标[18]

注入层平均空气渗透率,D		≤0.01	>0.01~0.05	>0.05~0.5	>0.5~1.5	>1.5
控制指标	悬浮固体含量,mg/L	≤1.0	≤2.0	≤5.0	≤10.0	≤30.0
	悬浮物颗粒直径中值,μm	≤1.0	≤1.5	≤3.0	≤4.0	≤5.0
	含油量,mg/L	≤5.0	≤6.0	≤15.0	≤30.0	≤50.0

注入层平均空气渗透率，D		≤0.01	>0.01~0.05	>0.05~0.5	>0.5~1.5	>1.5
控制指标	平均腐蚀率，mm/a	≤0.076				
	SRB，个/mL	≤10	≤10	≤25	≤25	≤25
	IB，个/mL	$n×10^2$	$n×10^2$	$n×10^3$	$n×10^4$	$n×10^4$
	TGB，个/mL	$n×10^2$	$n×10^2$	$n×10^3$	$n×10^4$	$n×10^4$

注：（1）$1<n<10$。

（2）清水水质指标中去掉含油量。

3）配伍性分析

（1）静态配伍性实验。

静态配伍性实验主要是采用现场取样室内实验的方法，首先进行水质离子分析，确定水样的水型和矿化度，再将预处理后的两个水样按照不同比例进行复配，进行配伍性实验。配伍性实验评价方法主要有 3 种，分别为成垢离子分析法、透光率（浊度）分析法、垢物重量分析法。成垢离子分析法是通过对混配水中 Ca^{2+}、Mg^{2+}、HCO_3^-、CO_3^{2-}、SO_4^{2-} 等离子含量的变化情况来评价配伍性的。将实际测得的混配水的离子含量实测值与按不同比例计算出的理论值比较，若可能产生沉淀的离子的实测值与理论值相差不大，则可判定两种水配伍性较好；若实测值比理论值小很多，说明生成了某种沉淀，则可判定两种水不配伍。透光率（浊度）分析法是通过观察混配水在不同时间浊度的变化情况来评价配伍性。若混配水的浊度变化不大，基本稳定，则说明几乎没有垢晶体生成，可判定两种水配伍性较好；若混配水的浊度大于注入水和地层水中的较大者，则说明有沉淀生成，可判定两种水的配伍性较差。垢物重量分析法是采用滤膜过滤法，对结垢量进行测定，抽滤前后滤膜的质量差就是混配水的结垢量。

（2）动态配伍性实验。

动态配伍性实验主要是进行注入水—地层水交替驱替实验，实验在恒温条件下进行，驱替速度为恒速。通过注入水与地层水对岩心的损害程度，判断其结垢情况，从而评价注入水与地层水的配伍性。对岩心损害程度的评价，是通过孔隙渗透率的下降情况来进行判断的。为了排除黏土膨胀等因素对实验的影响，实验选用砂岩微观孔隙模型。先用地层水测出地层水饱和的岩心原始渗透率，再注入 10 倍孔隙体积的驱替液，之后注入 10 倍孔隙体积的地层水，用地层水驱替测定孔隙渗透率的变化。随之，再注入 10 倍孔隙体积的注入水，用注入水驱替测定孔隙渗透率的变化。最后，通过孔隙渗透率的下降程度来评价注入水与地层水的配伍性。将砂岩微观孔隙模型置于显微镜下观察，若产生大量白色沉淀，则注入水与地层水配伍性较差；若无沉淀生成，则注入水与地层水配伍性较好。

4）垢样分析

垢样是油田水在输送过程中由于温度、压力、流体介质的变化，直接在金属表面形成的固体物质，对其化学组分的分析鉴定，可作为证明水样结垢类型的直接证据。垢样分析是物相分析的一种，通常采用酸溶法初步判断垢型，然后使用扫描电子显微镜（SEM）对垢样表面进行观察，使用能量色散 X 射线光谱仪（EDX）对垢样进行元素分析，使用 X 射线衍射仪（XRD）确定垢样成分。

5）现场结垢检测方法

现场生产环境下，有条件时可以采用 XRD、SEM 等手段分析垢样。但为了快速观察、判断垢的特性，可以通过若干药剂组合的简化方法来进行定性检测。配套的化学药剂有苯、二甲苯或汽油等有机溶剂；4% 的盐酸、15% 的盐酸、$BaCl_2$ 溶液和清水。

按如下程序分析垢的成分：

（1）肉眼观察垢的颜色和结构、状态：其中致密而带有碎片光泽的长条结晶体垢一般是 $CaSO_4$。

（2）有机溶剂浸洗垢样：对于深色垢样，用有机溶剂反复浸洗，洗净原油和蜡质后，粉碎的垢样仍呈现乌黑或深棕色，则其成分中含有硫化亚铁或氧化铁。

（3）粉碎垢样、盐酸检测：用 4% 的盐酸检测，如垢很容易溶解同时还有气泡冒出，则表示垢中有 $CaCO_3$。如果垢样在稀盐酸中不溶，再使用 15% 的盐酸。如垢样在 15% 的盐酸中，深色成分逐渐溶解，颜色变浅，并逸出臭鸡蛋味气体（H_2S），则深色成分是硫化亚铁，不溶的浅色残渣是 $BaSO_4$、$SrSO_4$ 或者 $CaSO_4$。

（4）用 $BaCl_2$ 溶液检测：对于含有不溶浅色残渣的溶液，再加入 $BaCl_2$ 溶液，如溶液变混浊，生成白色沉淀物，则是 $CaSO_4$。此时的其他不溶物则大概率是 $BaSO_4$、$SrSO_4$ 或 SiO_2。

2. 结垢趋势预测

结垢预测是判断结垢与否和采取对应防治措施的必要手段。根据油田开发经验，如果在新区块开发建设阶段，能根据全生命周期的结垢规律，提前预判和做好防控配套，则可大幅优化设计，避免后期改扩建等调整。

早期的预测方法非常简单，常忽略了压力、温度、离子强度等相关要素，只采用静态结垢的简单计算，预测可靠性较低；20 世纪 70 年代末到 80 年代后期，结垢预测以简单的化学计算为主，以化学平衡理论及相关的平衡常数、溶解度测定、溶度积规则等化学基础理论为依据；近年来，在以往大量工作的基础上，建立了更加完善的数值模型用于结垢预测，根据化学平衡原理，综合各种影响因素，建立了各类预测模型。

1）碳酸钙垢预测方法

（1）饱和指数（SI）法。

1936 年，Langlier 根据 $CaCO_3$ 的溶解平衡原理提出了著名的饱和指数法。后来，Davis 和 Stiff 将该指标应用到油田中，主要考虑了系统中的热力学条件。

预测方程如下：

$$SI = pH - pH_s = pH - (K + p^{Ca} + p^{Alk}) \tag{2-1}$$

$$p^{Alk} = -\lg(2[CO_3^{2-}] + [HCO_3^-]) \tag{2-2}$$

式中　SI——饱和指数；

pH——溶液中实际的 pH 值；

pH_s——系统中 $CaCO_3$ 达到饱和时的 pH 值；

K——修正系数，为含盐量、离子强度和温度的函数，由离子强度与水温度关系曲线查得；

p^{Ca}——Ca^{2+} 浓度负对数，mol/L；

p^{Alk}——总碱度负对数，mol/L；

$[CO_3^{2-}]$——CO_3^{2-} 浓度，mol/L；

$[HCO_3^-]$——HCO_3^- 浓度，mol/L。

判断标准：若 SI>0，溶液有 $CaCO_3$ 结垢趋势；若 SI=0，溶液处于临界状态；若 SI<0，溶液无 $CaCO_3$ 结垢趋势。

该方法为一般经验式，因其简单方便，已被编入《中华人民共和国油气行业标准》，作为预测油田水结垢趋势的标准。

（2）稳定指数（SAI）法。

Ryznar 根据饱和指数法、各水域的现场应用实际情况及运行结果，提出了稳定指数概念。

预测方程如下：

$$SAI = 2(K + p^{Ca} + p^{Alk}) - pH \tag{2-3}$$

式中　SAI——稳定指数；

K——修正系数，为含盐量、离子强度和温度的函数，由离子强度与水温度关系曲线查得；

p^{Ca}——Ca^{2+} 浓度负对数，mol/L；

p^{Alk}——总碱度负对数，mol/L；

pH——溶液中实际的 pH 值。

判断标准：若 SAI≥6，溶液无 $CaCO_3$ 结垢趋势；若 SAI<6，溶液有 $CaCO_3$ 结垢趋势；若 SAI<5，溶液有严重 $CaCO_3$ 结垢趋势。

Ryznar 稳定性指数反映了水质的稳定性，适用于高矿化度和高 pH 值的地方。但该方法仅关注了 $CaCO_3$ 这一种物质的溶解平衡，存在局限性。油田水处理系统中有着许多不同的温度区域，因此也不可能存在全系统的 $CaCO_3$ 溶解平衡。

（3）Tomson 修正计算式。

预测方程如下：

$$SI = \lg[Ca^{2+}][CO_3^{2-}]/K_{sp} \tag{2-4}$$

式中 $[Ca^{2+}]$,$[CO_3^{2-}]$——分别为 Ca^{2+}、CO_3^{2-} 的浓度;

K_{sp}——温度 T、压力 p、离子强度 μ 或总矿物化 TDS 下的溶度积。

判断标准:若 SI>0,溶液有 $CaCO_3$ 结垢趋势;若 SI = 0,溶液处于 $CaCO_3$ 平衡状态;若 SI<0,溶液无 $CaCO_3$ 结垢趋势。

(4)饱和系数法。

根据碳酸盐溶解平衡及热力学溶度积原理,提出了溶液离子结垢倾向的计算方法。预测方程如下:

$$S = P_{CaCO_3}/L_{CaCO_3} \qquad (2-5)$$

式中 S——$CaCO_3$ 的饱和系数;

P_{CaCO_3}——所研究溶液的 $CaCO_3$ 的溶度积;

L_{CaCO_3}——系统中 $CaCO_3$ 与相应的碳酸盐化合物呈动态平衡时的热力学溶度积,在已知温度与压力下为常数。

经实践测定,该方法较稳定指数法更接近矿场实际情况。但该方法主要用于油藏含水区域内 $CaCO_3$ 的测定,对井筒、集输管汇集换热设备处结垢的预测并不准确,因此目前很少采用。常采用的方法为饱和指数法和稳定指数法。

2)硫酸盐结垢预测方法

(1)热力学溶解度法。

预测方程如下:

$$S = \frac{1000}{2(\sqrt{x^2+4K}-x)} \qquad (2-6)$$

式中 S——$CaSO_4$ 浓度的比较值,mmol/L;

K——$CaSO_4$ 溶度积常数;

x——Ca^{2+} 与 SO_4^{2-} 的浓度差,mmol/L。

判断标准:若 S>实际值,溶液处于 $CaSO_4$ 未饱和溶液状态,不产生结垢;若 S=实际值,溶液处于 $CaSO_4$ 饱和状态;若 S<实际值,溶液处于 $CaSO_4$ 过饱和状态,产生结垢。

(2)Skillman 热力学溶解度法。

Skillman 等以热力学溶解度测定为基础,提出了预测油田水中 $CaSO_4$ 溶解度的计算方法。预测方程如下:

$$S = 1000[(C_0^2+K)^{1/2}-C_0] \qquad (2-7)$$

式中 S——$CaSO_4$ 溶解度的计算值,mmol/L;

C_0——Ca^{2+} 与 SO_4^{2-} 的浓度差,mmol/L;

K——修正系数,为含盐量、水组成和温度的函数,由离子强度与水温度关系曲线查得。

判断标准：S_1 和 S_2 分别为溶液中 Ca^{2+} 与 SO_4^{2-} 的浓度。若 $S<\min\{S_1,S_2\}$，溶液处于 $CaSO_4$ 过饱和溶液状态，产生结垢；若 $S>\max\{S_1,S_2\}$，溶液处于 $CaSO_4$ 未饱和溶液状态，不产生结垢。

3）硅垢预测方法

近年来，随着新型采油技术的发展，油田产油量逐渐提高，但同时也出现了硅垢含量大幅上升的情况。目前，针对硅垢的预测方法研究成果有限，且大部分为经验式，适用条件有限，理论研究相对不够完善。

2003 年，李萍等[19]针对三元驱采油，根据溶度积理论建立了硅垢预测模型：

$$SiO_2(固体，非晶体)+2H_2O \longrightarrow H_4SiO_4(K_{sp}=2\times10^{-3})$$

$$2H_4SiO_4+2Al(OH)_4^- \longrightarrow Al_2Si_2O_5(OH)_4(固体，高岭石)+5H_2O+2OH^-(K=2.3\times10^9)$$

$$Q=\frac{[OH^-]}{[Al(OH)_4^-][H_4SiO_4]} \tag{2-8}$$

式中　K_{sp}——25℃时非晶体 SiO_2 的溶度积常数；

　　　K——平衡常数；

　　　Q——浓度商；

　　　$[OH^-]$，$[Al(OH)_4^-]$，$[H_4SiO_4]$——分别为 OH^-、$Al(OH)_4^-$ 和可溶性 SiO_2 的浓度。

判断标准：若 $[H_4SiO_4]<K_{sp}$，溶液不产生结垢；若 $[H_4SiO_4]>K_{sp}$，溶液过饱和；若 $Q<K$，产生硅酸盐垢；若 $Q>K$，不产生硅酸盐垢。

4）混合垢预测方法

在油田生产过程中，只生成单一垢的可能性非常小，一般都是以混合垢的形式存在，国内外学者在混合垢的预测上进行了很多研究[20]。

（1）Oddo-Tomson 饱和指数法。

1994 年，Oddo-Tomson 对热力学及离子强度进行校正，考虑 CO_2 逸度和 CO_2 在油水体系中的分配因素，在活度积、溶度积及离子缔合理论基础上建立了硫酸盐和 $CaCO_3$ 结垢预测模型。该方法可预测不同压力、温度下生产井中 $CaCO_3$ 和硫酸盐微溶物的结垢倾向。预测方程如下：

$$SI=\lg\left\{[Me][An]+K_c(t,p,S_i)\right\} \tag{2-9}$$

式中　$[Me]$，$[An]$——分别为阴、阳离子活度；

　　　t——温度；

　　　p——压力；

　　　K_c——溶度积；

　　　S_i——离子强度。

判断标准：若 $SI<0$，溶液处于欠饱和状态，不产生结垢；若 $SI=0$，溶液与固体垢相

平衡；若 SI>0，溶液处于过饱和状态，产生结垢。

（2）饱和系数法。

饱和系数法从热力学平衡的原理出发，考虑油田水体系的多元化、离子间不同离子效应以及温度压力的影响，提出了复杂的油田多元体系的结垢预测方法。若某种垢物的平衡式为

$$A^{2+}+B^{2-}\longrightarrow AB$$

则生成垢物 AB 的饱和系数为

$$S=\sqrt{C_A^{2+}C_B^{2-}}/Q_{sp} \tag{2-10}$$

式中　C_A^{2+}，C_B^{2-}——分别为 A^{2+} 和 B^{2-} 的浓度；

　　　Q_{sp}——垢物 AB 的溶度积；

　　　S——垢物 AB 的饱和系数。

判断标准：若 $S<1$，AB 不产生结垢；若 $S=1$，AB 处于饱和状态；若 $S>1$，AB 有结垢倾向。

上述预测方法均为典型的化学计算法，其简单方便、成本低，但预测结果的准确度也较低，很难达到满意的效果。

5）数值模拟预测方法

为了提高结垢预测的准确度和工作效率，数值模拟预测方法逐渐出现，国内外的学者、企业根据化学平衡原理，综合考虑各种影响因素，结合大量数据建立数学模型，开发预测程序。只需将实验分析的数据输入软件，即可得到可靠性较好的预测结果。数值模拟预测方法形成过程如下：

（1）探究结垢机理：建立科学模型的基础，同时还要考虑流体力学、结晶动力学等机理对结垢的影响。

（2）建立数值模拟化学基础：模拟地层、井筒及地面集输系统的条件，建立相应的离子组成、温度、压力、酸碱度等环境，并进行相关垢物结垢趋势实验，了解结垢特性。

（3）建立数学模型：根据结垢机理建立相应模型及化学方程，采用迭代等数值计算求解模型，构成数值模拟，合理选用初值，按最优化理论逐步逼近真值。

（4）形成预测软件：通过简单的操作即可准确计算预测结果，得到可靠数据，绘制相应的结垢趋势图。

对于油田结垢预测技术，我国起步较晚，倾向于总结、改进国外的结垢预测方法，缺少创新性，与国外先进技术还存在一定差距。目前，随着我国油田开发难度的增加，结垢问题对油田生产整体稳定性的影响越发显著，如何在多种多样复杂的情况下准确预测结垢趋势，从而进行有效预防和处理，仍面临很多挑战。

第二节 油田井筒和地面系统清垢技术

油田生产过程中常伴随着结垢产生，井筒和地面集输系统清垢技术是指对已有结垢进行修复的方法，不同于阻垢。为使油井正常运行，需要通过一些方法清除已经存在的水垢。对于油田结垢问题通常采用清防并举，清垢和防垢同等重要。根据结垢的性质、位置和严重程度采用物理或化学方法来清垢。

物理清垢技术通常是指利用机械或水力的作用清除物体表面污垢的方法，在机械设备清洗、日常生活等方面应用广泛，但在油田长距离管线和复杂系统上应用较少，也不成熟。近年随着清垢技术的发展，出现的空化水射流技术解决了油田管线长距离清垢问题。化学清垢技术是指利用化学的方法使化学试剂与污垢发生反应，致使污垢溶解、剥离或脱落，从而达到清洗设备和管路的目的。化学清垢技术的优点是液体作业可以清洗形状复杂的物体，不留死角，能连续清洗，方法简单；缺点是化学清垢剂会对设备造成一定的腐蚀破坏，使管壁减薄，废液排放对环境易造成污染，清洗时间较长，且通常化学剂难以清除。

一、物理清垢技术

目前，常用的物理清垢技术主要可分为两种：一种为机械清垢法，利用机械工具（如刮铲、刷子等）做往复（旋转）运动而达到清垢目的，该方法设备简单，操作方便，可以对不精密仪器进行表面预处理，主要分为刮刀清垢和喷丸（砂）清垢等；另一种为水力清垢法，是利用动能、动量守恒定律，依靠水等介质运动速度的变化产生冲击力，从而破碎、剥离污垢，达到清垢的目的，主要有超声波水力清垢、低压空化射流清垢、高压水射流清垢和电脉冲除垢清垢等方法[21]。

各种清垢技术均有各自的特点和适用范围，其中，高压水射流清垢、低压空化射流清垢技术由于具有设备简单、成本低、清洗速度快等特点，在油田得到广泛应用。常用物理清垢技术的优缺点见表2-5。

表2-5 常用物理清垢技术的优缺点

序号	清垢技术	优点	缺点	适用范围
1	刮刀清垢	设备简单，能清除硬垢或不溶解污垢	精度难以控制，易损伤壁面，劳动强度大	适合清洗精度要求不高的部件，不适合长距离管线和大表面积清洗
2	喷丸（砂）除垢	应用范围广，可改善金属表面性能	有一定环境污染，劳动强度大，对金属表面有损伤	适合表面处理，可以除去表面的垢、漆膜、氧化膜等
3	超声波水力清垢	具有防垢和清垢作用，安全环保	一般应用在防垢上，清垢效率低、速度慢	适合小范围、精密部件的清洗

续表

序号	清垢技术	优　点	缺　点	适用范围
4	低压空化射流清垢	工作压力低，管道无损伤，成本低，速度快，清净率高，应用范围广，无污染	需要专业设备	适用于管道无变径，弯头大于1.5D（D为管道内径），两端不封闭，$\phi 40 \sim 1000\text{mm}$管道都可以清洗
5	高压水射流清垢	成本低，速度快，对管道损伤小	设备要求高，高压运行	适用清除硬度不太高的垢，可对结构复杂、空间狭窄、环境恶劣的场合进行清洗

需要清垢时，要综合考虑清垢效率和清垢成本，在达到清垢效果的前提下，控制操作成本。根据结垢程度和结垢周期，可以把以上几种清垢技术结合使用。

机械刮削除垢是用刮刀或水力钻具清除井筒垢物，一般先检测结垢管柱的长度、垢的类型，适用于结垢厚度大的情况，但是存在精度难以控制、易损伤管壁、易卡阻和施工周期长的缺点。由于需要下作业管柱，这种方法不能清除狭小空间的垢，如管径变化处、井下工具被结垢固死处的垢。纯水射流清垢是利用水射流对垢物的冲击作用进行清垢，对软垢清洗效率高，但对中等硬度和硬垢（如碳酸盐、硫酸盐）清垢效果差，同时水射流清除下来的垢会比钻、磨、磨料射流清除下来的垢块大，不易循环到地面，甚至会造成连续油管或工具卡阻。针对以上技术存在的问题，斯伦贝谢公司[22]研发出一种"银珠+连续油管"高压水射流清垢技术，即采用连续油管作业，在喷头形成高压磨料水射流（研磨剂为"银珠"，是具有适当强度的球形颗粒），从而达到清洗彻底、不损伤油管、清洗距离长的目的。"银珠"井筒清垢技术具有以下优点：

（1）适应性强，无论松散的垢，还是坚硬的垢，都可以有效清除；

（2）不需要起钻，无须更换钻具；

（3）整个清垢过程对套管无损伤；

（4）相对于传统的机械清垢技术，在机械钻速上具有明显的优势，同时施工成本低；

（5）施工效率高，可靠性强。

1. 空化水射流清垢技术及应用

空化水射流是指当流体经过喷嘴产生射流，瞬间诱发空泡产生，适度地控制喷嘴出口截面与靶物表面间的距离，使空泡在垢物表面溃灭，产生高压强的反复作用，从而达到清除管壁上垢物的效果。空化水射流清垢技术应用在油田地面管线清垢，可快速清除加热炉、集输管线的垢物，是典型高效、清洁的新技术，具有除垢能力强、应用范围广等特点。

空穴是因液体中局部低压低于相应温度下该液体的饱和蒸气压，导致液体汽化而引发微气泡（或气核）爆发性生长的现象。空穴水射流清垢技术是在射流喷嘴中加活动转叶或中心体，使流体绕流或在射流剪切层内形成大量涡旋，其中心压力降低，造成水射流内等处的局部压力降至该处的饱和蒸气压以下，从而在射流内部产生数量众多并具有一定大小尺寸的微气泡，形成冲击波，打破管内壁与污垢的黏合力，实现对管道的彻底清洗。该技术可彻底清除输油管线、注水管线中的 $BaSO_4$ 和 $SrSO_4$ 污垢。

1）基础概念

（1）空化。

在常温常压下，液体分子逸出表面成为气体分子的过程称为汽化，其有蒸发和沸腾两种方式。任何温度下液体表面都会发生蒸发，而沸腾则是剧烈的汽化过程，此时液体内部涌现大量的气泡，汽化发生于整体液体内部，常压下沸腾仅在沸点时发生。维持水温不变，使水面的压强降低到其饱和蒸气压临界值后，水体内部含有的很小的气泡将迅速膨胀，在水中形成含有水蒸气或者其他气体的明显气泡，把由于压强降低使水汽化的过程称为空化，空化在水中形成的空洞称为空穴。这种现象类似于沸腾，但又不同于沸腾。

（2）空化数。

空化现象主要是由水流内部压力的降低决定的，一般水流在绝对压力不大于饱和蒸气压的部位，空化必然会出现。在研究水流中的空化现象时，德国工程师托马最早提出空化数（又称为托马数），其物理意义如下：

$$空化数 = 抑制空化产生的力/促使空化出现的力 \qquad (2-11)$$

对于喷嘴流动，空化数的表达式可写为

$$\sigma = \frac{p_0 - p_v}{\dfrac{\rho v^2}{2}} \qquad (2-12)$$

式中　p_0——液体未受绕流物体扰动处的参考压强，Pa；

　　　p_v——水的饱和蒸气压，Pa；

　　　ρ——液体的密度，kg/m^3；

　　　v——参考流速，m/s。

通常在淹没式水射流里，$\sigma < 0.5$，必然会出现稳定的空化。在水力机械里，如离心式水泵的导水轮、螺壳等局部位置，就存在空化现象。

（3）空蚀。

根据亨利定律可知，在一个大气压下能溶解 2% 体积的空气，普通水中含有的小泡多达 50 万个，通常把水中的这些小泡称为气核。空化的实质是液流局部的压力降低到一定程度时，使水体中的气核迅速膨胀形成空穴，全过程包括空穴的初生、长大和溃灭 3 个阶段。溃灭是空泡运动到压力升高区，其内蒸汽将凝结成水而溃灭或气泡迅速缩小为气核（两者综合作用），在液体内部出现空洞，原来与空泡毗邻的液体微团必然向空洞冲击，引起所谓"内爆"的水力冲击。

空穴溃灭形成微小液体射流，局部形成高于周围压力数千倍的冲击压，当溃灭发生在固体表面附近时，水流中不断溃灭的空泡所产生的高压强的反复作用，可破坏固体表面，这种现象称为空蚀。空蚀形成微射流中击压强可高达 $140 \sim 170MPa$，边壁表面受到微射流冲击次数为 $100 \sim 1000$ 次/$(s \cdot cm^2)$。

微射流可以使垢面产生龟裂，破坏其连续性，减小垢在壁面上的附着力。空化水射流清垢就是利用微射流对垢物进行连续、高强度打击达到清垢目的。

2）加热炉清垢实例

加热炉是油田集输过程中不可缺少的关键设备，担负着油田含水原油的加热升温任务，是油田生产过程中的主要能耗设备之一。垢是热的不良导体，结垢使管束截面积减小，流量降低，严重时可能因为传热不均，引起爆管事故。

加热炉难以清垢的主要原因如下：（1）加热炉结垢的主要部位是盘管，盘管回程多；（2）加热炉盘管的曲率半径小，一般的清垢工具难以进入作业；（3）加热炉结垢具有硬度高、附着力强的特点。传统的物理清垢技术无法进入盘管，采用空化水射流清垢技术解决了加热炉盘管清垢难题。

例如，华庆油田增加热炉盘管为 $\phi 60mm \times 6mm$ 管线，结垢厚度为 $10 \sim 15mm$，垢质坚硬、致密。采用空化水射流清垢技术，清垢前后对比清垢率为100%，管道内径完全恢复。加热炉盘管清垢前后对比情况如图2-2所示。

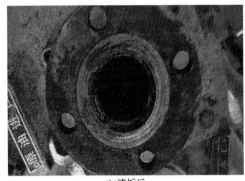

(a)清垢前　　　　　　　　　　　　　　　(b)清垢后

图2-2　加热炉盘管清垢前后对比

2. 高压水射流清垢技术及应用

高压水射流是早期油田清垢手段之一。通过高压泵和专门喷嘴将水以高速、高压状态射出，强大的冲击力按一定角度连续不断地冲击管道污垢，从而使管内壁的污垢直接脱落，达到清洗目的。高压水射流清垢技术可根据垢的性质、成分调整清洗的压力和速度，与化学清垢技术相比具有无污染、不腐蚀管道、操作简单及节能等优点，清洗质量高。该方法操作简单，工作效率较高，但不足之处是清洗成本高，油管须拆装清洗。

高压水射流清垢技术是运用液体增压原理，通过增压泵，将机械能转换成压力能，具有巨大压力能的水通过小孔喷嘴将压力能转变为高度聚集的水射流动能，从而完成清垢的技术。高压水射流的最高压力可达270MPa以上，高速射流本身具有较高的刚性，在与垢碰撞时，产生极高的冲击动压和涡流。高压水射流从微观上存在刚性高和刚性低的部分，刚性高的部分产生的冲击动压增大了冲击强度，宏观上看起到快速楔劈作用；而刚性低的部分相对于刚性高的部分形成了柔性空间，起吸屑、排屑作用，从而快速干净地除去垢层。

1）高压水射流清垢机理

高压水射流对物体表面的清洗作用是十分复杂的。从一般原理上看，清洗过程是高压水射流对被清洗物体表面垢层的破坏和清除的结果。当高压水射流正向或切向冲击清洗污垢时，高压水射流具有冲击作用、动压力作用、空化作用、脉冲负荷疲劳作用、磨削作用等，对物体表面将产生冲蚀、渗透、剪切、压缩、剥离、破碎，并引起裂纹扩散和水楔等效果。高压水对污垢产生的上述各种作用的持续时间通常仅为几分之一微秒，而构成物体表面垢层的物质则是复杂的，因此清洗效果取决于水射流对这些垢层的针对性。

高压水射流对物体表面垢层的影响主要表现为以下几个方面：（1）水射流对垢层的软化；（2）水射流的穿透和渗入，引起垢层材料裂纹的扩展，加剧了垢层的破碎；（3）高压水射流局部流变冲击对垢层的剥离作用；（4）高压水射流的剪切作用使得垢层易于破碎；（5）高压水射流的切力和拉力作用对垢层产生脆性破坏作用。

2）技术特点

高压水射流清垢技术覆盖石油、化工、冶金、煤炭等许多领域，可以清洗各类管线、热交换器、容器的内外结垢物。与传统的人工清垢、机械清垢及化学清垢相比，高压水射流清垢在清洗效果与效率、清洗成本以及环保等方面具有无可比拟的优势。

（1）水射流的压力与流量可以方便调节，因而不会损伤被清洗物的基体。

（2）高压水射流清垢不会造成二次污染，清洗过后如无特殊要求，不需要进行洁净处理。清洗形状和结构复杂的物件，能在空间狭窄或环境恶劣的场合进行清洗作业。

（3）高压水射流清垢快速、彻底。例如，下水管道的清通率为100%，清净率为90%以上；热交换器的清净率为95%以上；锅炉的除垢率达95%以上，清洗每根排管的时间为2~3min。

（4）清垢成本低，只有化学清垢的1/3左右，即高压水射流清垢属于细射流，在连续不间断的情况下，耗水量为1.8~4.5m³/h，功率为35~90kW，属于节能型设备。

（5）高压水射流清垢用途广泛。凡是水射流能直接射到的部位，不管是管道和容器内腔，还是设备表面，也不管是坚硬结垢物，还是结实的堵塞物，皆可使其迅速脱离黏结母体，彻底清洗干净。高压水射流清垢对设备材质、特性、形状及垢物种类均无特殊要求，只要求水射流能够达到即可。

（6）与化学清垢不同，高压水射流清垢无有害物质排放与环境污染问题，水射流雾化后还能降低作业区的空气粉尘浓度，保护环境。

3）应用实例

油气田开发中存在大量结垢问题，在井下地层、油套管、地面设备和集输管网等普遍存在，如输油支线、加热盘管等，结垢厚度从几毫米到几十毫米不等，有时甚至将管路堵死，每年都需要投入大量的人力、物力、财力，对结垢严重的管路进行停产更换，严重影响了油田的正常生产。高压水射流清垢技术以其清洗成本低、速度快、清净率高、不损坏被清洗物、不污染环境等特点，在油田中得到广泛应用。

集输系统由于水质配伍性和环境因素的变化，结垢问题十分普遍，某集输系统总机关就是一个结垢严重的地方。集输系统总机关清垢有以下几个特点：（1）清洗距离短，在自进式高压喷头能够前进的范围之内。（2）管线连接复杂，分支多，但都呈90°连接，因此不影响高压软管清垢运行方向。（3）结垢厚、结垢量大、垢质成分复杂。集输系统总机关为不同油井产液混合处，因此可能产生各种垢质，如石油中的蜡质、沥青质、由于压力下降产生的碳酸盐垢、由于产层不同而生成的硫酸盐垢。（4）清洗调整多，管线多有阀门、仪表精密部件，因此不能用化学法简单清洗。高压水射流非常适用于集输系统总机关清垢。

油田集输系统总机关是多层水集输混合处，结垢严重，采用高压软管输送水力射流喷头（喷嘴孔径只有1~2mm）技术清垢，即通过高压软管将喷头深入到总机关内利用喷射水流产生的前进力将清垢喷头推进到管线内部，清除内壁污垢及各种堵塞物，从清垢管线进口排出污物（图2-3）。

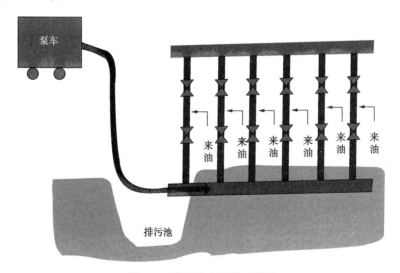

图2-3　高压水力喷头工作图

高压水射流清垢装置在泵压为4MPa时，在内径45mm的管道内连续清洗长度在10m以上，并自动拐过45°的弯头上升1.5m左右，时间约1min。观察表明，管道两端的清洗质量很好，泥垢等全部被清除，恢复到其原来的颜色（图2-4）。

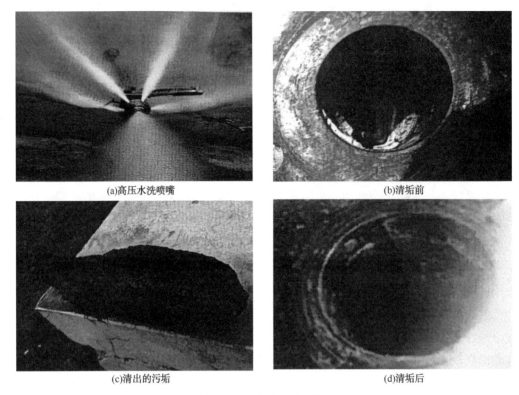

(a)高压水洗喷嘴   (b)清垢前

(c)清出的污垢   (d)清垢后

图 2-4 高压软管清垢图

3. 其他物理清垢技术

1）机械清垢技术

机械清垢技术是油田最早使用的清垢手段之一，该技术较为复杂，可概括为管道机器人清洗法。工作原理主要是以管道端的输送泵为动力，利用管道机器人边缘特有的装置对管道进行清垢。该技术包括现场跟踪技术和发射接收技术。由于该技术费用高、效率低，因此目前国内较少采用。徐宏国等[23]利用 PIG 机械清垢技术在滨南采油厂对注水管线进行清垢，清洗后割管检验清洗效果，目测基本无余垢，管线注水后数据显示，在相同注水压力下流量增加明显，在相同注水流量下压力降低 0.4~1.5MPa，达到预期的清垢要求。

2）超声波清垢技术

超声波清垢技术是利用声激仪产生的高强声激波对集输管线输送的液体进行处理，超声波场作用于液体中结垢物质，使其物理、化学形态发生改变，出现脱落、粉碎、分散，而不会在管道内壁进行沉积、黏附形成污垢。

超声波清垢技术相比于传统化学、机械清垢技术具有显著优势，不仅能连续在线工作，而且该清垢机的操作性能安全、自动化水平高、投资成本少及环境污染率低。但该技术一般使用于地面集输管线内壁未形成垢质前防垢，垢质致密坚硬时，该技术使用效果不理想。

二、化学清垢技术

1. 化学清垢技术原理

化学清垢主要是传统的"酸处理工艺"以及碱清洗。结垢严重的油层采用酸化压裂处理，油井采用循环酸洗或碱洗，水井采用酸化处理。碱性清垢液清洗油井中油脂性污垢效果比较好，可将其用作脱脂剂，将油脂溶解到水中后清洗掉。碱具有很强的化学活性，对污垢作用比较明显，其对钢管内表面仅产生轻微作用并且较易解离而去掉。酸洗针对结垢层中含有的化学成分来选取适当的酸类化学剂[24]。

化学清垢技术对于清除不同类型的结垢效果较好，可用于井筒和地层的除垢作业。在化学方法中，通常使用几种无机和有机化学物质来清除水垢。通过了解结垢的确切组成及其物理化学性质来选择最佳的除垢剂。但是由于结垢性质的不同，一口井中的溶垢剂有效成分在其他井中不一定有效，选择不当的化学品可能会加速水垢的复发。地层渗透率也会影响溶垢剂在受结垢影响的区域的位置，因为高渗透层可以渗透除垢剂。因此，在清垢过程中还需要一些胶凝材料(如黏弹性表面活性剂)，以改善溶垢剂在目标区的位置。

以下重点介绍酸清垢(酸化)和用螯合剂进行化学清垢。

1) 酸清垢(酸化)

酸化是石油工业中应用最广泛的增产措施，是通过溶解地下岩层中的所有酸溶性成分或清除井筒表面的物质来提高油气流出生产井的速度和驱油流体流入注水井的速度。碳酸钙(方解石，$CaCO_3$)、碳酸铁(菱铁矿，$FeCO_3$)、硫化铁、氧化铁(Fe_2O_3)等不同的碳酸盐垢均可溶于酸。碳酸盐垢既可以溶解在有机酸(如柠檬酸、甲酸或氨基酸)中，也可以溶解在无机酸(如盐酸)中[25]。酸化最常用的是盐酸，盐酸便宜、易用，但缺点是具有很强的腐蚀性，因此在使用时必须经常在酸性溶液中添加缓蚀剂。盐酸和碳酸盐的大部分反应产物是水溶性的，很容易除去。

(1) 盐酸。

盐酸被用于现场除垢工作，被认为是最有效的除垢剂之一，因为大多数结垢矿物具有很高的酸溶解度。碳酸盐垢在盐酸中有很高的溶解度，可以用盐酸有效去除，含有结垢副产物的废酸液也是结垢改造的引发剂。对于不易溶于盐酸的垢，如硫化铁垢，使用不同的添加剂可以获得更好的性能，但是这也导致了费用的增加。硫酸盐垢(如 $BaSO_4$、$CaSO_4$ 和 $SrSO_4$)的酸溶解度很低。例如，在 25℃ 和常压下，$CaSO_4$ 在盐酸中的溶解度仅为 1.8%(质量分数)，因此需要使用一些添加剂，如 Na_2CO_3 和 NaOH，可以将 $CaSO_4$ 转化为酸可溶的化合物，这些化合物可以用酸去除。

此外，盐酸除垢也有一些缺点，H_2S 的生成和生产管柱的腐蚀是盐酸应用的主要障碍。特别是在高温下，盐酸对钢有很强的腐蚀性。酸性缓蚀剂倾向于吸附在结垢表面，会导致更高的金属损失，并减少酸对结垢的接触。吸附的抑制剂还会堵塞孔隙空间，可能导致石油和天然气的相对渗透率降低。盐酸和硫化铁结垢反应产生的 H_2S 气体是影响油井完整性的一个严重问题，并可能导致额外的操作风险，因此必须添加 H_2S 清除剂，以控制酸除垢过程中产生的游离 H_2S。酸化还会对地层造成严重伤害。酸化会导致 pH 值升高，一旦 pH 值增加到 1.9 以上，硫化铁垢就会沉淀。这些沉淀物还会堵塞井筒附近区域，降低油井产能。当废酸与原油接触时，会出现一些淤泥倾向。

（2）有机酸。

不同的有机酸，如乙酸、甲酸、马来酸，常作为高压高温储藏库盐酸的替代品。与盐酸相比，大多数有机酸具有非常低的解离常数。它们具有较缓和的腐蚀速率和较长的反应时间，但是有机酸比盐酸更昂贵，在溶解水垢特别是碳酸盐方面的效果不如盐酸。

乙酸和甲酸是弱酸，它们是弱电离的。对于现场油田应用，乙酸通常被稀释到 15%，因为当浓度超过 15% 时，其中一种反应产物（醋酸钙）会因溶解度有限而沉淀。由于甲酸钙的溶解度有限，甲酸的浓度也保持在 15% 以下。与盐酸相比，有机酸的溶解能力要低得多。甲酸和醋酸的 $CaSO_3$ 溶解量分别为盐酸溶解量的 76% 和 58%。醋酸和甲酸的混合物是高合金钢高压高温井的一个可行的选择。5%（质量分数）醋酸和 7%（质量分数）甲酸的混合物溶解方解石垢的效率是单独使用 10%（质量分数）乙酸的 4 倍。此外，柠檬酸也可应用于油田，特别是作为铁控制剂。柠檬酸的主要问题是柠檬酸钙的低溶解度（0.0018mol/kg 水），随着温度的升高，溶解度进一步降低。其他有机酸，包括马来酸（二羧酸和丁烯二酸的顺式异构体）、谷氨酸（一种 α-氨基酸，含有 α-氨基酸和 α-羧酸）、琥珀酸（二羧酸，也称丁二酸）和葡萄糖酸，也可以被用来清垢。

有机酸和无机酸的混合除了可以降低特定应用的无机酸的使用量以降低费用外，还可以起到协同作用。有机酸和无机酸的混合物比以盐酸为基础的体系在经济上要好得多。使用盐酸和有机酸的混合物来溶解结垢，特别是在高温下，可以平衡各自单独使用的缺点。有机酸和无机酸混合物对高温碳酸盐有良好的清垢效果。

2）用螯合剂进行化学清垢

酸处理的替代方法是使用螯合剂。螯合剂能够螯合或结合结垢沉积物中的金属，如 Ca^{2+}。通过螯合过程 Ca^{2+} 将被螯合剂溶解，使方解石要么通过油井输送到地表，要么通过注入油井中进一步进入地层。使用螯合剂溶解方解石的速度虽然较使用强无机酸溶解方解石的速度低，但是使用螯合剂反应更为温和，会沿着井筒和所有裂缝更为均匀地溶解方解石，而不是跟随第一个流体进入反应从而导致井筒其他部分的垢没有除掉。在螯合剂中，最常用的是 EDTA 家族的化合物乙二胺四乙酸（EDTA）、羟乙二胺四乙酸（HEDTA）、羟乙基亚胺二乙酸（HEIDA）、氮三乙酸（NTA）。与使用酸相比，使用螯合剂的缺点是成本较高，而且对某些螯合剂来说，它们对环境的影响也很大。

市场上有 EDTA 和二乙烯三胺五乙酸（DTPA）等化学品，$CaSO_4$ 可溶于许多螯合剂，因此是最容易处理的硫酸盐垢。相比之下，$BaSO_4$ 更难处理，非常坚硬。螯合剂溶解机理与传统酸不同，不需要 H^+。但在低 pH 值条件下，由于 H^+ 攻击和螯合作用的共同作用，溶解速度加快。由于螯合剂离子形态的变化和 H^+ 攻击的影响，$CaSO_4$ 的溶解速度随 pH 值和螯合剂类型的不同而有很大差异。一般来说，$CaSO_4$ 的溶解速度随着与螯合剂相关的 H^+ 数量的增加而增加。根据 EDTA 的螯合行为，需要一个完全电离的 EDTA 离子（$EDTA^{4-}$）来螯合每个溶解的 Ca^{2+}，符合下列反应式：

$$2Ca^{2+}+EDTA^{4-}\longrightarrow EDTACa_2$$

螯合剂是含有给电子基的分子，与金属离子形成配位键。去质子化的螯合剂是带负电荷的分子，可以通过配位键隔离金属离子，这个过程被称为螯合作用。由于隔离作用，在金属离子周围形成稳定的环状结构，通过捕获金属离子的所有配位位置使其与溶液中其他离子的相互作用最小化。金属离子和螯合剂的性质决定了金属—配体络合物的稳定性。螯合剂对金属的亲和力由其稳定常数来表征（稳定常数越高，螯合产物越稳定）。稳定常数取决于环的大小、环的数量、螯合剂的 pH 值以及供体和中心金属原子的性质等因素。大多数螯合剂在碱性溶液中都能有效地隔离离子。在酸性状态下，由于配位官能团对 H^+ 的占据，它们不能有效地隔离。随着 pH 值的升高，去质子化的螯合能力达到最大。但在高 pH 值条件下，OH^- 也会占据配位，降低螯合能力。

此外，螯合剂的生物降解性也是在特定应用场景中选择螯合剂的重要考虑因素。螯合剂可以将沉积物中的重金属迁移到饮用水和地下水中，螯合剂的生物降解性与分子中氮原子的数量有关，含有单一氮原子的螯合剂很容易被生物降解，含有两个以上氮原子的螯合剂的生物降解性很差。取代基也会影响螯合剂的生物降解性，生物降解性按—$COCH_3$、—CH_3、—C_2H_5、—CH_2CH_2OH、—CH_2COOH 的顺序增加。

总的来说，螯合剂与无机酸和有机酸相比，对环境更加友好，易于生物降解，对油管和其他井下设备的腐蚀性较小。由于腐蚀性低，需要的缓蚀剂数量较少。基于对环境友好的特性，螯合剂是清除敏感的井下设备（如电动潜水泵）结垢的首选。但是螯合剂的缺点也很明显，与无机酸相比，螯合剂本身的成本更高。

以下具体介绍几种螯合剂。

（1）乙二胺四乙酸（EDTA）。

EDTA 是油田最早用于除垢的螯合剂之一。EDTA 是一种具有 4 个羧酸基和 2 个氮原子的六齿配体，用于与金属离子配位。在温度为 260℃ 和 pH 值为 9.5 的条件下，EDTA 在 30min 内热降解为羟乙基乙二胺四乙酸和亚氨基二乙酸。但是 EDTA 的生物降解性很差，可以使用某些菌株进行降解。EDTA 用于除垢，对碳酸盐、$CaSO_4$ 以及 $CaSO_4$ 和 $BaSO_4$ 混合物的除垢效果良好，还可用于从锅炉中去除碳酸盐和硫酸盐矿物以及从矿石中提取金属，但较差的生物降解性会限制它的应用。

采用 EDTA 螯合剂可以清除油气井中 $BaSO_4$（重晶石）垢，EDTA 钠的溶解力低于 EDTA 钾。研究结果表明[26]，0.6mol/L 是清除油水基钻井液中重晶石垢和重晶石滤饼的最佳浓度，

K_2CO_3 的加入起到了转化作用，提高了重晶石在 EDTA 钾中的溶解度。K_2CO_3 在高 pH 值 （>11）的 K_4EDTA 存在下可以将 $BaSO_4$ 转化为 $BaCO_3$，使得 $BaSO_4$ 在 EDTA 钾和 K_2CO_3 中的溶解度超过 90%。

（2）羟乙基乙二胺四乙酸（HEDTA）。

HEDTA 是一种含 3 个羧基和 2 个氮原子的五齿配体。结构上与 EDTA 相似，只是 —OH 取代了一个—COOH 基团。—OH 基团的加入以牺牲稳定性为代价，提高了溶解度。与 EDTA 相比，HEDTA 具有更高的生物降解性，在盐酸中具有更高的溶解度，HEDTA 是 $CaCO_3$ 和 $CaSO_4$ 结垢的良好清垢剂。

（3）二乙烯三胺五乙酸（DTPA）。

DTPA 是一种八齿配体，可以在溶液中形成非常强的螯合物，并通过 5 个—COOH 基团的氧原子和 3 个氮原子与金属中心结合。在油田应用的不同螯合剂中，它具有最高的稳定常数，稳定常数越高，络合物越稳定。DTPA 的腐蚀性也较小，因为它通常是以碱性形式应用的。使用 DTPA 的除垢反应不会产生腐蚀性气体，加入 K_2CO_3 后，使用 20%（质量分数）DTPA 可以去除含有 80% 黄铁矿的硫化铁垢。使用特定的 DTPA 配方，在 70℃ 的温度下，48h 内可溶解高达 85% 的水垢。但是对于 $BaSO_4$，DTPA 的溶解性表现很差。

（4）羟乙基亚氨基二乙酸（HEIDA）。

HEIDA 是一种三齿配体，其中两个羧酸臂连接在氮原子上。与 EDTA 和 HEDTA 螯合剂相比，HEIDA 对不同结垢类型的溶解能力较低。

（5）L-谷氨酸-N,N-二乙酸（GLDA）。

GLDA 在水和酸性溶液中具有良好的溶解性。GLDA 还具有更好的生物降解性，在除垢方面也得到了广泛的应用。但是 GLDA 对某些垢（如 $BaSO_4$）的低稳定常数限制了其在清除这类垢方面的应用。在温度为 176℃ 的条件下，GLDA 在 4h 后热降解生成甲酸和环状 GLDA。加热 12h，GLDA 会降解为氧代四氢呋喃-2-羧酸、乙酸、羟基戊二酸和谷氨酸钠一水合物。

（6）甲基甘氨酸二乙酸（MGDA）。

MGDA 是一种较新的可生物降解螯合剂。MGDA 对于不同种类的垢都有非常低的稳定常数，尤其是 $BaSO_4$ 之类的垢。与 DTPA 相比，MGDA 只有一个氮原子和一个螯合臂，MGDA 在加热 6h 时的热稳定性高达 176℃。有文献报道的结果表明[27]，在 DTPA 中加入 MGDA 可以降低 $BaSO_4$ 的溶解度。

（7）氮三乙酸（NTA）。

NTA 是一种四齿配体，由中心氮原子上的 3 个羧酸基团组成。与其他螯合剂相比，NTA 对大多数金属离子的稳定常数较低，但是由于其具有致癌性，较少应用在清垢剂中。NTA 在 293℃ 以上的温度下分解为 N-甲基亚胺二乙酸和三甲胺。在较低的 pH 值下，降解产物可以是亚氨基二乙酸、肌氨酸、甘氨酸、一氧化碳、二氧化碳和甲醛。与 EDTA 和 DTPA 相比，NTA 的生物降解性更高。

（8）四羟甲基硫酸膦（THPS）。

THPS 是一种已在各油田应用的杀菌剂。据报道，THPS 被用来清除不同类型的硫化铁垢，包括磁黄铁矿、麦基纳维石、黄铁矿、海铁矿、方解石和硬石膏[28]。THPS 通过螯合作用溶解硫化铁垢，在铵盐或磷酸盐存在下，其溶解度会增加，THPS 的性能与盐酸相当。但是在高压下，THPS 的有效性会降低，其还会对软钢造成高度腐蚀。THPS 的使用存在两个主要问题：在 100℃ 以上的温度下腐蚀率高；在 $CaCO_3$ 等钙源存在的情况下，$CaSO_4$ 会结垢。THPS 有一个硫酸盐基团，可以与钙源反应并生成 $CaSO_4$。因此，在低温下使用 THPS 效果更好，如果有钙源，则必须将其与一种螯合剂结合使用，以防止 $CaSO_4$ 结垢。

2. 化学清垢技术应用实例

现以辽河油田加热炉为例介绍化学清洗方法[22]。

1）垢样分析

首先对辽河油田进行垢样分析，辽河油田的垢样成分见表 2-6。

辽河油田垢层整体结构呈年轮状分布，由多层棕黑色沥青质、胶质及无机垢组成，相互之间结合非常致密。从垢样成分分析结果可知，辽河油田的垢由蜡质、无机盐形成固体空间框架，原油、沥青质及泥沙、岩屑填充在中间。

表 2-6　辽河油田垢样成分分析　　　　　单位:%

取样部位	$CaSO_4$ 含量	$CaCO_3$ 含量	$BaSO_4$ 含量	$FeCO_3$ 含量	FeS 含量	$MgCO_3$ 含量	Fe_2O_3 含量	有机物含量
加热炉	9.8	27.6	7.7	7.8	2.8	16.3	8.5	19.5

从以上分析可知，采用化学清洗方法不能达到完全、彻底清洗结垢的目的，必须采用无机垢和有机垢双重清洗方法。

2）清洗工艺

整体工艺采用闭路循环清洗，清洗步骤为顶油──→碱洗──→水冲洗──→酸洗──→水冲洗──→漂洗──→中和钝化。

（1）顶油。采用表面活性剂（OP-10）和碱（NaOH、Na_2CO_3 等）清洗剂，操作温度为 60~70℃，操作时间为 1~2h。

（2）碱洗。采用表面活性剂（OP-10、十二烷基苯磺酸钠）和碱（NaOH、Na_2CO_3 等）清洗剂，操作温度为 70~85℃，操作时间为 10~12h。

（3）酸洗。采用混合酸（HCl 和 HF）、乳化剂和缓蚀剂，操作温度为 40~55℃，操作时间为 8~10h，清洗过程中注意监测 H^+、Fe^{2+} 和 Fe^{3+} 的浓度。

（4）漂洗。采用弱酸（柠檬酸+缓蚀剂），之后用碱（氨水）清洗剂，操作温度为 80~95℃，操作时间为 2~4h。

（5）中和钝化。采用碱（氨水和 NaOH）清洗剂，操作温度为 50~60℃，操作时间为 6~8h。

3）实施效果

清洗前出口温度为75~80℃，进出口压差为0.2MPa。清洗后除垢率为98%，缓蚀率在98%以上，出口温度为95~100℃，进出口压差接近0。

三、其他清垢技术

1. 电磁清垢技术

电磁清垢技术产生磁力线作用于垢质时会产生一定的电动势，受到电场干扰时管道内液体会被磁化，增大无机盐沉淀的电离度，破坏沉淀物或促使结垢物溶解脱落，进而进行冲洗或者让管内液体直接带走。该方法较适合应用于注水井、集输系统管线。

1）高频电磁场的除垢原理

水体经高频电磁场处理后，水的物理性质如密度、黏度、渗透能力、表面张力、气溶性、离子水合作用、胶体的电位等将发生变化。活性水对管壁垢层的渗透力增强，表面张力、密度、溶解度增大，活性水能溶解部分垢层；电磁处理后产生的物理效应具有时效性，一般达数小时，时效过后水体又回复到原缔合水状态，因此垢层中水会发生微小的体积膨胀，使得致密垢层结构被破坏而变得松动；电磁场激发作用下生成的活性水中还含有活性氧，会影响到原有垢层分子间的电子结合力，进而改变晶间分子结构，分子结构使老垢由坚硬变得疏松。在各种因素的综合作用下，最终导致垢层松动、脱落。

有机垢的形成，包括水体中有机颗粒的沉积，主要是由某些细菌（如SRB、腐生菌等）代谢作用形成的分泌物黏附在器壁上形成生物膜垢。其结果是导致管道堵塞、腐蚀，并造成对储层的伤害。在电磁场作用下，流体中的有机胶体颗粒产生强烈的振荡，分散性加强，结构变得松散，不易形成附着于管壁的有机垢类，能起到抑制结垢的作用。一定感应强度的电磁场能抑制管道中生物膜的形成，在电磁场中，生物体将在热效应和非热效应作用下被显著杀灭。

热效应是指电场作用于生物体时，生物体内带电粒子受到电场力作用，产生非极性分子的电子离子的位移极化和极性分子的取向极化。若外加场为时变场，则电场力使自由电荷做强迫振动，形成交变的传导电流；介质极化还随时间往复变化，形成极化电流。传导电流、极化电流通过电子、离子的运动和碰撞，将电磁能转化为热能，温度升高。

非热效应则是指在远离平衡状态时，生物体对满足一定条件的电场的响应是非线性的，并表现出频率特异性和功率特异性。效应的能源有时来自生物系统内部，而外部电场仅起触发信号作用。微生物细胞膜受到足够强度的脉冲电场作用时，就会使细胞膜发生渗透；继续适度处理，细胞膜就会发生不可修复的破裂，这种现象被称为电穿孔。该效应已经在细胞融合和提取细胞内物质的处理中得到了应用。

高频电磁场作用于细菌，极性分子振荡产生的热效应（温度升高）作用是有限的，在非热效应的作用下，细菌的渗透膜被破坏或被击穿，能为化学杀菌创造有利条件，起到辅助杀菌的作用；活性水导致管道壁上原有的垢层变得松散，化学药剂则能较易地渗入垢层，杀灭原来高浓度杀菌剂难以有效作用的垢层内细菌，因此仅需要辅以少量的化学杀菌剂就能达到良好的杀菌效果，并能解决 SRB 的抗药性问题。

2）电磁清垢技术应用

在理论研究的基础上，电磁清垢技术的定型产品 VFEM-II[29] 采用了恒流电源、蝶线管电磁场发生器，能在油田恶劣工况下稳定持续地长期工作。理论计算表明，优化设计确定的电磁场频谱参数能引起水体中大多数离子、粒子的共振，而功率聚焦则进一步强化了处理效果。模拟油田注水管网，对样机进行了室内试验研究。在试验循环管路中串接从现场截取的长度为 30cm、直径为 73mm 的油田管道，该段管道垢堵严重，内径仅余约 30mm。在小于油田注水流量条件下循环 72h 后，垢层表层致密度降低，明显变薄、松软，新管上未见成垢。VFEM-II 在油田现场安装正常运行数月后注水系统工作稳定，在注水量比以往略有增加的前提下维持了压力稳定。现场应用表明，VFEM-II 清垢效果明显。

2. 电子清垢

1）电子清垢技术原理

从电的观点来看，管线系统可视为一个开放的电路，在一定的电压作业下，管线内的流体产生电子流动。低频电子除垢装置安装在管道上，利用照明电源，通过变压器供电，使系统内产生附开及关的电场。装置的核心元件是变压器，变压器包括亚铁主线圈和一组环绕亚铁主线圈的副线圈。利用 220V、50Hz 的电源，可以在管线中的流体上产生一种电压，使管线内产生两种电场。

电子清垢装置可以制造一组附开及关的电场，关闭时间的长短是不规则的。借着关闭波场，同性的离子排列在一起，形成同性离子群，造成局部区域高浓度，溶液成为欠饱和状态，使 $CaCO_3$ 在水中建立的溶解平衡方程向右移动，这样管表面的结晶物不断溶解而回到液体中去，达到清垢的目的。在电子清垢装置安装过程中，应根据电子清垢装置的技术特点，安装时必须保证波场在作用范围内不能形成回路，只要保证在计量间掺水和回油管线等铁磁性介质不构成闭合回路即可。

2）电子清垢技术的优缺点及应用效果

电子清垢装置安装简便，不需切割管道，不影响正常生产，设备十分小巧，重量在 5kg 之内，适用管径 45~200mm。电子清垢装置除垢方法简单、无污染，一经安装即可具有除垢和防垢双重功能，且可长期阻垢，节省除垢投资。信号频率为 120~140kHz，对敏感电子仪器(如心脏起搏器等)均无影响，不会对人体产生任何伤害。但与其他除垢方法相比，电子清垢装置一次性投资较大。以朝阳沟油田为例[30]，朝阳沟油田计量间安装运行电子除垢、防垢装置 3 个多月，没有进行任何化学除垢，油井生产稳定。同时，利用示波器检测电子清垢装置的作用范围。示波器在计量间安装的电子除垢、防垢装置上检测到明显的波，同时在距计量间 200m 的朝 1066 油井及距计量间 855m 的环 2 井朝 107-3 井口也检测到了波，但波的振幅明显变小。

第三节 油田井筒和地面系统防垢技术

在油田生产过程中，由于开采方式、温度、压力的变化以及水的不配伍性等因素，造成地层、井筒、地面管网、设备结垢。目前，国内外油田结垢的防治方法很多，主要分为工艺法、物理法、化学法和纳滤法。工艺法防垢是改变或控制某些作业工艺条件来防止或减少垢的生成，与油田的开采方式、集输工艺关系密切，是从根本上解决结垢问题的最有效途径。物理法防垢是通过机械、超声波、磁场等作用，阻止无机盐沉积于系统壁上，主要应用于关键设备、短距离管线。化学法防垢是通过化学药品的整合、分散、电斥等特性阻止垢的生成，化学法防垢机理明确，易操作，能够实现长距离管线或管柱的防垢。纳滤膜可使水中大部分单价离子透过，而二价离子和高价离子基本不透过，硬度去除率能达到90%，从注水源头进行水质的改性处理，彻底解决地面、井筒及地层的结垢问题。

一、工艺法防垢

对于一切可能结垢的流体环境，无论是未结垢正在结垢还是已经结垢，都是因为流体环境中存在生成垢物的内部因素——结垢离子，采用化学或物理的方法防治结垢各有其特点和功效。但是从垢物形成的外部条件来看，采用工艺法是有效的，也是必要的[31]。

1. 工艺法防垢的具体措施

工艺法防垢的具体措施如下：

（1）正确用注水水源，确保注入水与地层水在化学性质上配伍，这就要求事先对地层水进行必要的化学测试，掌握有关性质数据。

（2）控制油气井投产流速和生产压差，以免因此而加快垢物生长和形成。

（3）使油气井底流压高于饱和压力。

（4）采用井下油嘴，使产液形成油包水型乳状液。

（5）封堵采油井中的大小层段。

（6）采用有套层的装置及管柱。

（7）提高管内油水液流速度。

（8）人为地使井中油水混合液形成紊流状态。

（9）加深泵挂深度，把尾管下至油层底部。

具体实施时，以上工艺法各有利弊，不可多种措施同时使用，应根据油田的实际情况酌情选用。

2. 姬塬油田工艺法防垢实例

姬塬油田的樊学区块，由于各层系地层水配伍性差，加之混层开发及混合处理的集输模式，导致集输系统结垢严重，直接影响到原油正常生产，存在严重的安全隐患。为保障系统平稳运行，采用以工艺法防垢为主，化学法、物理法防除垢为辅的综合清防垢体系，逐步形成了"原油分层集输、分层处理、净化油合层输送、采出水分层回注"的工艺模式，结垢治理取得了较大成效[32]。

1）集输工艺需求以及改造原则

针对多层系叠合开发区块混合集输容易结垢的问题，有以下工艺需求以及改造原则：

（1）对不配伍层系混层开发油井，对液量较小达不到管道最小起输量或拉运方式成本较高的井组，进行改层处理或采用混层集输的方式输送。不配伍双层系混合开发井场依托双管流程实现分层集油，两个以上不配伍层系混合开发井场及功图计量井场，采用新增单井管道的方式实现分层集油。

（2）增压点分层后液量最大的层系依托已建系统外输，其余层系新建规则为 φ60mm×3.5mm 或 φ76mm×4mm 外输管道，管道承受压力为 20MPa，采用间歇输送方式；外输泵优先选用 CQ 系列单螺杆泵，伴生气丰富的增压点采用油气混输泵；液量分层后外输液量 20m³/d 以上的层系采用管道输送，确保管道最大停输时间，液量小于 20m³/d 的层系采用增压点集中拉油或单井拉油的方式。

（3）根据三叠系与侏罗系液量差异、地层水配伍性差异，在接转站附近新建脱水站，对液量较小层系站外脱水，脱出污水简易处理、同层回注，净化油与站内含水油混合外输至联合站集中处理。

（4）联合站内液量较大层系依托站内已建系统，液量较小层系依托站内新增三相分离器或站外脱水站脱水，两层系净化油混合外输至下游站点。

2）改造方法及效果

依据如上改造原则及现场实际，提出了集输系统分层改造总体方案，以及接转站分层改造工艺流程（图2-5）。

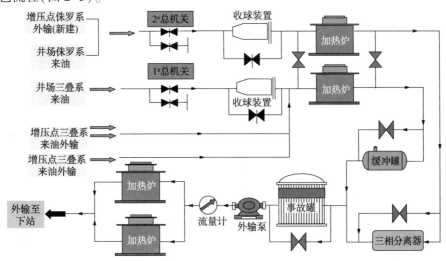

图 2-5　接转站分层改造工艺流程

集输系统分层改造后，樊学区块建立了延9集输系统、长8集输系统、长4+5集输系统，工艺改造实现了侏罗系与三叠系依托双流程分层集油、分层进站、总机关分层集油、加热炉分层加热、缓冲罐分层配套、外输系统分层外输，实现了"分层集输、分层脱水、同层回注"的集输模式，确保了樊学区块学一脱、学二脱、学三脱、学一联等站点的平稳运行，明显减缓了学一联、学一转、学二转、学三转、学4增等结垢严重站点的结垢速率，并且延长了站内主要设备的结垢周期，有效缓解了系统输油压力。樊学区块采出水日回注量高达900m³，有效回注率达75%，全区实现了"井组双管集油、增压点分层集输、接转站分层脱水、采出水同层回注、配套防除垢及化学加药设备"，减缓了整个区块集输系统的结垢速率，确保集输系统平稳、高效运行，较好地解决了集输系统结垢严重的问题。

学4增分层改造前1#加热炉一次加热进口压力为0.4MPa，出口压力为0.3MPa，压差为0.1MPa，垢层厚度为30mm，均匀且致密，人工清除难度很大。分层改造实施5个月后，打开加热炉进行检查，发现垢层有脱落现象，盘管内垢层呈斑驳、坑洼状，盘管内壁显露出金属本色，观察压力变化情况发现两台加热炉进口压力均有所降低，压差也在逐渐缩小，1#加热炉进、出口压力降为0.3MPa和0.25MPa。在学二转分层改造实施后，系统运行压力降低0.5MPa，效果明显。学一转分层改造后结垢速率由20mm/a降为4mm/a，学二转分层改造后结垢速率由30mm/a降为24mm/a，学三转分层改造后结垢速率由20mm/a降为12mm/a，改造前后结垢情况对比如图2-6所示。

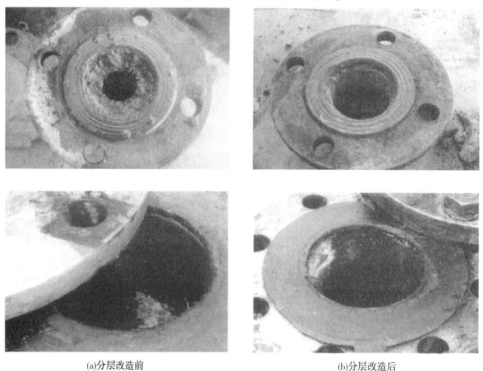

(a)分层改造前　　　　　　　　　　　　(b)分层改造后

图2-6　改造前后结垢情况对比

二、物理法防垢

1. 涂层法防垢

涂层法防垢不改变基体材料成分、不削弱基体材料强度，通过在金属设备的表面制备或涂覆低表面自由能的物质，减小垢质在表面附着的可能。当沉积物在表面附着并黏附在表面后，会造成危害。表面涂层多为无机涂层、有机涂层等单一或复合的材料，也可添加无机盐或氧化物等。理论和实践都表明，表面自由能较低时，垢质就不易在表面沉积和黏附，即不会结垢或减缓结垢[33]。因此，可借助涂层将金属表面与易结垢介质进行隔离，使垢不易黏附在金属表面。当涂层长期暴露在水中时，为了防止表面自由能增加或涂层质量损失，要求防垢涂层应具有较高的化学和物理稳定性。此外，涂层的表面自由能和表面粗糙度对防垢性能具有重要影响[34]。

近年来，利用表面涂层技术对金属基体进行防垢处理，受到了越来越多的国内外科研人员的关注。其中，涂覆聚合物基功能涂层是减缓结垢和保护金属表面的重要策略。聚合物分子间内聚力低，且具有较低的表面自由能、加工成本低、可再生、易于加工等特点，是制备防垢涂层比较理想的材料。自 20 世纪 90 年代中期开始，聚合物纳米复合材料的研究就已成为人们关注的焦点。在过去的几十年里，许多研究者对疏水聚合物涂层的防垢性能进行了广泛的研究。目前，使用的聚合物材料多为环氧树脂(EP)、聚四氟乙烯(PTFE)、全氟聚醚(PFPE)和聚苯硫醚(PPS)等。

1）涂层法防垢影响因素

（1）表面自由能对涂层防垢性能的影响。

涂层的接触角和表面自由能是影响结垢沉积物附着在固体表面的关键因素。在相关的涂层防垢文献中，一般认为涂层的表面自由能越低，结垢趋势越低[35]。结垢易发生在表面自由能较高的表面，因为在表面自由能高的表面存在较高的吸附力，容易附着结垢物质。对于表面自由能低的表面，结垢附着力较低，结垢诱导时间较长。降低材料的表面自由能可有效抑制垢在金属表面的沉积和黏附。换热器表面的结垢趋势与结垢诱导期有密切关系，而结垢诱导期的长短则与金属的表面自由能、垢与金属表面的黏附力有关。凡是具有低表面自由能的涂层表面(氟碳化合物、硅树脂、陶瓷表面等)，都具有较低的结垢趋势。降低表面自由能对涂层防垢具有重要的意义，然而也有相关研究认为涂层的表面自由能越低，结垢趋势越高。

（2）表面粗糙度对涂层防垢性能的影响。

表面粗糙度是由峰和谷形成的表面纹理的组成部分。一般认为，随着垢层表面粗糙度的增加，结垢趋势增大。表面粗糙度对垢层的结构也有显著影响。光滑金属表面形成的方解石沉积物的孔隙度是粗糙表面的 3~4 倍。与光滑表面相比，粗糙表面提供了更多的成核点位，因而具有更高的结垢趋势。然而，一些研究否定了表面粗糙度与结垢趋势之间的直接关系。例如，有人指出 $CaSO_4$ 垢的黏附率与涂层表面粗糙度之间没有很强的相关性。因此，表面粗糙度与结垢趋势之间的关系尚未得到充分认识，仍然需要进一步研究。

2）涂层法防垢实例

赵清敏[35]报道了大庆油田采用三元复合驱采油工艺，采出液所引起的管柱结垢严重影响了油田的正常生产。结合水质特性和垢样分析，找出了管柱结垢的原因，并通过在钢质油管内表面涂覆有机涂层达到了防止垢层在管内沉积的目的。防垢涂层油管的使用，减缓了管柱的结垢，延长了管柱清垢周期，减少了井下作业次数，效果良好。

（1）防垢涂层的作用。

大庆油田三元复合驱井液具有较强的结垢趋势，防垢涂层的作用主要体现在：①通过引入可以大大降低表面张力的高分子聚合物，使得涂层对水及三元复合液都具有较强烈的排斥性，从而达到低表面张力阻渗防护效果；②特定的高分子线性聚合物涂层致密、光滑，抗黏附，不会形成连片硬垢层，对油管来说，通过加入特定高分子线性聚合物，使涂层表面在超低表面张力的基础上还具有非极性特征，根据"极性相似互溶"原理，在油水混合物中，油组分相对于水组分更易于与涂层表面亲和，从而使防垢油管表面形成一层原油流体保护膜，由于该保护膜所具有的流变性及对水的阻隔性，使形成的垢质疏松，无法形成牢固的垢层；③涂层与管材之间的过渡层增加了结合强度，附着力强，防垢性能持久。

（2）涂层防垢油管施工工艺。

油管表面经预处理后清洁度达到 Sa2.5 级以上，涂覆复合磷酸盐中间层后，在内壁喷涂防垢高聚物涂层，阶梯升温固化，即获得具有光滑表面的涂层防垢油管。工艺流程如下：油管表面预处理——内壁喷涂防垢涂料——传送至旋转均质远红外烘干炉——阶梯升温烘干——外壁喷涂防腐功能漆——低温固化——质检——成品摆放。

（3）涂层防垢油管现场应用效果。

强碱三元复合驱的试验：杏二中强碱三元复合驱工业性试验区位于杏树岗油田的纯油区内，面积为 $2.03km^2$，采用五点法面积井网，平均注采井距为 250m，于 2007 年 9 月开始试验。其中，杏 2-丁 2-P6 井为油井，采用防垢泵，在结垢段下入油管短接 700 多天，该井生产态势良好，没有出现因为结垢带来的额外作业，其间未出现过垢块卡泵现象。

弱碱三元复合驱的试验：某采油厂北三区西部全区面积为 $18.5km^2$，地质储量为 $1.3098×10^8t$，原始地层压力为 11.63MPa，油藏温度为 43℃。由于结垢，致使过滤器、注入泵阀组更换频繁，注入泵也经常因结垢而停机。从结垢物外观看，主要为乳白色片状或粉粒状堆积物，有较大强度，不易剥离。2007 年 11 月，在北三区西部进行了油管聚合物防垢试验。从涂层防垢油管在现场应用来看，管柱清垢周期延长，垢质疏松，且减少了作业次数，效果良好。

2. 超声波法防垢

超声波法防垢设备主要由超声波发生器、传声系统和换热器管道内的换能器等组成。

超声波法防垢主要是利用超声波功率声场处理流体，使流体中的垢物在超声波作用下，理化指标和形态产生变化，使成垢分散、松散、粉碎、脱落，不容易附着在管壁上，从而达到防垢除垢的效果。

从20世纪90年代起，国外对超声波的研究进展较快，首先是对超声波的相关理论研究，由于超声波作用时最突出的特点就是在液体中会产生空化气泡，因此国外学者首先对超声波的空化理论进行了细致的研究，然后再将研究出来的超声波成果作为基础进行推广。美国、苏联率先将超声波防垢除垢技术应用于采油系统，结果发现对比于相同地区的油井，采用超声波作用的采油管道的出油量和出油速度远高于未采用超声波作用的管道。据报道，美国在得克萨斯州的油田进行超声波管道除垢防垢试验，经超声波作用后的管道，输油率有明显的提高。俄罗斯苏哈库姆区在测量油井输油管道的结垢情况时找到了管道结垢最快的油井，在输送该油井的原油时，采用普通井中的4in的管子，管道从完全没有水垢到结满水垢完全堵塞的时间不超过2个月。在这种结垢速率极快的情况下，平常的机械法和化学法防垢基本不能达到防垢目的，只能将已经堵塞的管道换新，而换管道时只能停止开采石油，造成巨大的经济损失。而在该区使用超声波法防垢技术后，只需要定期对管道进行超声波作用即可降低停产风险[36]。

相比于国外的超声波科技的快速发展，国内对超声波的研究处于新兴阶段。超声波作为一种工业技术，在工业的任何领域应用都可能达到意想不到的效果。目前，国内对超声波技术的研究还主要集中在超声空化引起水射流等方面。

1）超声波法防垢机理

（1）空化作用。

超声波的能量对被处理流体介质直接产生大量的空穴和气泡，当这些空穴和气泡破裂和挤压时，产生一定范围的强大的压力峰，局部的压力峰可达上千个大气压，成垢物质在压力峰作用下，粉碎悬浮于水中，并使已生成的垢层破碎从而易于脱落，超声空化效应如图2-7所示。

（2）活化作用。

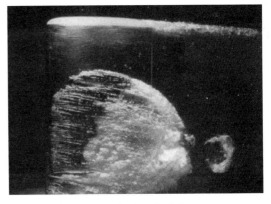

图2-7 超声空化效应

超声波在流体中产生空化作用，提高流动流体和成垢物质的活性，破坏垢类生成和在换热器管壁沉积的条件，使成垢物质在流体中形成分散沉积体而不在管壁上形成硬垢。

（3）剪切作用。

超声波辐射在垢层和管壁上及水中，由于对超声波频率响应不同，三者产生不同步的振动，因此产生高速的相对运动。由于速度差形成垢层与换热器管壁界面上的相对剪切力，从而导致垢层产生疲劳而松脱。

（4）抑制作用。

通过超声波的作用改变流体主体的物理化学性质，能抑制水中离子在壁面处的成核和长大，因此减少了黏附于换热器面上成垢离子的数量。实践研究证明，超声波作用时间越长，防止成垢物质结垢效果越佳。总之，水在超声波作用下，当超声波能量足够大时，即"功率超声"能够在常温、常压的环境条件下，使传导介质中产生短促的、局部的、极大的高温、高压、高强电场的极端物理环境，流体会产生所谓的"超声空化效应"从而引发许多的力学、物理、化学、生物等效应，达到流体中超声波防垢、除垢目的。

2）超声波法防垢影响因素

超声波技术对管道除防垢效果的影响包括以下两个方面：一方面，管道与内部流体的因素，包括流体的温度和速度、管道的口径、管道的几何形状；另一方面，超声波声场的因素，包括声场的强度(声功率)和均匀性、作用时间、超声波频率。

（1）管道与内部流体的因素。

流体的温度和流速因素：对结垢过程的影响是流体温度越高，流速越低，结垢越明显；对超声除防垢效果的影响是功率一定时，流速越大、温度越高，声强越小，除防垢效果下降。

管道的口径因素：对结垢过程的影响是流速一定的条件下，口径越小，结垢越明显；流量一定的条件下，口径的变化对结垢的影响不明显。对超声除防垢效果的影响是口径越小、声吸收越强，除防垢效果越差。

管道的几何形状因素：对结垢过程的影响是弯管、变截面管比直管结垢明显；对超声除防垢效果的影响是超声波在传播到变截面管、弯管处时，由于发生反射，使得防垢效果下降。

从工业应用的角度分析，超声波处理的管道以及周围的环境一般是固定的，设计的超声波系统要适合固有的管道环境，也就是这个因素只能适应而不能去改良，所以在工业应用中，要提高超声波处理效果，这些因素只能作为系统参数选择的参考，并不能作为提高系统效率的改良因素。

（2）超声波声场的因素。

根据需要处理的管道和外部环境，可以选择适合的超声波声场参数，以达到最佳的防除垢效果。声场强度一定时，频率低、作用时间长，除防垢效果比较好；超声波频率一定时，声场强度大、作用时间长，除防垢效果比较好。当然，声场强度应与溶液处理量有关，如果溶液处理量增加，超声波作用功率就要相应增大才能满足要求。

3）超声波法防垢实例

张锡波等[37]报道了超声波强声场作用于孤岛油田垦利联合站长距离输液管线，可以防止管线结垢。现场实验表明，与化学防垢法相比，用超声波法防垢技术处理长距离输液管线具有不改变被处理介质的化学性质、成本低、操作方便、易实行自动化等优点。

超声波防垢系统主要由声波发生器、传输电缆和压电换能器三大部分组成。

设备主要技术参数如下：

（1）供电电源：220V（±15%），频率为50Hz。

（2）输出功率：500~1000W两挡可调。

（3）工作方式：连续长期在管线上工作。

（4）控制方式：自动定时切换。

（5）工作温度：0~100℃。

（6）工作压力：≤5MPa。

（7）处理液量：150m³/h。

超声波装置的发生器放在垦利联合站配电车间，与配电盘连通电源，通过传输电缆与换能器连通。两个换能器分别安装在井排来液管线入口与输油管线起始端（图2-8）。

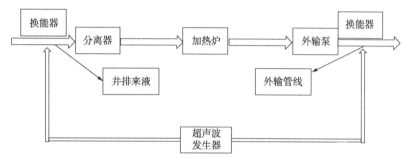

图2-8　超声波防垢示意图

超声波防垢装置于1996年9月开始在垦利油田联合站和输油管线上试验应用，一个月以后，压力稳定在2.36MPa，外输液量稳定在3320m³/d，加热炉、多孔滤板无明显的结垢现象，通过拆3号泵观察叶轮，发现无垢。而在试验前运行一周后即有明显垢体存在。为了再验证超声波装置的防垢效果，于1996年11月停止其工作，两周后发现泵压升高至2.38MPa，在加热炉有大量沉积垢体，多孔滤板与泵叶轮处也有不同程度的垢存在。重新运行超声波装置，10天后发现加热炉、滤板处垢减少，垢体疏松，后渐渐消失，运行一直正常。

3. 磁法防垢

磁处理具有投资小、操作简单、无毒无污染的特点，集防垢、除垢、杀菌、缓蚀等多功能于一身，是一种极具发展前景的防垢技术。20世纪有研究发现经磁处理后，锅炉水垢得到抑制，从此，磁防垢技术得到人们的重视并迅速发展[38]。20世纪中期以来，世界上许多国家相继开展了磁化水理论和应用技术研究，其中苏联是在这一领域起步较早并富有成效的国家。我国自20世纪80年代初期就开始了这方面的研究工作，并取得了一些成果。磁化水技术已广泛用于锅炉防垢除垢、混凝土浇筑、煤层和油田注水增注、农作物种植、液体雾化以及医疗等领域，并取得了一定的成绩[39]。

1) 磁法防垢机理

（1）磁场改变水的分子构型以及电荷分布。

（2）磁场会引起液体分子的内共振，并诱发电偶极作用，使分子内部的键合发生变化或破裂，从而改变分子构型，造成液体物理性质变化。

（3）磁场的作用使得溶液中晶核的生成速度和晶体生长速度发生改变，水中微晶增多，稳定性增强，不容易在容器壁上结垢。

（4）磁场可引起水的微观多相结构发生改变。研究发现低浓度盐水溶液的双折射率随着磁场的增强而增大，即水溶液的各向异性随着磁场的增强而加大，水经过磁处理后结构变得有序。

（5）液体中磁场能引起附加磁矩、附加能量和附加磁场。这些附加量的综合作用，使抗磁性液体的内聚力减少，分子势垒降低，引起物理性质的变化。

（6）一些学者从晶体结构的各向异性角度研究了磁场对水的作用及其防垢的机理，认为碳酸氢钙分子能通过氢键与许多水分子相结合，其抗磁性及形状具有明显的各向异性，磁处理使水合物沿平面方向有序流动，沿水流方向黏滞性变小，不易结垢。

2) 磁法防垢影响因素

（1）磁场方向。

根据磁化流体动力学（MHD）原理，水被磁化应具备的条件之一就是水流动方向应与磁力线方向垂直正交。大量文献也表明，目前研究与应用中使用的磁处理设备多为正交式。

（2）磁场强度。

磁场强度是磁化水处理中的一个重要参数，它影响水溶液中结晶颗粒的大小、成垢速度等。米海松认为磁场强度与水流速的乘积有一个恒定的最佳值，即水的流速越小，所需的最佳磁场强度越大，反之亦然。Polar 公司认为通过磁处理器的最佳流速为 $1.5 \sim 30 m/s$，相应的磁场强度应达到 $0.6 \sim 0.8T$。而且，有学者发现磁场强度增加到一定值就没有进一步的效果。Long 等在研究磁场强度为 0、0.1T、0.3T、0.5T、0.7T 的磁化效果时，发现磁场强度高于 0.1T，就没有进一步的效果。

（3）磁场作用时间。

磁场作用时间和次数是影响磁化效果的重要因素。通常一次通过磁处理器的防垢效果较差，而循环作用的效果较好。

（4）含盐量的影响。

水的含盐量越高，盐类极性越强，其定向速度越大，晶体规则生长，形成致密、不易脱落的晶形沉淀，磁防垢效果越差。

（5）温度的影响。

磁防垢受温度影响较大，在相同磁场强度下，常温时具有一定的防垢效果，当温度升高时，防垢率降低。

除上述影响因素外，磁防垢效果还与结构设计、材料、溶液的浓度、pH 值、流速、压力、气体的组成、溶液中的离子类型等因素有关[22]。

3）磁法防垢实例

在华北油田，注水及集输过程中的结垢现象十分严重。因结垢管损，正常压力下完不成配注任务的注水井占注水井总数的 25% 以上，注水设备长期处于高压状态下工作，加剧了设备的损坏，严重影响了生产。为此，从 1986 年底开始在华北油田注水系统的局部进行了磁防垢现场试验，既研究磁防垢的应用规律和效果，又摸索其对该地区的适应性。试验结果表明，防垢有效率达 80% 以上，平均结垢速率由原来的 5.3mm/a 降低到 2.1mm/a，并具有简便易行、投入少、效益高等特点，已在全油田推广。

目前，华北油田使用的磁防垢器有外磁式磁处理器，其安装位置如图 2-9 所示。安装时，尽量使水罐（进出口）、配水间、井口、井底呈"一条龙"，且实施间距（管线上）不得超过 1500m，这是因为磁处理器所诱导水分子的磁极化作用随时间的延长而逐渐减弱，进而影响防垢效果。试验表明，磁感应强度为 350～500mT 的磁化器在注入水温度低于 75℃ 的范围内使用，基本上可以达到防垢目的[40]。

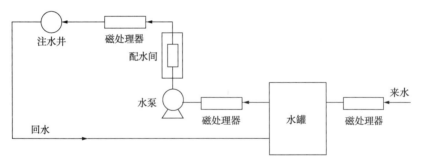

图 2-9　磁处理器安装图

4. 高频电磁场防垢

磁场防垢是物理防垢的一个分支，主要是利用外加电磁场和水分子发生共振，改变水分子的存在形式，使原来缔合形成的各种综合链状、团状的大分子解离成单个水分子，最后形成比较稳定的双水分子，增加了水的活性，改变水分子与其他离子的结合状态，从而改变成垢物质在其中的溶解性、结晶过程、晶体结构等。电磁场防垢技术相对于传统的除垢方法，对管道具有附加的保护作用，具有良好的经济效益和巨大的社会效益[41]。

高频电磁场处理技术是在静电阻垢和磁场软化水基础上发展起来的一种新型的物理法水处理技术，其设备由高频发生器和水处理器两大部分组成[42]。水处理器由绝缘内筒、外筒、绝缘层构成。内筒接正极，外筒接负极。在高频发生器中，电子电路产生高频电磁振荡。当发生器与水处理器相连后，在水处理器中的两固定电极间将感应出随时间周期性变化的等量异号电荷，由于两极上电荷随时间变化，所激发的电场也将随时间变化，根据麦克斯韦电磁理论，随时间变化的电场将在空间激发出随时间变化的磁场，而随时间变化的磁场又激发出随时间变化的电场，由于电场、磁场不断地相互激发，在水处理器间将形成具有一定强度的高频交变电磁场。水及溶解盐中的正、负粒子通过高频交变电磁场，并在其流动中获得能量，从而使流过处理器的水得到处理。

20 世纪 40 年代，比利时工程师韦梅朗(T. vermeiren)发现水流经磁场后能够暂时消除结硬垢的能力，自此磁场防垢技术得到不断的发展。20 世纪 50 年代初，应用磁场防垢技术的产品也投入了使用，主要是一些静电或高频防垢装置。20 世纪 50 年代末，我国也逐步开展了电磁场防垢技术的研究与应用，目前磁场防垢技术也开始应用于油田生产。

1) 高频电磁场防垢机理

(1) 高频电磁场对水的作用。

身处于电磁场的水分子，会受到交变电场力的作用，水分子的正、负电荷将周期性地不断振动。实际上正、负电荷重心受力不处于一条直线上，会产生一个电力矩，水分子在这个力矩的作用下，会产生电偶极矩的方向随电场的变化发生周期性偏转的现象。电磁场中的电场能量使水的活性增强。此外，运动的水分子还会受到洛仑兹力和磁力矩的共同作用，不仅会使水分子的正、负电荷重心产生周期性的振动，而且水分子的磁矩方向也会随着磁场的变化发生周期性的偏转，电磁场中的磁场能量将使分子运动及水的活性得到进一步增强。在交变电场力和磁场力两者的共同作用下，水分子作为偶极子会被不断地反复极化进而产生扭曲、变形、反转和振动等现象，并很有可能与电磁场发生共振。鉴于高频率的振动和分子间的运动的加剧，原来水中缔合形成的水分子缔合体将破裂成单个更具活性的水分子，最后形成结构较稳定的双水分子形式的$(H_2O)_2$，高频电磁场的存在将改变其中水的物理性质和其复杂的分子间的结构，这些改变会促进分子间的运动，增强水的活性和溶解性[43]。

(2) 高频电磁场对溶解盐中阴、阳粒子的作用。

当水中含有溶解盐的阴、阳粒子通过水处理器时，它们也会受到周期性的振动，增强粒子和粒子的水合进程，降低阴、阳粒子结合成粗大粒子的概率。具有一定电导率的液体流过电磁场时会引起电子激发，这种来自电磁场对结晶过程的影响能够改变晶体的形成和生长速度。特定的能场将抑制方解石的形成，产生纹石结晶的能量，使所生成的沉淀强度降低，不再按晶形排列而是松散地聚集。根据"磁性流体力学"理论，存在于水体中的微晶可通过絮凝作用结合成较大的、松散的聚合体，或悬浮或沉积下来。由于综合链状、团状大水分子的破裂，使得即使发生了 Ca^{2+} 和 CO_3^{2-} 结合成 $CaCO_3$ 的成垢反应，但在 $CaCO_3$ 微小晶体形成的初期，它们会很快被趋向后的水分子包围而束缚在水的偶极子群中，不能自由运动，其运动的自由程和彼此间的有效碰撞将大为减少。而且，由于溶解盐的阴、阳粒子振动能增加，使其向器壁靠近的阻力增大。总之，高频电磁场的作用将抑制 $CaCO_3$ 粗大结晶从水中的析出并沉积于管壁上，从而使器壁上的水垢不易生成。由此可见，高频电磁场水处理技术是将电场、磁场、振动对水和溶解盐中的阴、阳粒子的作用结合起来，从而达到比较好的防垢效果。

2）高频电磁场防垢影响因素

高频电磁场防垢效果与材料、电磁场频率、感应电磁场强度等结垢设计有关，还受电压、流速、pH 值、成垢离子浓度、水处理时间、电导率、温度、干扰磁场等多因素影响。

3）高频电磁场防垢实例

2009 年 7 月初，胜利油田现河采油厂对循环水冷却系统进行检修及酸洗除垢后，在循环水冷却系统的上游入水管处安装了变频电磁场防垢装置。该装置的线圈匝数为 25 匝，输入电压为 220V，输入功率为 40W。

大庆油田采油四厂加热炉原有的清防垢措施效果不理想，将双波感应防垢仪等 4 种物理防垢仪安装在加热炉的进口汇管，其中杏北 C 站的电磁防垢仪安装在加热炉的进口支管，防垢仪效果有一定差异。

三、化学法防垢

化学法防垢是油田最为常用的抑制结垢的技术，可以在低浓度的经济加量下，实现对地层、井筒和地面流程的高效防垢。

1. 国内外防垢剂发展现状

20 世纪 60 年代以来，聚羧酸和有机膦酸两类防垢剂是国外防垢剂研究和开发的重点。这两类阻垢剂都具有防垢性能好、稳定性好、用量少、原料易得、价格低廉等优点。随着科技的发展、社会文明的进步和人们环境保护意识的提高，人类对生态环境越来越重视，绿色防垢剂成为国内外研究的热点。目前，国外研究最多的环境友好型防垢剂主要有聚天冬氨酸（PASP）和聚环氧琥珀酸（PESA）。国内防垢剂的研究经历了"引进—剖析—仿制—创新"的过程。经历四五十年的发展，防垢剂开发和应用取得一定的成效。我国开发和应用的有机膦酸和聚合物，推动了国内防垢技术的快速发展。

对于油田的结垢问题，目前以化学法防垢解决为主，主要是对已有的油田水处理化学剂进行选择评价，或将几种水处理化学剂进行复配，用于油田注采系统，可以实现全系统、长距离、大范围的防垢。

2. 防垢剂的基本类型

1）有机膦酸盐类防垢剂

有机膦酸盐类防垢剂是最早应用的试剂之一，为含有一个或多个 $C—PO(OH)_2$ 基团的络合剂，在很多技术研究和工业环境中作为螯合剂和防垢剂，其有极限效应，可以与其他的防垢剂复配使用，具有协同效应，复配防垢剂效果大大高于单一防垢剂的防垢效果。有机膦酸盐类防垢剂通用结构式（R 为烷基或芳基基团，n 取 1~10）如下：

$$\left[R-\overset{\displaystyle O}{\underset{\displaystyle OH}{P}}-OH \right]_n$$

$$\left[\overset{O}{\underset{OH}{P}}-\overset{R}{\underset{}{}}-\overset{O}{\underset{OH}{C}} \right]_n$$

（1）2-膦酸基-1,2,4-三羧酸丁烷（PBTCA）。

PBTCA 含磷量低，由于它具有膦酸和羧酸的结构特性，因而具有良好的阻垢和缓蚀性能，优于常用的有机膦酸。PBTCA 在高效阻垢缓蚀剂复配中应用最广，是性能最好的产品之一，也是锌盐的优良稳定剂。PBTCA 广泛应用于循环冷却水系统和油田注水系统的缓蚀阻垢，特别适合与锌盐、共聚物复配使用，可用于高温、高硬度、高碱度及需要高浓缩倍数下运行的场合，PBTCA 在洗涤行业中可作为螯合剂及金属清洗剂。PBTCA 结构式如下：

（2）乙二胺四甲叉膦酸五钠（EDTMP·Na$_5$）。

EDTMP·Na$_5$ 为中性产品，是含氮有机多元膦酸盐，属阴极型缓蚀剂。其能与水混溶，无毒无污染，化学稳定性及耐温性好，在 200℃ 下仍有良好的阻垢效果。在水溶液中能离解成 8 个正负离子，因而可以与多个金属离子螯合，形成多个单体结构大分子网状络合物，松散地分散于水中，使钙垢正常结晶破坏。EDTMP 钠盐对 CaSO$_4$、BaSO$_4$ 垢的阻垢效果好。EDTMP·Na$_5$ 用于循环水和锅炉水的缓蚀阻垢剂、无氰电镀的络合剂、印染工业软水剂、电厂冷却水处理等，其结构式如下：

2）聚合物类防垢剂

聚合物类防垢剂由多种单体聚合反应构成[44]，起初的聚合物是丙烯酸、马来酸或马来酸酐通过均聚或者其他单体共聚形成的一类水溶性高分子，后来同时存在羧基、膦基、磺酸基等官能团。此类防垢剂可以与成垢离子通过络合反应，形成稳定的络合物，防止难溶垢沉淀。同时多个官能团间存在协同效应，且有较好的热稳定性。我国自 20 世纪 80 年代成功开发丙烯酸/丙烯酸甲酯聚合物，开启了水溶性聚合物水处理剂的研究，随后开发了一系列二元、三元、四元聚合物。常见的有常规聚合物和多元共聚物。

常规聚合物在油田用量较大的有聚丙烯酸(PAA)、聚顺丁烯二酸(又称聚马来酸，PMA)、聚甲基丙烯酸(PMAA)及其共聚物。多元共聚物常见的种类有含膦丙烯酸/丙烯酸羟丙酯二元共聚物，或含羟基、磺酸基、膦酸基和一种非离子基团的三元共聚物，或水相膦基马来酸—丙烯酸共聚物等。

（1）聚丙烯酸钠。

聚丙烯酸钠是一种有机高分子阻垢分散剂，它可与有机膦酸盐等常用水处理剂复配，对 $CaCO_3$ 等结垢性物质有特殊的阻垢分散作用。聚丙烯酸钠结构式如下：

（2）丙烯酸-2-丙烯酰胺-2-甲基丙磺酸共聚物(AA/AMPS)。

AA/AMPS 为无色或淡黄色黏稠液体，密度(20℃)为 $1.05 \sim 1.15 g/cm^3$。AA/AMPS 分子结构中含有阻垢分散性能好的羧酸基和强极性的磺酸基，能提高钙容忍度，对水中的 $Ca_3(PO_4)_2$、$CaCO_3$、锌垢等有显著的阻垢作用，并且分散性能优良。与有机膦复配，增效作用明显。特别适合高 pH 值、高碱度、高硬度的水质，是实现高浓缩倍数运行的最理想的阻垢分散剂之一。AA/AMPS 结构式如下：

（3）丙烯酸—丙烯酸酯—磺酸盐三元共聚物(AA/HPA/AMPS)。

AA/HPA/AMPS 是一种含有磺酸盐的多元聚电解质阻垢分散剂。由于在共聚物的分子链上同时含有强酸、弱酸与非离子基团，分散效果优良，适用于在高温、高 pH 值、高碱度条件下使用，对水中的 Fe_2O_3、$Ca_3(PO_4)_2$、$Zn_3(PO_4)_2$ 及 $CaCO_3$ 的沉积具有优良的抑制作用。AA/HPA/AMPS 具有较高的钙容忍度，能与聚膦酸盐、锌盐和有机膦酸盐等常用水处理剂复配，配伍性能良好。

（4）丙烯酸—丙烯酸酯—膦酸—磺酸盐四元共聚物。

该产品为含有羧基、羟基、膦酸基、磺酸基等基团的共聚物，性能优异，阻 $CaCO_3$、$Ca_3(PO_4)_2$ 垢效果优良，与常用的水处理剂的配伍性好，增效作用明显，适用范围广，可作为循环冷却水系统的阻垢分散剂，通常与有机膦酸盐复合使用。正常用量为 $5 \sim 25 mg/L$，与有机膦酸盐配合使用时用量为 $1 \sim 10 mg/L$。适用 pH 值条件为 $7.0 \sim 9.5$。

3）聚羧酸盐类防垢剂

该类防垢剂性能优越、无磷、无氮且生物易降解，成为如今防垢剂产品的发展方向。该类防垢剂主要有聚环氧琥珀酸（PESA）和聚天冬氨酸（PASA）。

（1）聚环氧琥珀酸（PESA）。

PESA 分子式为 $HO(C_4H_2O_5M_2)_nH$，是一种无磷、非氮的绿色环保型水溶性聚合物。PESA 对水中的 $CaCO_3$、$CaSO_4$、$BaSO_4$、$SrSO_4$、CaF_2 和硅垢有良好的阻垢分散性能，与膦酸盐复配具有良好的协同增效作用。PESA 生物降解性能好，应用范围广泛，尤其适用于高碱度、高硬度、高 pH 值条件下的冷却水系统，可实现高浓缩倍数运行。PESA 与氯的相溶性好，与其他药剂配伍性好[45]。PESA 结构式如下：

（2）聚天冬氨酸（PASA）。

PASA 分子式为 $C_4H_5NO_3M(C_4H_4NO_3M)_m(C_4H_4NO_3M)_nC_4H_4NO_3M_2$，为水溶性聚合物，是一种新型绿色水处理剂，具有无磷、无毒、无公害和可完全生物降解的特性。PASA 对离子有极强的螯合能力，具有缓蚀与阻垢双重功效，对 $CaSO_3$、$CaSO_4$、$BaSO_4$、$Ca_3(PO_4)_2$ 等成垢盐类具有良好的阻垢效果，对 $CaCO_3$ 的阻垢率可达 100%。PASA 结构式如下：

3. 防垢剂的作用机理

化学法防垢是在水中加入防垢剂，成垢物质与溶液之间存在动态平衡，防垢剂可以通过在成垢物质上的吸附来影响垢的生长与溶解之间的平衡。普遍认为的防垢机理是螯合机理、吸附机理、阈值机理和双电层机理。

1）螯合机理

水中的带有负电荷的有机或无机防垢剂，可以与水中的 Ca^{2+}、Ba^{2+} 等成垢金属离子形成稳定的可溶性螯合物或络合物，从而提高垢晶析出时的过饱和度，即增大了盐垢的溶解度，抑制了垢沉积。例如，聚膦酸盐水溶液中产生—P—O—P—O—P—键，它能与 Ca^{2+} 形成螯合物。成垢物质胶体颗粒成为稳定的分散状态随水流冲走。该类反应往往不按照化学当量进行，防垢剂可在用量很低的情况下就能与较多的成垢阳离子进行螯合。

2）吸附机理

防垢剂的吸附可通过晶格畸变机理和静电排斥机理两种机理起防垢作用。

（1）晶格畸变机理。由于防垢剂的吸附，使垢表面的正常结垢状态受到干扰（畸变），抑制或部分抑制了晶体的继续长大，使成垢离子处在饱和状态或形成松散的垢被水流带走。$CaSO_4$ 空白晶体的 SEM 照片如图 2-10（a）所示。从图 2-10（a）中可以看出，$CaSO_4$ 空白晶体形状主要为规则的细长针状或棒状，晶体表面光滑，有断裂，结合紧密，结晶度高，棱角边界清晰，晶形规整，晶体体积较大。加入复配阻垢剂后的 $CaSO_4$ 晶体的 SEM 照片如图 2-10（b）所示。显然，加入阻垢剂后的 $CaSO_4$ 晶体的形状变为圆球状，分散性强，颗粒细小，晶体短，表面粗糙，结构疏松。正常条件下，晶体长大可以降低表面能，使其能够更稳定地存在；而阻垢剂的加入，使得晶体无需用长大来降低表面能，就能使其更稳定地存在，说明加入阻垢剂对垢样产生了影响。加入阻垢剂后垢样发生破碎，晶型比较紊乱，阻垢剂对 $CaSO_4$ 起到了晶格畸变作用[46]。

（a）$CaSO_4$空白晶体　　　　　　　　　　　　（b）加入阻垢剂的$CaSO_4$晶体

图 2-10　SEM 分析阻垢剂对碳酸钙垢晶体畸变的影响

（2）静电排斥机理。防垢剂在垢或结垢表面吸附，形成扩散双电层，使垢表面带电，抑制了垢晶体间的聚结。

3）阈值机理

阈值效应又称低剂量效应或溶限效应，即低剂量的阻垢剂就有很好的阻垢效果。当阻垢剂浓度大于一定值后，这种阻垢作用的增加就不明显了。阈值效应是阻垢效果的宏观表现，一定程度上反映了阻垢机理。从动力学角度讲，晶体生长的台阶化理论认为，晶体生长是通过比较少量的活性生长点的发展进行的，这些少量的活性生长点就是晶格的扭折位置，因此只要在少量活性生长点部位吸附了阻垢剂，垢的小晶体就难以继续生长[47]。

4）双电层机理

微晶表面上存在有限的活性增长点数。防垢剂分子一旦覆盖了其中的某个活性增长点，将会使其周围的活性增长点都发生一定的位错，这样极少量的防垢剂便可以起到抑制结晶生长的作用。此后，随着阻垢剂量的进一步增大，防垢效果并不明显提高。向水溶液中投加每升毫克级的防垢剂，就可以稳定化学计量比高出许多的阳离子。

当前对防垢机理的认识并不明确，除上述机理以外，还有再生—自洁脱膜假说、去活化作用、强极性集团作用、面吸附作用。对于具体的防垢剂，往往是几种机理的复合作用。

4. 防垢剂应用实例

长庆油田 X 增压站于 2009 年 11 月建成投运，平均日处理液量 1030m³，上游来液包括：SJ 增压站 220m³/d（含水率 82%）、SS 增压站 450m³/d（含水率 46%）、W07 井组 100m³/d（含水率 47%）、S46 井组 60m³/d（含水率 34%）、S54 井组 20m³/d（含水率 92%）以及 SQ 转油站 180m³/d（含水率 0.1%）[48]。

2013 年 9 月，因结垢更换站内管线。2013 年 12 月，总机关压力上升、加热炉效率降低，对缓冲罐、加热炉等管线拆卸检查，发现站内管网再次结垢，平均结垢厚度达 15mm。

1）X 增压站水型分析

现场水样矿化度非常高，最低为 64.19g/L，最高达 124.99g/L。现场水中 Ba^{2+} 含量高，存在一定量的 Ca^{2+} 以及 SO_4^{2-}，不存在 CO_3^{2-}。

SJ 增压站（220m³/d，含水率 82%）Ba^{2+} 含量特别高，达到 0.52g/L，是 $BaSO_4$、$SrSO_4$ 垢成垢阳离子的主要来源，同时 Ca^{2+} 含量特别高，达到 7.47g/L，是 $CaSO_4$ 垢成垢阳离子的主要来源；S54 井组（20m³/d，含水率 92%）SO_4^{2-} 含量高，达到 5.13g/L，是成垢阴离子的主要来源；SQ 转油站来液含水率只有 0.1%，对 X 增压站结垢影响很小，因此不做讨论。

2）X 增压站结垢治理

针对 X 增压站原油集输系统结垢严重的问题，结合垢型、水型分析结果，通过室内阻垢效果评价，将 CQ-ZG02 复合阻垢剂用于 X 增压站结垢治理。

在加药浓度为 35mg/L 时，CQ-ZG02 复合阻垢剂对 $CaCO_3$、$CaSO_4$、$BaSO_4$ 的阻垢率均达到 90% 以上；在加药浓度为 30mg/L 时，CQ-ZG02 复合阻垢剂对 $CaCO_3$、$CaSO_4$ 的阻垢率均达到 96%，对 $BaSO_4$ 的阻垢率也能达到 84%；若加药浓度进一步降低，则对 $BaSO_4$ 的阻垢率下降较为明显，为求使用效果及成本最优化，此次现场试验加药浓度定为 30mg/L。

依据现场垢型及采出水水型分析结果，在 SJ 增压站投加 CQ-ZG02 复合阻垢剂 30.9kg/d，加药方式为连续投加，可有效防止 $BaSO_4$、$SrSO_4$ 及 $CaSO_4$ 垢的生成。同时，更换 X 增压站缓冲罐进口端管线，作为试验效果观测点。

3）效果及结论

（1）经过为期 3 个月的现场应用后，技术人员对观测点管线进行拆卸，发现管线内部没有结垢，CQ-ZG02 复合阻垢剂的现场阻垢效果明显，X 增压站结垢治理取得成功。CQ-ZG02 复合阻垢剂现场应用效果如图 2-11 所示。

（2）长庆油田 X 增压站原油集输管线结垢严重的原因为井组来液与上级增压站来液不配伍，从而导致产生大量 $BaSO_4$ 垢及少量的 $SrSO_4$、$CaSO_4$ 垢。

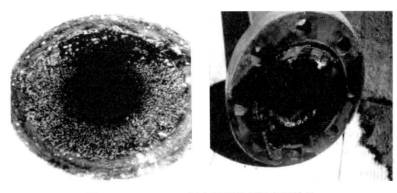

图2-11　CQ-ZG02复合阻垢剂现场应用效果

（3）CQ-ZG02复合阻垢剂是一种环保型多功能阻垢剂，在加药浓度为30mg/L时，对 $CaCO_3$、$CaSO_4$ 的阻垢率达到90%以上；在加药浓度为60mg/L时，对 $CaCO_3$、$CaSO_4$、$BaSO_4$ 的阻垢率均达到90%以上。

四、纳滤法防垢

20世纪80年代开始，美国陶氏公司开发出纳滤膜。由于市场广阔，世界各国纷纷立项，组织力量投入该技术开发领域中。目前，国外纳滤膜的主要厂商为美国和日本公司。在国外使用纳滤技术制取软化饮用水已很普遍，并已经开展纳滤膜用于海水软化方面的研究与应用。我国20世纪80年代后期开始纳滤膜的研制，90年代研究单位不断增加。目前，国内在纳滤膜处理领域发展迅速，应用领域包含饮用水淡化、食品、化工、医疗和军工等。纳滤装置主要由预处理单元(粗滤+超滤)、纳滤单元、后处理单元(化学清洗系统及辅助加药系统组成)三部分组成。注入水纳滤工艺流程如图2-12所示。

图2-12　注入水纳滤工艺常规流程图

1. 纳滤膜材质与组件

1）纳滤膜材质

纳滤膜是纳滤技术的关键部件，纳滤膜性能由其组成材料决定，良好的纳滤膜材料应该具有以下优点：(1)有较好的通量和脱除率；(2)有良好的化学稳定性，耐水解、耐化学清洗；(3)有良好的机械稳定性；(4)有良好的耐污染性能。

纳滤膜材料可分为无机膜材料和有机膜材料两大类。无机膜材料主要有陶瓷膜、金属氧化膜等，有机聚合物是目前纳滤膜中商业化程度最高的。20 世纪 80 年代以来，国际上先后开发出多种复合膜，表面带负电荷，常见的有芳香聚酰胺类复合纳滤膜、聚哌嗪酰胺类复合纳滤膜、磺化聚砜类复合纳滤膜、混合型复合纳滤膜 4 种类型。除有机膜外，还有无机材料制备的纳滤膜，如将聚膦酸盐和聚硅氧烷沉积在无机微滤膜上制备成复合无机纳滤膜。

2）纳滤膜组件

为了便于工业化生产和安装，提高膜的工作效率，在单位体积内实现最大的膜面积，通常将膜以某种形式组装在一个基本单元设备内，在一定驱动力的作用下，完成混合液中各组分的分离，这类装置称为膜组件或组件。一般来说，一种性能良好的膜组件应达到以下要求：（1）对膜性能提供足够的机械支撑，并可使高压原料液(气)和低压透过液(气)严格分开；（2）在能耗最小的条件下，使原料液(气)在膜面上流动状态均匀合理，以减少浓差极化；（3）具有尽可能高的装填密度(单位体积的膜组件中填充膜的有效面积)，并使膜的安装和更换方便；（4）装置牢固、安全可靠、价格低廉和易维护。

纳滤膜的结构决定其在纳滤过程中必须与其他膜复合使用，以满足纳滤效果要求。工业上常用的膜组件形式主要有板框式、螺旋卷式、圆管式、毛细管式和中空纤维式 5 种。前两种使用平板膜，后三者均使用管式膜。

2. 纳滤法防垢技术使用特点

（1）流体配伍性：注入水中 SO_4^{2-} 含量和地层水 Ba^{2+}/Sr^{2+} 值高，两种水质严重不配伍，存在结垢趋势。

（2）浓水处理：同区块或相邻区块有与浓水水型匹配的回注层位，或海上油田可排放至海水中。

（3）油井的挤注防垢或加注防垢剂等效果有限，再次结垢时间短且成本较高时，该技术更有经济性的优势。

3. 影响纳滤法防垢的主要因素

纳滤膜的性能主要包括选择性、通量、截留能力及稳定性等。膜的选择性受膜孔径以及其分布、组分在膜中溶解的扩散性、荷电性、选择载体组分等因素的影响；膜的通量以及截留率受膜厚度、驱动力、供料组成、供料组分性质、渗透压等因素的影响；膜的稳定性则受膜的化学和机械稳定性、吸附、供料速度和切向速度等因素的影响。在实际操作过程中，膜的选择性往往已固定，可变的性能主要是膜的通量、截留能力和膜的稳定性。

1）操作压力的影响

水通量随操作压力升高而线性增大，盐通量与操作压力无直接关系。随着操作压力的增大，透过膜的水量增大而透盐量不变，因此脱盐率随操作压力增大而增大。但盐通量不变，水通量增加造成膜两侧盐浓度增大，又使得脱盐率有降低的趋势。此外，纳滤膜对料液中盐截留，被截留组分在膜面处积累，使得靠近膜面处形成高浓度层，这就是浓差极化现象。此现象引起膜面局部渗透压增大，导致传质推动力下降，并降低膜通量。随着操作压力的增加，脱盐率上升，膜面的溶质浓度增大，浓差极化程度不断增大。因此，当操作压力增加至一定程度时，受浓差极化和透过液盐浓度降低的影响，膜通量和脱盐率的上升趋势将有所减缓。

2）料液浓度的影响

盐浓度增加，渗透压也增加，因此需要逆转自然渗透流动方向的进水驱动压力的大小主要取决于进水中的含盐量。如果操作压力保持恒定，含盐量越高，溶液的渗透压力越大，其有效的驱动压力越低，膜通量越低。同时水通量降低，增加了透过膜的盐通量（降低了脱盐率）。

3）溶质的分子粒径、极性和电荷的影响

分子粒径是影响纳滤膜截留性能的一个重要参数。小分子比大分子更容易穿过膜，当分子粒径增大时，截留率往往上升。在膜的截留分子量以下，分子量越小，截留率越低。截留分子量越小的纳滤膜，对同一分子量的有机物的截留率则越高。

溶质分子的极性降低了纳滤膜的截留率。这是因为两极中带有与膜相反电荷的那一级更容易接近膜面，并且易进入膜孔与膜内部结构中，从而使截留率下降。

溶质的荷电情况也会影响截留率。当溶质所带电荷与膜面所带电荷相同时，膜对该溶质有较高的截留率。对于小孔径的纳滤膜，溶质电荷的影响较大。当孔径非常小时，溶质的电荷可能会成为高荷电膜截留率的决定因素。

4）水温的影响

对于盐离子，水温升高，水合离子半径减小，溶质的扩散速度升高，盐离子透过率增加，截留率下降。特别是单价离子，扩散速度升高较快，截留率下降明显。与单价离子相比，二价离子（如硬度离子）在温度升高时扩散速度变化不大，因而仍能保持高截留率。

5）pH 值的影响

大多数纳滤膜表层都带有一定的电荷，各种纳滤膜元件适用的 pH 值范围相差很大，这主要取决于纳滤膜的材质。醋酸纤维素类纳滤膜适用的 pH 值范围为 4~5，控制进水 pH 值在 4~5 时，膜的使用寿命可达 4 年；若进水 pH 值为 6，使用寿命就只有 2.5 年；pH 值大于 6 时，使用寿命更短。这主要是因为醋酸纤维素类纳滤膜的水解速度受 pH 值影响较大，即耐受 pH 值范围较窄。而聚酰胺类纳滤膜则在更宽广的 pH 值范围（一般为 3~10）内均可保持性能的稳定。

6）产水率的影响

产水率为产水量与进水量的比率。从实际应用讲，希望有较高的产水率，可以节约用水和减少浓水处理量，降低制水成本。但提高产水率，末端膜的进水盐浓度会快速增加。例如，产水率为 50% 时，浓度将增加一倍；产水率为 75% 时，浓度将增加 4 倍；产水率为 90% 时，浓度则增加 10 倍。这对于末级膜元件是不利的，浓差极化将很明显，一些难溶盐可能会在膜表面析出，发生严重膜污染，水通量和脱盐率均会下降，影响出水水质。此外，系统产水率的提高，一般需要通过提高操作压力或增加纳滤级数实现，会引起能耗增加。因此，系统的产水率不可过高。一般生产厂商对膜元件的最大产水率做了规定，在实际应用中应严格遵守。

4. 纳滤法防垢实例

长庆油田从 2008 年开展了注入水纳滤脱 SO_4^{2-} 工艺研究和应用试验，推广应用 4 座注水站，注入水中 SO_4^{2-} 含量降低 80% 以上，$BaSO_4$、$SrSO_4$ 垢阻垢率达到 70% 以上，从注水根源上缓解了地层结垢趋势，减缓了注水压力上升，改善了地层吸水能力，保障了油田稳产。富含 SO_2 源水通过过滤器去除水中的悬浮颗粒，再通过由超滤装置和纳滤装置组成的纳滤脱 SO_4^{2-} 装置。经过处理后的源水分为纳滤水和浓水两部分，纳滤水中 SO_4^{2-} 含量和矿化度较低，浓水中 SO_4^{2-} 含量和矿化度较高。纳滤水进入清水罐，浓水进入浓水罐，整个工艺采用自动操作方式。

2012 年 4 月，在姬塬油田姬 W 注水站建成一套规模 2000m²/d 纳滤装置，有效缓解了对应试验区块的结垢趋势。自投运以来，该装置一直运行平稳，注入水经纳滤脱 SO_4^{2-} 工艺处理后，SO_4^{2-} 含量减少 80% 以上。

以姬 W 注水站对应试验区为例，未采用纳滤脱 SO_4^{2-} 工艺前，两年注水压力从 13.17MPa 上升至 15.74MPa；2012 年 4 月投运后，36 口试验井注水压力逐步降至 14.33MPa，注水压力平均降低 1.41MPa。

将纳滤水注入油层，减小了油层结垢趋势，注水驱油剖面得到改善。2011 年 7 月到 2012 年 9 月，连续跟踪 11 口注水井吸水剖面随时间的变化情况，注水井的吸水剖面由尖峰状、非连续形态向宽厚、连续形态转变，吸水剖面厚度增加 0.1~3.4m，平均为 1.35m，提高了 23.8%[49]。

参 考 文 献

[1] 王会. 海上油田加热器阻垢技术研究[D]. 天津：天津大学，2014.

[2] 李建中，苏春娥，刘凯，等. 镇原油田结垢机理及防垢技术研究[J]. 石化技术，2015(1)：17-18.

[3] 田鹏. 塔河油田集输系统防垢技术研究[D]. 成都：西南石油大学，2012.

[4] 马欣本. 江苏油田油水井防垢防腐复合技术研究[D]. 青岛：中国石油大学（华东），2007.

[5] 孙军. 朝阳沟油田油井结垢原因分析[C] //黑龙江省科协 2006 学术年会暨第三届太阳岛科技论坛论文集，2006.

[6] 谢朝阳，王鑫，王健，等. 大庆榆树林油田注水井清、防垢剂的研究与应用[J]. 油田化学，2000，17(3)：246-248.

[7] 巨晓昕. 定边采油厂多层水混合注入结垢及防垢技术研究[D]. 西安：西安石油大学，2018.

[8] 薛瑾利，屈撑囤，辛文辉，等. 油田污水采出回注过程中油层结垢的影响[J]. 广州化工，2014，42(6)：45-47.

［9］Bott T R. Fouling of heat exchangers［M］. New York：Elsevier，1995.

［10］Mwaba M G，Golriz M R，Gu J. A semi-empirical correlation for crystallization fouling on heat exchange surfaces［J］. Applied Thermal Engineering，2006，26(4)：440-447.

［11］孙溢翔. 管道结垢机理及影响因素分析［J］. 云南化工，2017，44(12)：52.

［12］Crabtree M，Eslinger D，Fletcher P，et al. Fighting scale：removal and prevention［J］. Oilfield Review，1999，11(3)：30-45.

［13］徐丽媛. 支撑剂结垢规律及其对渗流的影响实验研究［D］. 西安：西安石油大学，2018.

［14］郑书忠. 工业水处理技术及化学品［M］. 北京：化学工业出版社，2010.

［15］张治波，黄敬，李丽荣，等. 油田水分类方法及应用的研究进展［J］. 能源研究与管理，2017(2)：21-23.

［16］Bethke C M，Reed J D，Oltz D F. Long-range petroleum migration in the Illinois Basin［J］. AAPG Bulletin，1991，75(5)：925-945.

［17］王永清，李海涛，蒋建勋. 油田注入水水质调控决策方法研究［J］. 石油学报，2003，24(3)：68-73.

［18］国家能源局. 碎屑岩油藏注水水质指标及分析方法：SY/T 5329—2012［S］. 北京：石油工业出版社，2012.

［19］李萍，程祖锋，王贤君，等. 三元复合驱油井中硅垢的形成机理及预测模型［J］. 石油学报，2003，24(5)：63-66.

［20］高清河，唐琳，陈新萍. 油气田结垢预测方法发展现状及趋势［J］. 大庆师范学院学报，2011，31(6)：60-63.

［21］陈香. 白豹油田清防垢技术的探索及应用［D］. 西安：西安石油大学，2015.

［22］杨全安，慕立俊. 油田实用清防蜡与清防垢技术［M］. 北京：石油工业出版社，2014.

［23］徐宏国，王加刚，梁荣波. 中原油田注水管线 PIG 清洗实例［J］. 清洗世界，2009，25(5)：10-13.

［24］王雨薇. 钡锶硫酸盐清垢技术研究［D］. 荆州：长江大学，2018.

［25］Kamal M S，Hussein I，Mahmoud M，et al. Oilfield scale formation and chemical removal：A review［J］. Journal of Petroleum Science and Engineering，2018，171：127-139.

［26］Mahmoud M，Barri A，Elkatatny S. Mixing chelating agents with seawater for acid stimulation treatments in carbonatereservoirs［J］. Journal of Petroleum Science and Engineering，2017，152：9-20.

［27］De Wolf C A，Bang E，Bouwman A，et al. Evaluation of environmentally friendly chelating agents for applications in the oil and gas industry［C］//SPE International Symposium and Exhibition on Formation Damage Control. OnePetro，2014.

［28］Wang Q，Shen S，Badairy H，et al. Laboratory assessment of tetrakis (hydroxymethyl) phosphonium sulfate as dissolver for scales formed in sour gas wells［J］. International Journal of Corrosion and Scale Inhibition，2015，4(3)：235-254.

［29］聂翠平，李相方，贺延帮. 高频电磁感应清防垢技术应用研究［J］. 石油工程建设，2007，33(5)：5-7.

［30］刘玉萍，乔文秀. 电子除、防垢技术［J］. 油气田地面工程，2008，27(3)：70.

[31] 李德智. 国外油气田防垢技术的应用简介[J]. 国外油气田技术调查, 1989 (3)：44-49.

[32] 雒和敏, 张荣辉, 铁成军, 等. 姬塬油田集输系统工艺法防垢模式的评价[J]. 石油工程建设, 2014, 40(4)：64-67.

[33] 韩文静, 孟庆武, 刘丽双. 油田金属防垢涂层的研究进展[J]. 中国涂料, 2008, 23(2)：54-57.

[34] 钱慧娟, 宋华, 朱明亮, 等. 聚合物基疏水/超疏水涂层防垢的研究进展[J]. 应用化工, 2020, 49 (3)：773-776.

[35] 赵清敏. 三元复合驱工艺中涂层油管防垢技术[J]. 油气田地面工程, 2010, 29(1)：76-77.

[36] Ashokkumar M, Mason T J. Sonochemistry, Kirk-Othmer Encyclopedia of Chemical Technology[J]. John Wiley & Sons, 2007.

[37] 张锡波, 张群正, 林文兴, 等. 超声波防垢技术在孤岛油田的现场应用[J]. 西安石油学院学报(自然科学版), 2000, 15(3)：14-15.

[38] 周爱东, 杨红晓, 张志炳. 磁处理在抑制碳酸钙结垢中的应用[J]. 应用化工, 2006, 35(2)：86-88.

[39] 丁振瑞, 赵亚军, 陈凤玲, 等. 磁化水的磁化机理研究[J]. 物理学报, 2011, 60(6)：432-439.

[40] 朱光洲, 巨登峰. 浅析磁防垢机理及现场应用规律[J]. 磁能应用技术, 1990(4)：32-35.

[41] 徐晓宙, 罗融. 高频电磁场对防水垢机理的实验研究[J]. 西安交通大学学报, 1997 (1)：126-128.

[42] 王佩琼. 高频电磁场防垢技术在循环水中的应用机理初探[J]. 电力建设, 2001, 22(9)：43-45.

[43] 韩枫. 油气田高频电磁场清防垢影响因素分析[D]. 大庆：东北石油大学, 2017.

[44] Wilson D. Influence of molecular weight on selection and application of polymeric scale inhibitors[R]. NACE International, Houston, TX (United States), 1994.

[45] 李晓梅. 绿色阻垢剂聚环氧琥珀酸的阻垢机理的研究[J]. 广州化工, 2011, 39(7)：90-92.

[46] 王宪革, 齐维维, 张兴文, 等. 复配阻垢剂的性能及阻垢机理研究[J]. 东北大学学报(自然科学版), 2010, 31(6)：909-912.

[47] 姚培正, 包秀萍, 郭丽梅, 等. 油田水阻垢剂的阻垢机理及其研究进展[J]. 杭州化工, 2009, 39 (1)：16-19.

[48] 刘贵宾, 翁华涛, 韩创辉, 等. 长庆油田 X 增压站结垢原因分析及治理[J]. 石油化工应用, 2014, 33(10)：92-95.

[49] 刘宁, 周佩, 董俊, 等. 纳滤法处理富含 SO_4^{2-} 油田注入水的防垢阻垢作用[J]. 油田化学, 2015, 32 (4)：603-606.

第三章　油田硫化氢产生原因及治理措施

随着我国石油行业的不断发展，硫化氢成为油气田开采生产过程中最主要的危害因素之一。在油气田开采生产的各个环节过程中，硫化氢气体客观存在，并时常有硫化氢中毒事件的发生，对操作人员生命安全和设备安全造成严重的危害。要降低硫化氢危害造成的损失和影响，就需要先对硫化氢气体进行全面的认知。本章从多个方面介绍了硫化氢的性质和危害、硫化氢产生原因以及硫化氢的防治方法，以期为油气田开采过程中防护水平的提升提供帮助。

第一节　硫化氢的性质及危害

硫化氢(H_2S)是一种无色、有臭鸡蛋味、剧毒可燃和具有爆炸性的气体，其由硫和氢结合而成。硫和氢都存在于动植物的机体中，在高温、高压及细菌作用下，经分解可产生硫化氢。在天然气生产、高含硫原油生产中经常能遇到硫化氢气体[1]。

硫化氢分子由两个氢原子和一个硫原子构成[图3-1(a)]，分子量为34.08。硫化氢分子结构与水相似，呈等腰三角形，S—H键长为133.6pm，键角为92.1°[图3-1(b)]。硫化氢分子是极性分子，但极性比水弱，又因为硫化氢分子之间氢键结合的倾向很小，所以它的熔点($-82.9℃$)和沸点($-60.4℃$)都比水低得多。

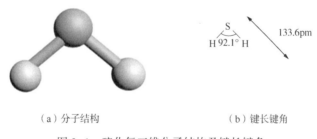

　　（a）分子结构　　　　　　　　　　（b）键长键角

图3-1　硫化氢三维分子结构及键长键角

一、硫化氢的性质

1. 物理性质

1）颜色

硫化氢是无色、剧毒的酸性气体，无法通过人的肉眼观察到，这就意味着用眼睛无法判断硫化氢是否存在。正因如此，硫化氢气体就变得更加危险。

2）气味

硫化氢有一种特殊的令人讨厌的臭鸡蛋味，在低浓度（$0.45 \sim 6.9 mg/m^3$）时可以闻到，长时间处于低浓度硫化氢的大气中，也会麻痹人的嗅觉神经，使人的嗅觉灵敏度减弱。在高浓度（$>6.9 mg/m^3$）的硫化氢环境中，由于人的嗅觉已经发生迅速钝化，从而感觉不到硫化氢的存在，反而闻不到臭鸡蛋的气味。因此，应充分认识硫化氢能使嗅觉失灵的特性，气味不能作为警示措施，绝对不能通过嗅觉来判断硫化氢的存在与否。

3）密度

硫化氢气体的密度略高于空气，其相对密度为 1.189（$15℃$，$101.325 kPa$）。因此，硫化氢气体易聚集在地势低洼的地方，如地坑、地下室、大容器、窖井。平时在有条件的情况下，应在上风向、地势较高的地方工作。如果发生硫化氢气体泄漏，应立刻采取自我保护措施，迅速撤离含硫化氢气体的现场，且要向位于上风向的高处撤离[2]。

4）沸点

液态硫化氢的沸点很低，因此通常接触到的硫化氢是以气体的形式存在，易随风流动，其沸点为 $-60.4℃$，熔点为 $-82.9℃$。

5）溶解性

硫化氢气体能够溶于水、乙醇以及甘油中，但其化学性质并不稳定。硫化氢微溶于水，在常温常压（$20℃$，$101.325 kPa$）下，$1L$ 水能溶解 $2.6L$ 硫化氢，生成的水溶液形成弱酸，称为氢硫酸，浓度为 $0.1 mol/L$。氢硫酸中包含了 HS^- 和 S^{2-}。一开始清澈的氢硫酸放置一段时间后会变得混浊，这是因为氢硫酸比硫化氢气体具有更强的还原性，会和溶解在水中的氧气发生缓慢的反应，易被氧化从而析出不溶于水的单质硫，使溶液变得浑浊。

硫化氢在溶液中存在如下平衡：

$$H_2S \rightleftharpoons H^+ + HS^-$$

$$HS^- \rightleftharpoons H^+ + S^{2-}$$

在酸性溶液中，硫化氢具有更强的还原性，其能使 Fe^{3+} 还原为 Fe^{2+}、Br_2 还原为 Br^-、I_2 还原为 I^-、MnO_4^- 还原为 Mn^{2+}、$Cr_2O_7^{2-}$ 还原为 Cr^{3+}、HNO_3 还原为 NO_2，而它本身通常被氧化为单质硫。当氧化剂过量很多时，硫化氢还能被氧化为 SO_4^{2-}，有微量水存在的硫化氢能使 SO_2 还原为 S，反应方程式如下：

$$2H_2S + SO_2 \longrightarrow 3S + 2H_2O$$

硫化氢能在液体中溶解，这就意味着它能存在于某些存放液体（包括水、油、乳液和污水）的容器中。硫化氢的溶解度与温度、气压有关，随着溶液温度升高和压力下降，硫化氢的溶解度降低。只要条件适当，轻轻振动含有硫化氢的液体，可使硫化氢气体挥发到大气中。因此在可能溶有硫化氢的场所作业时，要注意防范硫化氢的逸出，不要接触可能溶有硫化氢的物质，不要饮用可能溶有硫化氢的水[3]。

6）毒性

在职业危害等级中，硫化氢属于高度危害的一种剧毒物质，它的毒性是 CO 的 5~6 倍，是 SO_2 的 7 倍。

2. 化学性质

1）可燃性

硫化氢气体的燃点为 260℃，高度易燃。完全干燥的硫化氢在室温下不与空气中的氧气发生反应，但点火时能够在空气中燃烧，燃烧时产生蓝色火焰，并产生有毒的二氧化硫气体，二氧化硫气体会损伤人的眼睛和肺部。钻井、井下作业放喷时硫化氢燃烧，燃烧率仅为 86% 左右。由于硫化氢气体稳定性很高，在温度为 1973K 时才能分解，因此可以采取点火燃烧的方式以减小其危害。

在空气充足的环境中，硫化氢燃烧生成 SO_2 和 H_2O：

$$2H_2S+3O_2 \longrightarrow 2SO_2+2H_2O$$

若空气不足或温度较低时，硫化氢燃烧则生成游离态的 S 和 H_2O：

$$2H_2S+O_2 \longrightarrow 2S+2H_2O$$

这表明硫化氢气体在高温下表现出一定的还原性。除了在氧气或空气中，硫化氢在氯气和氟气中也能够发生燃烧[3]。

2）爆炸性

硫化氢气体的爆炸极限范围很宽，为 4.3%~46%（体积分数），爆炸危险性很大。当硫化氢与空气或氧气以该范围的浓度混合时，将形成爆炸混合物，发生爆炸。因此，含有硫化氢的作业场所要严格控制火源，同时在作业现场应配备硫化氢报警仪。

3）腐蚀性

干燥的硫化氢对金属无腐蚀破坏作用。当硫化氢溶于水后会形成氢硫酸，氢硫酸是一种弱酸，因此含硫化氢的水溶液对金属具有强烈的腐蚀性。

二、硫化氢的危害

硫化氢是具有强烈毒性的危险性气体，也是窒息性和刺激性气体，它的存在会对人体造成严重危害。硫化氢影响人的身体健康的主要途径是中枢神经系统和呼吸系统，伴有心脏等多器官损害，对脑和黏膜具有最强烈的刺激作用。硫化氢进入人体时，将与血液中的溶解氧发生化学反应。硫化氢对血液的氧化作用最初表现为红细胞数量升高然后下降，血红蛋白的含量下降，血液的凝固性和黏度上升。当硫化氢浓度极低时，硫化氢将被氧化，会压迫中枢神经系统，对人体的威胁不大；中等浓度的硫化氢会刺激神经；而当硫化氢的浓度较高时，其将会夺取血液中的氧，引起神经麻痹，使人体器官缺氧，这是由于硫化氢中毒时，人体的血红蛋白对氧气的呼吸能力大幅下降，导致血液中氧气的饱和能力降低，进而造成人体中毒甚至死亡。若吸入高于 $450mg/m^3$ 的高浓度硫化氢，中毒者会迅速倒地，失去知觉，伴随剧烈抽搐，呼吸瞬间停止，继而心跳停止，造成"闪电型"死亡。

1. 人体危害

全世界每年都有人因硫化氢中毒死亡的事故发生。重庆开县"12·23"特大井喷事故[4,5]、四川省达州市瓮福达州化工有限公司"3·3"硫化氢中毒事故[6]、大连西太平洋石油化工有限公司"11·18"中毒事故[7]、中国化工沈阳石蜡化工有限公司"4·25"硫化氢中毒事故[8]、昆明市安宁齐天化肥有限公司"6·12"硫化氢中毒事故[9]、济南华阳应用技术有限公司"11·14"有毒气体泄漏事故[7]等事故，均造成严重人员伤害和重大经济损失。

硫化氢只有进入人体并与人体的新陈代谢发生作用后，才能对人体造成伤害。硫化氢主要通过三个途径进入人体：（1）通过呼吸道吸入；（2）通过皮肤吸收；（3）通过消化道吸收。硫化氢主要通过呼吸道吸入人体，只有少量经过皮肤和消化道进入人体。

硫化氢在约为 $0.195mg/m^3$ 的低质量浓度时，会散发出臭鸡蛋气味，长期接触低浓度硫化氢会诱发慢性疾病，为人体的健康埋下隐患。硫化氢接触限值为 $15mg/m^3$，当质量浓度大于 $15mg/m^3$ 时，硫化氢会对眼睛、鼻、喉和肺都有刺激性作用，如果长期处于这样的环境中，会诱发角膜损伤、结膜炎和自主神经紊乱等疾病。在石油开采过程中，如果工作人员长期在硫化氢质量浓度为 $75\sim150mg/m^3$ 的环境下工作，会诱发眼结膜炎、咽炎、鼻炎和气管炎等疾病，硫化氢会侵害嗅觉神经，在该浓度范围内还能使人丧失嗅觉能力。除此之外，吸入过量的硫化氢还会导致心动过速、心律失常，造成人体胸闷、气短、心悸等一系列循环系统的危害。在 $300mg/m^3$ 或更高质量浓度的硫化氢中暴露 30min 以上，将导致人体肺水肿。如果人在 $1500mg/m^3$ 甚至以上质量浓度的硫化氢气体中暴露，可使人体出现呼吸麻痹的症状。如果不立即撤离，即便仅仅是短暂的暴露也会致命[10]。

不同浓度的硫化氢对人体的生理危害见表 3-1。

表 3-1　不同浓度的硫化氢对人体的生理危害

硫化氢在空气中的浓度		人体暴露于不同浓度硫化氢产生生理反应的典型特性
%（体积分数）	mg/m^3	
0.000013	0.195	通常，硫化氢在大气中含量为 $0.195mg/m^3$ 时，有明显和令人讨厌的气味，在大气中含量为 $6.9mg/m^3$ 时就相当明显，随着浓度的增加，人体对于硫化氢气味的嗅觉就会疲劳，无法再通过气味来辨别是否存在硫化氢气体
0.001	15	有令人讨厌的气味，眼睛可能会受刺激。此浓度是美国政府工业卫生专家协会推荐的阈限值（8h 加权平均值），为硫化氢检测的一级警报值

续表

硫化氢在空气中的浓度		人体暴露于不同浓度硫化氢产生生理反应的典型特性
%（体积分数）	mg/m³	
0.0015	22.5	此浓度是美国政府工业卫生专家协会推荐的 15min 短期暴露范围平均值
0.002	30	在暴露 1h 或更长时间后，眼睛有烧灼感，呼吸道受到刺激。OHSA 职业健康和安全委员会规定的可接受上限值。此浓度也是工作人员在露天环境下安全工作 8h 可接受的硫化氢的最高浓度，即安全临界浓度，为硫化氢检测的二级警报值
0.005	75	暴露 15min 或 15min 以上的时间后嗅觉就会丧失，如果时间超过 1h，可能导致头痛、头晕和（或）摇晃；超过 75mg/m³ 将会出现肺浮肿，也会对工作人员的眼睛产生严重刺激或伤害
0.01	150	3~15min 就会出现咳嗽、眼睛受刺激或失去嗅觉，5~20min 过后，呼吸会有变化、眼睛会疼痛并且昏昏欲睡，1h 后就会刺激喉道，延长暴露时间将逐渐加重这些症状。此浓度是我国规定的对工作人员生命和健康产生不可逆转的或延迟性的影响的硫化氢浓度，即危险临界浓度，也是硫化氢检测的三级警报值
0.03	450	明显的结膜炎和呼吸道刺激。美国国家职业安全和健康学会 DHHS No85-114《化学危险袖珍指南》将此浓度拟定为立即危害生命或健康
0.05	750	短期暴露后就会不省人事，如不迅速处理就会停止呼吸，同时伴随头晕、失去理智和平衡感的症状。患者需要迅速进行人工呼吸和（或）心肺复苏技术
0.07	1050	意识快速丧失，如果不迅速营救，呼吸就会停止并导致死亡。必须立即采取人工呼吸和（或）心肺复苏技术
>0.10	>1500	立即丧失知觉，结果将会产生永久性的脑伤害或脑死亡。必须迅速进行营救，应用人工呼吸和（或）心肺复苏技术

注：此表引自 SY/T 6277—2017 表 A.1。

大多数油气田都存在着硫化氢的污染和危害。钻井过程中遇到酸性油层，或含有硫酸盐还原菌的各种流体，以及钻井液热分解时，都可能产生硫化氢气体，由于其含量非常大（>1000mg/m³），因此一旦释放将会造成重大的危害。一般来说，石油地层伴生气中硫化氢的含量可达 1000~2000mg/dm³，甚至更高。主要是由含硫地层的高价硫（如硫酸盐）溶于地下水，此地下水中已不含氧，且其中的还原性有机物（腐殖质、沥青、石油等）与高价硫化物相互作用还原成硫化氢；同时地层中也存在硫酸盐的还原菌，还可将高价硫酸盐还原成硫化氢；此外，地层中存在的难溶硫化物在酸性条件下可产生硫化氢。硫化氢在油中的溶解度远大于在水中的溶解度，因此由上述各种原因产生的硫化氢既溶于地下水，也溶于油层，更混合于天然气或石油的伴生气中。由于硫化氢沸点很低，常以气体形式存在，在钻井过程中遇到酸性地层或酸性钻井液，一有缝隙就流出地面。在钻井完成后产油时，石油一出井口，压力降低，溶在石油中的硫化氢流入空气，将对工作人员造成极大的危害[11]。此外，在石油开采过程中若出现硫化氢泄漏，由于硫化氢气体相对体积质量较高，具有不易扩散的特性，泄漏的硫化氢气体往往会聚集在地势较低的区域内，不会轻易消散，从而对工作人员的健康造成危害，更易致人中毒。例如，在新疆塔里木盆地的采油过程中，硫化氢从设备缝隙处微量泄漏出来，沉积在地势低洼处，在工作人员进入这些地带时，造成了严重的人员伤亡。因此，对硫化氢进行防护是非常具有必要性的[12]。

2. 火灾和爆炸

2018 年 3 月 1 日，迁安市天良建筑机电安装工程有限公司在其承包的唐山华熠实业股份有限公司苯加氢车间酸性污水暂存罐管道改造作业过程中发生爆燃引发火灾事故，造成 4 人死亡，1 人受伤，直接经济损失约 537. 25 万元[13]。事故的直接原因：事故发生时酸性污水暂存罐自投产起已经使用三年多，罐内残存有机烃物质逐渐增多，罐内有机烃及硫化氢等物质和空气混合后形成爆炸性气体，作业人员拆除酸性污水暂存罐顶备用口盲板后，未采取封闭措施，因工具碰撞产生火花，引起从备用口逸出的和罐内的爆炸性气体爆燃，从而发生着火，引发较大的火灾事故。

由上述案例很容易得出，硫化氢最直接的危害就是形成爆炸性混合气体，发生火灾爆炸事故。

硫化氢气体具有易燃的性质，燃烧时火焰呈蓝色，产生二氧化硫，产物具有特殊气味和强烈刺激性。硫化氢气体与空气混合达到 4. 3% ~ 46%（体积分数）时，能形成爆炸性混合物，遇到明火或高热会引起强烈燃烧或爆炸，从而发生火灾和爆炸事故，这也是油气田作业场所最严重的事故类型。硫化氢遇热还会发生分解，分解产物为氢和硫，当其遇浓硝酸、发烟硝酸或其他强氧化剂时，也会产生剧烈反应并燃烧，从而引发爆炸事故。又因为硫化氢气体的密度比空气大，其能在较低处扩散到相当远的地方，会积聚在低洼处或在地面扩散，若遇火源也容易着火回燃，存在很大的安全隐患[14]。

3. 设备损害

硫化氢会对油气田的金属管道、仪表设备等造成一定程度的腐蚀与破坏，从而导致泄漏、井喷失控、着火等事故，此外还会加速非金属密封件等老化，这对于井下设备的安全运行具有非常严重的危害。

1）对金属材料的腐蚀

硫化氢溶于水后形成氢硫酸这种弱酸，对金属的腐蚀形式有电化学腐蚀、氢脆和硫化物应力腐蚀开裂，通常以后两者为主，一般统称为氢脆破坏。

（1）电化学腐蚀。

硫化氢会对设备造成一定程度的腐蚀，在石油开采过程中，如果由于钢材开裂造成设备损坏，就会引发严重的后果，属于大型恶性事故。石油开采中会存在含有饱和硫化氢的煤油，当设备处于干燥的硫化氢气体环境中时，设备中的钢材并不会出现腐蚀现象，但是在湿润的环境中时，硫化氢溶解于水中具备腐蚀性，就会引起设备的腐蚀，即电化学腐蚀。在油气开采中，与二氧化碳和氧气相比，硫化氢在水中溶解度最高，一旦溶于水中，便立即发生电离。溶解的硫化氢具有酸性，发生逐步电离，其电离方程式如下：

$$H_2S \longrightarrow HS^- + H^+$$

$$2H_2S + O_2 \longrightarrow 2S + 2H_2O$$

硫化氢电离出硫离子和氢离子，而氢离子可以作为强力去极化剂，极易在阴极夺取电子，从而使得阴极溶解反应加剧，导致钢铁全面腐蚀。具体的反应方程式[10]如下：

阳极反应：

$$Fe \longrightarrow Fe^{2+} + 2e^-$$

阴极反应：

$$2H^+ + 2e^- \longrightarrow H_2$$

阳极产物：

$$Fe^{2+} + S^{2-} \longrightarrow FeS$$

总反应：

$$Fe + H_2S \longrightarrow FeS + H_2$$

阴极反应的结果使介质中的氢离子获得电子，变成氢原子，部分氢原子向金属内部扩散而形成氢脆。在这种情况下，氢在金属内部的扩散主要是应力扩散，即氢由低应力区向高应力区扩散[12]。阳极反应生成的 FeS 腐蚀产物，通常具有结构缺陷，它与钢铁表面的黏结力差，易脱落与氧化；电位较正，于是作为阴极与钢铁基体构成一个活性的微电池，对钢铁基体继续进行腐蚀[15]。因此，阳极反应产物还有其他的硫化物，如 FeS_2、FeS_4 等。FeS 是一种比较致密保护膜，这使得其形成后的一段时间内，钢铁腐蚀速率减慢。

（2）氢脆破坏。

硫化氢对油气田设备的主要危害不在于增加对钢铁的腐蚀速率，而在于加剧钢的渗氢作用，从而导致氢脆，使设备产生硫化氢应力腐蚀破裂。所谓氢脆，是指由于金属吸附了作为表面活性物质的氢原子而导致脆性破坏，当氢原子从金属表面向内部扩散至微裂纹的界面处，并在其上吸附时，会降低金属的表面能，在外力作用下，为了与外力平衡，断裂面就会扩大。当微小的氢原子扩散到金属内部的微裂纹处，并聚集到足以使裂纹扩展所需的时间，当裂纹扩展达到临界值时，就会产生裂纹失稳扩展而发生急剧破坏。氢脆破坏往往造成井下管柱的突然断落、地面管汇和仪表的爆破、井口装置的破坏，甚至发生严重的井喷失控或着火事故。硫化氢与钢铁的作用原理较符合实际的解释如下[16]：

阳极反应：

$$Fe+H_2S+H_2O \longrightarrow Fe(HS^-)_{吸附}+H_3O^+$$

$$Fe(HS^-)_{吸附} \longrightarrow (FeHS)^+ +2e^-$$

$$(FeHS)^+ +H_3O^+ \longrightarrow Fe^{2+}+H_2S+H_2$$

由于 Fe 与 S 原子的电负性相差较大，在金属表面形成化学吸附的催化剂 Fe(HS^-) 的作用下，Fe 与 S 原子牢固结合，使得金属原子间的结合力减弱，从而导致金属原子容易发生电离。Fe 原子失去电子后形成 Fe^{2+}，电离出的 Fe^{2+} 与 HS^- 按照反应式 $Fe^{2+}+HS^- \longrightarrow FeS+H^+$ 进行。

阴极反应：

$$Fe+H_2S+H_2O \longrightarrow Fe(HS^-)_{吸附}+H_3O^+$$

$$Fe(HS^-)_{吸附}+H_3O^+ \longrightarrow Fe(H—S—H)_{吸附}+H_2O$$

$$Fe(H—S—H)_{吸附}+e^- \longrightarrow Fe(HS^-)_{吸附}+H_{吸附}$$

由阳极反应与阴极反应可见，氢脆是由于金属铁在阴极区吸收了阴极反应的产物氢原子，从而诱导脆性的产生和扩展的，相应的阳极过程仅提供了电子，而并不会对氢脆产生直接的影响，阴极过程的氢脆可因阳极保护而不再进行。

氢原子在金属表面的吸附，使得金属表面的氢原子浓度大幅度增加，使其逐步向金属内部渗入，占据金属原子空穴从而引起氢脆。此外，一部分滞留在金属内部的氢原子，当其含量超过固溶度时，就可能在金属内部微小孔隙处变成氢分子，同时析出氢气。这些氢分子易于在晶界、相界和微裂纹等内部缺陷处聚集，使金属产生鼓泡、白点等。钢铁中的 Fe_3C 在高温高压的氢气环境中可发生分解，从而形成甲烷气体，气泡的形成会在金属内部产生 300MPa 甚至更高的压力，使得金属原子间隔或微裂纹增大，促使钢材脆化，局部区域发生塑性变形，从而导致金属产生氢脆，引起金属设备的突然爆裂等，发生掉油管及油管破裂造成设备腐蚀损坏报废事故[11]。

因此，在进行含硫化氢的油气田施工中，除防止酸性物质对设备的电化学腐蚀之外，硫化氢存在而引起的氢脆破坏也同样应引起人们的足够重视。

2）对非金属材料的加速老化作用

在油气田勘探开发中，地面设备、钻井和完井井口装置以及井下工具中，都包含大量使用橡胶、浸油石墨、石棉绳等非金属材料制作的密封件。它们在硫化氢环境中使用一段时间后，橡胶会产生鼓泡胀大，失去弹性；浸油石墨及石棉绳上的油被溶解而导致密封件快速失效，从而引发生产事故。

根据 SY/T 0599—2018《天然气地面设施抗硫化物应力开裂和应力腐蚀开裂金属材料技术规范》规定，如果含硫天然气总压不小于 0.448MPa，硫化氢分压不小于 0.343kPa，就存在硫化物应力腐蚀开裂。如果含硫化氢介质中还含有其他腐蚀性组分如 CO_2、Cl^-、残酸等，将促使硫化氢对钢材的腐蚀速率大幅度提高。因此，在进行钻井设计时应考虑此问题，选择抗硫化氢的钻杆、套管和井口装置，并采取防护措施[17]。

3) 对钻井液的污染

在石油钻井工作中，钻遇硫化氢气体时，如果所用钻井液液柱压力低于地层中硫化氢的压力，将造成钻井液体系中的硫化物浓度急剧升高，当达到溶解饱和以后，硫化氢会以气体的方式向周围环境逸出，这种情形是较为严重的。硫化氢气体的扩散主要会对水基钻井液产生较大的污染。通常情况下，地层侵入的硫化氢如果遇到高温，将会与钻井液产生某种还原反应，经过氧化后的钻井液受到污染，使钻井液的性能发生很大变化。硫化氢侵入数量不大时，由于硫化氢具备易溶解的特性，水溶液表现为较弱的酸性，因此钻井液本身的 pH 值也会相应降低。除此之外，还会造成钻井液体系的密度下降、黏度上升、滤失量增大、流动困难，加大液体的流体损失等。随着硫化氢进入体系数量的增大，钻井本身的成分被分解后，胶体性能也会逐渐减弱，直至彻底失去稳定性，黏性上升以致形成不动的冻胶，颜色变为瓦灰色、墨色和墨绿色，此时体系还可能发生固液分离现象。

此外，硫化氢溶液还容易发生对钻杆、钻具的腐蚀，导致氢原子发生缓慢扩散，使钻井液失效。如果钻杆、钻具不具备最低限度的断裂应力，就会造成突然断裂的现象，造成钻井事故[18,19]。

4. 环境污染

全世界每年约有 $1 \times 10^8 t$ 硫化氢气体进入大气，其中工厂泄漏、生产释放等人为产生因素大约会造成 $300 \times 10^4 t$ 硫化氢气体的扩散。由于硫化氢具有易溶于水的性质，因此其会对大气和地下水造成污染和破坏。硫化氢气体在大气中很快被氧化为二氧化硫，这使得工厂及城市局部大气中二氧化硫浓度升高，从而对人类以及动植物产生伤害。二氧化硫在大气中继续被氧化为硫酸根离子，这是形成酸雨和降低能见度的主要原因。被污染的大气会呈现酸化趋势，除了被人体吸入会影响人体健康，溶入水中的硫化氢气体还会和水发生反应，降低水的 pH 值，从而会对水体生物及动植物造成巨大危害[20]。

第二节　硫化氢产生原因

目前，石油中已知的硫化物有硫化氢（H_2S）、元素硫（S）、硫醇（RSH）、硫醚（R—S—R′）、二硫化物（RSSR）及残余硫（一类结构未知的硫化合物）。在众多硫化物中，硫化氢所占的比例较大，其他含硫物质在一定的条件下也可能转化为硫化氢。

在油田油井的开采中，往往会生成硫化氢气体，其主要的成因可分为无机成因、硫醇成因、硫醚成因、生物降解成因、硫酸盐还原菌（SRB）还原成因、有机质热裂解（TDS）成因、硫酸盐热化学还原（TSR）成因。不同的油田油井由于所处的地理位置或自然环境的不同，生成硫化氢的方式也多有不同。为了正确地采取防范措施或处理不可避免生成的硫化氢，应准确地找出油田中硫化氢产生的真正原因，将现有的形成原因和防治理论与现场实际相结合，为硫化氢脱除装置选出最优方案。

一、无机成因

1. 无机成因反应原理

无机成因形成的硫化氢除少部分来自原油中含有的含硫矿物质在高温或者高压条件下分解以外，主要来自硫酸盐的热化学反应，主要为含硫矿物质（黄铁矿）的化学分解，具体过程如下：

$$2CaSO_4+4C+2H_2O \longrightarrow 4CO_2\uparrow+Ca(OH)_2+Ca(SH)_2$$

$$Ca(SH)_2+CO_2+H_2O \longrightarrow CaCO_3+2H_2S\uparrow$$

$$CaSO_4+4H_2 \longrightarrow Ca(OH)_2+H_2S\uparrow+2H_2O$$

$$FeS_2+2HCl \longrightarrow FeCl_2+H_2S\uparrow+S\downarrow$$

硫化氢的无机生成过程大多是硫酸根离子经过一系列反应，最终形成硫化氢气体，但其反应过程复杂、反应条件苛刻且产生的硫化氢气体量少，因此大多油田中硫化氢的成因均不为无机反应[21]。

2. 无机成因反应条件

无机反应生成的硫化氢在原油中含量较高，但是对反应条件的要求较为苛刻，必须在高温、含有大量硫酸盐以及丰富的有机化合物或烃类物质的条件下才能发生，反应条件需高温高压。因此，以此形成原因为主的油气藏呈现出较为明显的共同特征。

3. 无机成因实例

长庆油田中硫化氢部分来自无机成因。长庆油田原油的产出中伴随大量的采出水[22]，采出水中含有丰富的有机化合物和烃类物质，同时含有大量硫酸盐。有机化合物和烃类物质在100～140℃与硫酸盐发生反应生成硫化氢和二氧化碳。

二、硫醇成因

1. 硫醇成因反应原理

硫醇（—SH）是与醇类（—OH）化学结构相近的一类化合物，其可以看作烃分子中的一个氢原子被一个硫基（—SH）所取代的生成物，也可以看作一个硫化氢分子中的一个氢原子被烃基所取代生成的衍生物。硫醇的通式为RSH，其中R可以为烃基、环烷基或芳香基。

标准状况下，硫醇因含有硫基，易与其他物质反应生成硫化氢气体，以氯化铜和硫醇反应为例：

$$2CuCl_2+4RSH \longrightarrow RSSR+2RSCu+4HCl\uparrow$$

$$FeS+2HCl \longrightarrow FeCl_2+H_2S \uparrow$$

硫醇中 C—S 键的键能较低，仅为 327kJ/mol，因此当拥有一定能量的粒子撞击硫醇中的 C—S 键时，其较容易断裂[23]。

2. 硫醇成因反应条件

硫醇虽在一定条件下易发生分解反应，但根据其结构的不同，发生分解的条件也有些许差异。伯硫醇和仲硫醇在较高的温度下很容易发生分解反应生成硫化氢，而叔硫醇即使在较低的温度下也能够分解成硫化氢和相应的烯烃，其具体的反应如下：

$$RCH_2CH_2SH \longrightarrow RCH \Longrightarrow CH_2+H_2S \uparrow$$

在某些情况下，尤其是在较低的温度时，硫醇在具有催化剂的条件下更容易发生分解，生成高收率的硫化氢。催化剂一般为 Co-Mn-Al_2O_3 催化剂，通过催化剂生成烯烃和硫化氢[24]。

通过对胜利油区中孤岛油田中的稠油进行反应研究，发现了含水率、反应温度和反应时间等因素决定了稠油中硫化氢的生成情况。同一温度下含水率不同，硫醇反应产生硫化氢质量浓度不同，但其趋势均为随含水率增加先增加后减少，一般均在含水率为 20% 的环境下，硫化氢的产生量达到最大值。然后在控制含水率为 20% 的条件下，测定反应时间和反应温度对硫醇反应生成硫化氢质量浓度的影响。反应时间和反应温度对生成硫化氢质量浓度的影响均为先增加后不变，其中硫化氢质量浓度处于最大值的反应时间为 48h，反应温度为 260℃，具体测试结果如图 3-2 所示[25]。

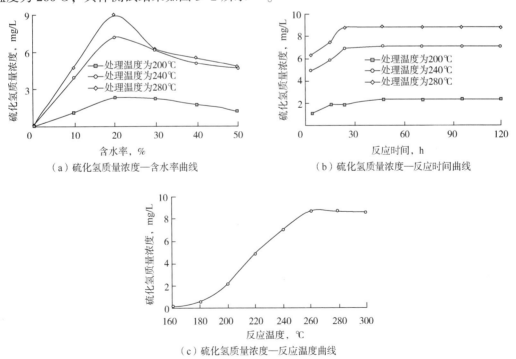

（a）硫化氢质量浓度—含水率曲线

（b）硫化氢质量浓度—反应时间曲线

（c）硫化氢质量浓度—反应温度曲线

图 3-2　硫化氢质量浓度随含水率、反应时间和反应温度的变化曲线

3. 硫醇成因反应检验

硫醇一般为气体，且拥有特殊气味，表3-2汇总了硫化氢和硫醇及相关刺激性气体的气味检测阈值[24]。

表3-2 硫化氢和硫醇及相关刺激性气体的气味检测阈值

物质	气味检测阈值, mg/L	物质	气味检测阈值, mg/L
硫化氢	0.0047	二硫化碳	0.21
甲硫醇	0.0021	甲醇	100
乙硫醇	0.001	煤油	1
正丙基硫醇	0.00075	氨	46.8
正丁基硫醇	0.001	二氧化硫	3.0

实验中通常采用 GB/T 1792—1988《汽油、煤油、喷气燃料和馏分燃料中硫醇硫的测定 电位滴定法》测定硫醇中硫的质量分数。

三、硫醚成因

1. 硫醚成因反应原理

硫醚的结构与醚相近，可以看作将一个醚分子中的氧原子取代为硫原子，形成硫醚，结构通式为 R—S—R′。硫醚的主要反应类型为开链反应，在加热条件下硫醚键易发生断裂。硫醚断裂的键与硫醇相似，均为 C—S 键，因为 C—S 键的键能较低，且其反应机理在很多情况下为自由基反应。由于 C—S 键反应时均裂生成自由基的速率较异裂生成离子的速率快，因此在硫醚分解时大多生成自由基，也导致反应产物的组成由自由基的反应途径决定[23]。由于硫醚的稳定性较低于硫醇，因此硫醚分解时的产物主要含有硫醇、硫化氢和烯烃：

$$C_9H_{19}SC_9H_{19} \longrightarrow C_9H_{19}SH + C_9H_{18}$$

$$C_9H_{19}SH \longrightarrow C_9H_{18} + H_2S \uparrow$$

$$C_2H_5SC_2H_5 \longrightarrow 2C_2H_4 + H_2S \uparrow$$

$$C_2H_5SC_2H_5 \longrightarrow C_2H_5SH + C_2H_4$$

$$C_2H_5SH \longrightarrow C_2H_4 + H_2S \uparrow$$

2. 硫醚成因分类

石油中的硫醚一般有烷基硫醚（R—S—R′）、芳基硫醚（Ar—S—Ar′）和烷基—芳香基硫醚（R—S—Ar）、杂环硫醚和其他含各种烃基结构的混合硫醚几种类型。通过对石油分子结构的研究，可以将硫醚分成链状和环状两种。在环烷基石油中，硫醚的主要类型为环状，即硫杂环烷；而随着石油中烷烃含量的增加，链状硫醚的浓度逐渐增大。在无硫醇的稠油中，链状硫醚的含量较少，一般只占总硫醚的 5% 以下。单环硫醚分解时一般没有硫醇生成，因为硫醚在有氢和 Al-Co-Mo 催化剂的条件下，一般先生成硫醇，紧接着硫醇再分解成烃类和 H_2S，两步反应是连续不断的：

$$RSR'+H_2 \longrightarrow RSH+R'H$$

$$RSH+H_2 \longrightarrow RH+H_2S \uparrow$$

3. 硫醚成因反应条件

以辽河油田为例，通过研究发现了温度、表面活性剂和酸性物质等对硫醚反应生成硫化氢的影响。测试使用氢氧化镉进行硫化氢的吸收，然后用对氨基二甲基苯胺溶液和三氯化铁与硫化氢作用，比色定量，以确定原油、地层水和岩心中影响硫化氢生成的因素[25]。

首先是原油中硫醚生成硫化氢，温度对其影响较大，温度越高，原油中硫醚生成的硫化氢越多。其次是对原油—地层水体系进行检测，温度同样对其具有较大的影响，升高同样的温度，原油—地层水体系中硫醚生成的硫化氢更多。因为在较高的温度下，水由液体变成气体，因此可以携带更多的硫化氢浸入气相；且在油水混合中，由于油和水达到一种平衡状态，原油中的部分硫化氢溶解在地层水中，随着温度的升高，水中的硫化氢更易被释放出来，导致硫化氢含量更高。原油—地层水—岩心混合体系中硫醚生成硫化氢的情况与原油—地层水体系类似。

除了温度，酸性物质也对硫醚生成硫化氢具有促进作用。酸性物质可使原油中产生的硫化氢释放，使硫化氢在原油中的溶解量减少，促进了硫化氢的生成和释放。

除了温度和酸性物质，表面活性剂对原油—地层水混合体系中硫化氢的生成有抑制作用。表面活性剂起油水乳化作用，使硫化氢、原油和地层水乳化成均匀的相态，使硫化氢难以释放，因此减少了硫化氢的生成，即表面活性剂对硫醚生成硫化氢有抑制作用[26]。

4. 硫醚成因反应检验

硫醚测定硫化氢成因一般采用四乙酸铅电位滴定法，通过对胜利油区孤岛油田的研究，探究其中的硫醚成分占 28.5%，且在 200℃ 下可以由部分硫醚转成硫化氢，在 260℃ 的条件下完全转化成功。根据不同硫化物对应的键能，推断在该处理温度条件下硫化物能否发生反应产生硫化氢，并确定其转化程度为部分转化或全部转化(表 3-3)。

表 3-3 不同温度条件下不同形态硫化物的分解情况

温度，℃	裂解的硫化物形态	以单次硫化氢质量浓度折合后分解硫化物的质量分数，%
180	硫醇硫	1.64
200	少量硫醇硫和二硫化物以及部分硫醚硫	8.80
220	部分硫醚硫	12.66
240	部分硫醚硫	10.03
260	部分硫醚硫和噻吩硫	8.20

四、生物降解成因

1. 生物降解反应原理

生物反应生成硫化氢有两种方式：一种是微生物同化还原反应生成含硫有机物；另一种是 SRB 还原硫酸盐矿物。

生物降解成因属于第一种生物生成反应，通过微生物同化还原死亡后的生物有机体。死亡后的生物有机体通过氧化、水解、细菌作用等一系列复杂的生物化学反应，使其体内的含硫有机物发生分解而生成硫化氢。这是在微生物腐败作用下形成硫化氢气体的过程。而腐败作用是在生物代谢形成含硫有机物之后，当同化还原反应的环境发生改变，对同化还原反应的进行不利时，生物体内的含硫有机物发生化学分解，从而生成硫化氢气体。这种反应生成的硫化氢气体一般比较常见，如食物、鸡蛋等腐败分解后所散发出的气味难闻的气体[27]。

2. 生物降解反应条件

一般来说，微生物通过分解腐烂的尸体生成硫化氢的分布范围非常广，但由于其生成方式和条件，生物降解生成的硫化氢主要集中分布在埋藏较浅的地层中；且由于生成的硫化氢气体的含量和规模均较低，因此也难以发生大规模的产生和聚集。若这些过程发生在地表或浅层沉积物中，硫化氢难以保存，而能够保存下来的含硫有机物、硫酸盐和硫则为硫化氢的再次形成提供了物质条件[28]。

五、SRB 还原成因

1. SRB 成因反应原理

SRB 还原反应是油田中生成硫化氢的主要原因之一。SRB 还原反应中各种有机质或烃类（各种碳氢化合物）作为 SRB 还原硫酸盐的氢供体，直接反应生成硫化氢气体。在反应过程中，SRB 将一小部分代谢的硫结合到细胞中，而大部分代谢的硫以类似于氧的形式被另一种属 SRB 吸收完成代谢过程[29]。不同种属的 SRB 具有不同的生物化学反应过程，如一些种属的 SRB 的有机质能量代谢的产物有可能会成为另一些种属的 SRB 能量代谢所需要的营养物质，这就会大大提高有机质被 SRB 吸收转化的效率，从而生成大量的硫化氢气体。

通常情况下，在油气藏地层深处通常含有大量的 SRB，一方面，地层的温度为其提供了滋生的条件；另一方面，地层中含有大量的铵根离子及硝酸根离子，为硫细菌的生长提供了营养物质。通过对含有硫化氢的油水混合物进行破乳后取水样注射到细菌瓶中培养，发现含有铁钉的细菌瓶培养液颜色变黑，将细菌瓶打开后有恶臭气体溢出，从而得知硫酸盐还原菌的代谢产物含有大量的硫化氢，产生的硫化氢溶于水腐蚀了瓶中的铁钉。SRB 在生长和繁殖中，可将 SO_4^{2-} 还原成硫化氢，SRB 可加速碳钢的厌氧腐蚀。在 SRB 诱导碳钢厌氧腐蚀机理中，硫化氢对腐蚀反应既有阴极去极化作用，又有阳极去极化作用[30]。

在有氧的溶液中，碳钢的腐蚀反应如下：

$$Fe-2e^- \longrightarrow Fe^{2+}（阳极反应）$$

$$O_2+2H_2O+4e^- \longrightarrow 4OH^-（阴极反应）$$

缺氧情况下，阴极反应为 $2H^++2e^- \longrightarrow H_2$。据电化学腐蚀原理和实验事实，SRB 诱导碳钢腐蚀机理如下：

$$Fe-2e^- \longrightarrow Fe^{2+}（阳极反应）$$

$$2H^++2e^- \longrightarrow H_2（阴极反应）$$

$$SO_4^{2-}+8H^++8e^- \longrightarrow S^{2-}+4H_2O（SRB 阴极去极化）$$

$$S^{2-}+2H^+ \longrightarrow H_2S（阴极去极化）$$

$$Fe^{2+}+S^{2-} \longrightarrow FeS（阳极去极化）$$

$$Fe^{2+}+H_2S \longrightarrow FeS+2H^+$$

此外，在油气田的开发过程中，经常通过注水井向油层注水以保持油层压力，部分未经过杀菌处理的污水常含有 SRB，地层中硫酸盐及油田水中的 SO_4^{2-} 在厌氧条件下通过 SRB 的活动，同样会产生硫化氢气体[31]。

2. SRB 成因反应条件

SRB 还原成因在海上油田影响较为显著，因为油田注水量和开采量逐年增加，加上化学驱提高石油采收率技术的广泛应用，为 SRB 在油田生产系统中的广泛繁殖创造了条件。以渤海某聚合物驱油田为例进行分析，探究 SRB 成因所需的条件[32]。

渤海某聚合物驱油田刚开始使用季铵盐杀菌剂杀菌时，效果较为显著，SRB 含量较低，满足油田注水的水质标准要求。随着油田大规模使用该杀菌剂，SRB 的含量开始持续超标，原因可能有以下几点：

（1）含聚合物污水与杀菌剂并不匹配，即油田中污水分解带负电，与阳离子型的季铵盐类杀菌剂发生中和反应生成不溶于水的胶状物质（图 3-3），使杀菌剂无法发挥应有的效果。

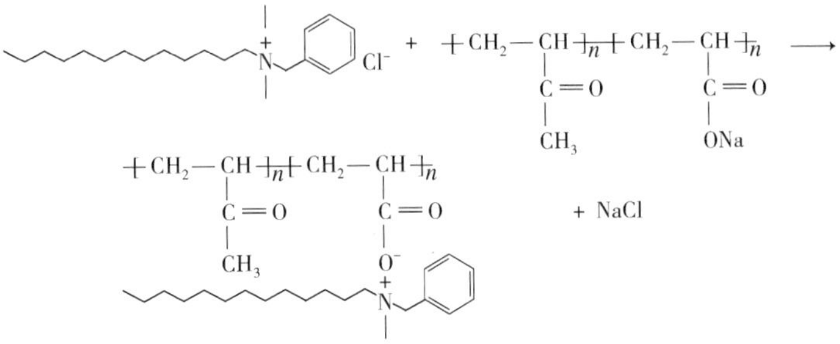

图 3-3　季铵盐类杀菌剂与油田污水中带电粒子反应

（2）上述过程中生成的不溶于水的胶状沉淀物在生产流程中易堆积，形成与生产污水相对隔绝的封闭厌氧环境，为属于厌氧型的 SRB 提供了较好的生长环境，且石油中的烃类和污水中的部分物质给 SRB 提供了足够的营养物质。

（3）SRB 的抗药性也可能是 SRB 能够一直存在的原因。

对渤海中部海域南堡油田中的油井进行分析，探究其中 SRB 因素中 pH 值、SO_4^{2-} 含量及其他离子含量等条件对硫化氢生成的影响，得出油井 SRB 生成硫化氢的反应条件：油田中长期注水导致 SRB 大量繁殖，细菌代谢具有各种离子的大量营养物质。

3. SRB 成因反应检验

SRB 的检测方法主要有两种：一是传统法，即培养法和显微镜直接观察；二是基因法，基于 SRB 种属的定性检测 163rRNA 序列或 APS 还原酶基因和定性检测异化型亚硫酸盐还原酶基因。目前，实际工作中对 SRB 计数主要实行 SY/T 0532—93《油田注入水细菌分析方法 绝迹稀释法》。该检测方法操作较为复杂、实验周期较长（约两周）、结果精确度不高，但实验所需条件较低，因此得到广泛使用[33]。

六、TDS 成因

1. TDS 成因分类

硫在稠油中存在的形式主要有单质硫、硫化氢、二氧化硫、硫醇、硫醚和噻吩等，一般发生热裂解的有机硫化物类型为硫醇类、硫醚类和噻吩类（表 3-4）[34]。

表 3-4 热裂解的有机硫化物类型

项目	分类	同系列
硫醇类	烷基硫醇	HSC_nH_{2n+1}
	环烷族硫醇	HSC_nH_{2n-1}
硫醚类	脂肪族硫化物	$C_nH_{2n+2}S$
	脂肪族二硫化物	$C_nH_{2n+2}S_2$
	单环硫化物	$C_nH_{2n}S$
	二环硫化物	$C_nH_{2n-2}S$
	单芳香硫化物	$C_nH_{2n-6}S$
	多芳香硫化物	$C_nH_{2n-8}S$
噻吩类	噻吩	C_nSH_{2n-4}
	环烷噻吩	C_nSH_{2n-2}
	苯并噻吩	C_nSH_{2n-10}
	二苯并噻吩	C_nSH_{2n-16}
	苯并萘噻吩	—
	聚苯-环苯噻吩	—

2. TDS 成因反应原理

稠油中的 C—S 键键能较低，易断裂。断裂使一部分大分子转变成小分子，并在体系中产生 H_2，H_2 可参与加氢裂解和加氢脱硫，过程如图 3-4 所示。各种硫化物在原油不同馏分中的含量不同，选用硫醇、硫醚和四氢噻吩作为模型，考察含硫化合物的热裂解规律[35]。

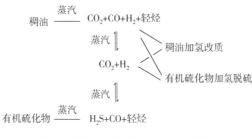

图 3-4 有机硫化物水热裂解反应简图

硫醇一般分布在拥有较低沸点的石油馏分中，因此在较高温度（>300℃）以上的石油馏分中很难发现硫醇的存在。硫醇由于其键能在几种有机硫化物中是最低的，因此其对热反应很不稳定，热稳定性较差，尤其是大分子硫醇的热稳定性更低。其中，小分子的硫醇通过较高的温度反应，可以分解成为硫醚和硫化氢气体，反应如下：

$$2C_3H_7SH \longrightarrow C_3H_7-S-C_3H_7+H_2S$$

硫醚的热稳定性较高，键能也较硫醇高，因此其热裂解温度明显高于硫醇，在 400℃ 以上的温度才会发生裂解反应。硫醚在原油中的含量也远远高于硫醇，为 20%~30%。硫醚主要有链状和环状两类结构，其环状的化学稳定性更高。当原油中的硫含量较高时，硫醚的存在形式主要为开链结构[36]。当选正丁硫醚和二苄基硫醚作为反应物来进行热裂解反应，探究硫醚热裂解反应原理。实验在 200~400℃ 下进行反应，根据不同的热裂解温度和不同类型的有机硫化物，热裂解产物也均不同，主要产物为硫化氢和单质硫。而在更高的温度下进行反应，硫醚经过热裂解反应，主要产物为硫醇、烯烃和硫化氢，主要断裂键为 C—S 键。

刘春天等采用自由能最小化方法，计算了硫醚经过水热裂解反应的产物分布。他们选用不同的低碳烷基硫醚，分别和水进行水热裂解反应，实验表明，水蒸气的加量对其脱硫过程有十分重要的影响，基本反应式如下：

$$硫醚+H_2O \longrightarrow CO+H_2S+烃类物质$$

$$CO+H_2O \longrightarrow CO_2+H_2$$

除了硫醇和硫醚，原油中的有机硫化物还有噻吩，且其含量在原油中占比最大，主要原因是噻吩的分子量较大，化学稳定性也较高。在原油中，胶质和沥青质的含量较高，因此噻吩及其类似物在其中的含量也较高，噻吩类含硫有机物也常作为有机硫化物热裂解的典型事例，尤其是其中的噻吩和四氢噻吩可以代表化学性质稳定的芳香硫和相对较活泼的硫醚型硫。四氢呋喃的水热裂解过程是在有水的条件下发生分子重排生成醛类，醛类再发生热裂解反应生成烃类和一氧化碳，其过程与硫醚直接与水反应有所不同。四氢噻吩水热裂解反应机理如图3-5所示。

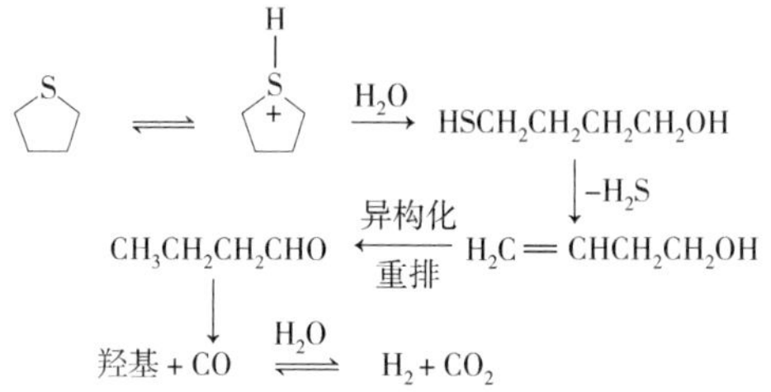

图3-5　四氢噻吩水热裂解反应机理

3. TDS 成因反应条件

当稠油中加入高温水蒸气时，稠油中的有机硫化物易与水蒸气发生复杂的反应。但根据反应条件的不同，其反应的产物除了 H_2S 也大多不同，因此对反应条件进行了研究。根据对胜利油区中孤岛油田的研究，探究了反应温度、加水量、反应时间和催化剂对有机硫化物热裂解的影响[37]。

1）反应温度对热裂解的影响

温度对热裂解反应的影响较大，在反应过程中优先断裂的为较弱的化学键，且化学键的断裂需要吸收能量，因此提高温度有利于热裂解反应的正向进行。由于地层温度一般为250℃左右，水蒸气的温度为300℃左右，因此为了模拟现场实际情况，实验温度选取220~300℃的范围，间隔为20℃。实验通过测定生成气中硫化氢的浓度，探究了反应温度对热裂解的影响。

图3-6为反应温度与硫化氢浓度的关系图。从图中可以看出，温度为220℃时，生成硫化氢浓度持续较低，表明在较低的温度下，可分解的有机硫化物的量较少；温度为240℃时，可反应的有机硫化物较多于220℃，但随着反应时间延长，有机硫化物逐渐反应结束，因此其生成硫化氢的浓度先增加后减少；当反应温度增加到260℃时，硫化氢的浓度在24h以前持续增加且增加量较多，表明有部分大分子量的有机硫化物参与反应；当反应温度为280℃时，生成硫化氢浓度先增加，反应24h以后再减少，原因可能是随着反应时间延长，低分子硫化物量逐渐减小，导致硫化氢浓度降低，但由于反应温度得到提高，使一部分大分子硫化物也开始裂解，从而导致在反应18h之后，硫化氢浓度变大，但硫化物数量是有限的，随着反应时间延长，硫化氢浓度再次降低；温度为300℃时，生成硫化氢浓度呈持续降低趋势，说明温度在300℃时，初期反应特别剧烈，水热裂解反应和热裂解反应同时进行，低分子量的硫化物和一部分大分子硫化物均参与化学反应，随着时间延

长，硫化物数量减少，反应速率变慢，因此硫化氢浓度随时间逐渐减少。

2）加水量对热裂解的影响

热裂解反应是水蒸气和稠油之间发生的复杂的裂解反应，因此加水量作为反应物会直接影响热裂解的速率和程度。

在不改变其他条件的情况下，测定不同加水量[10%~30%（质量分数）]对生成硫化氢浓度的影响（图3-7）。从图3-7中可以看出，在不同加水量条件下，体系中硫化氢浓度变化规律各不相同，说明热裂解过程中不同加水量导致的硫化氢生成规律不同。当加水量为10%（质量分数）时，硫化氢的浓度较低，且先降低再缓慢升高，原因可能是体系中的小分子的有机硫化物在反应初期就参与裂解，随着反应时间延长，小分子硫化物基本反应完全，小部分大分子有机硫化物继续参与裂解反应，但由于含水率较少，参与反应的有机硫化物也较少；当加水量为20%（质量分数）时，硫化氢浓度先增加后减少，原因是热裂解的有机硫化物浓度随着反应时间延长越来越低；当加水量为30%（质量分数）时，硫化氢浓度先快速增加再缓慢增加，且浓度远远高于低含水率时，说明较高含水率时可参与热裂解的有机硫化物更多，因此提高含水率，体系中的硫化氢浓度提高。

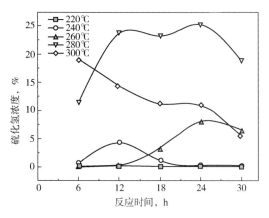

图3-6 反应温度与硫化氢浓度的关系图

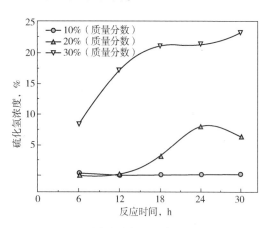

图3-7 不同含水率与硫化氢浓度的关系图

3）反应时间对热裂解的影响

通过反应温度和含水率对热裂解影响的实验可以看出，在反应24h以前，硫化氢的浓度普遍增加较快，之后硫化氢的浓度随时间变化趋势变缓；当反应时间超过30h之后，硫化氢浓度基本不变或降低，表明热裂解反应终止。

4）催化剂对热裂解的影响

岩石矿物对稠油热裂解有催化作用，且随岩石矿物量增大，催化作用增强，当岩石矿物量超过20%（质量分数）后，催化作用增加不明显。除了岩石矿物，过渡金属离子对稠油热裂解也有催化作用，实际工业中催化的强弱依次为 $Ni^{2+} > Fe^{3+} > Cr^{3+} > Cu^{2+} > Zn^{2+}$。过渡金属离子加入后，更多的是催化胶质和沥青质的热裂解。

4. TDS 成因反应检测

硫共有 4 种稳定同位素，其丰度分别为 ^{32}S 占 95.1%、^{33}S 占 0.74%、^{34}S 占 4.2%、^{36}S 占 0.016%。由于 ^{33}S 和 ^{36}S 在自然界中的含量较低，其变化不容易测定，因此一般只研究 $^{34}S/^{32}S$ 值，常用其值与标准样品相比的千分偏差值 $\delta^{34}S$ 来表示[35]。

通过对辽河油田油区 SAGD 井区中硫化氢进行检测，其硫化氢的 $\delta^{34}S$ 值介于 4.62‰~18.97‰，而原油中含硫有机质 $\delta^{34}S$ 值介于 3.10‰~15.90‰。从硫同位素识别图版（图3-8）中可以看出，硫化氢的 $\delta^{34}S$ 值在原油有机硫化物热裂解成因区间有一定分布，说明原油中有机硫化物热裂解是硫化氢的来源之一。

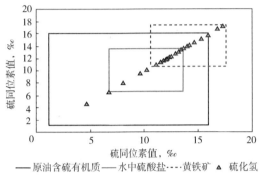

—— 原油含硫有机质 —— 水中硫酸盐 ···· 黄铁矿 ▲ 硫化氢

图 3-8　SADG 井区油区硫化氢成因的
硫同位素识别图版

七、TSR 成因

1. TSR 成因反应原理

TSR 反应的物质可以分为两种：一种是还原剂（原油、天然气等），另一种是氧化剂（硫酸盐等无机化合物）。研究发现，高温条件下原油及烃类有机物能进行 TSR 反应生成硫化氢、轻烃气体、含硫的有机聚合物等，而硫化氢和含硫的有机聚合物会进一步参与 TSR 反应。在 TSR 过程中参与反应的有机物类型有链烷烃、环烷烃和芳烃等。3 类物质中最容易进行反应的是链烷烃，其次是环烷烃和芳烃[38]。

多数学者研究认为，溶解的固体硫酸盐为 TSR 反应提供了 SO_4^{2-}。早期 TSR 研究中，Heydari 等推测在 TSR 过程中固态的 $CaSO_4$ 可以参与反应氧化烃类。但是 Toland 通过实验研究发现在较高温度范围内，烃类气体与固体硫酸盐的反应体系中并没有硫化氢等酸性气体的生成，即没有发生 TSR 反应。后来学者的研究通过测试反应物的消耗发现在高温高压下烃类气体还原固态硫酸盐的反应速率可忽略不计。因此，目前认为作为 TSR 反应物的硫酸盐只有转化为 SO_4^{2-} 才能进行氧化还原反应，而固态硫酸盐不具有进行 TSR 的可能性。

TSR 的生成物一般认为主要有二氧化碳、硫化氢、水、碳酸盐及金属化合物等。但由于不同的地质条件及反应条件，TSR 的生成物相对复杂，没有统一的说法。

早期，国内外研究者主要提出 4 种反应机理，主要是针对天然气藏气体烃类参与的 TSR，反应方程根据研究的条件不同而存在一定的差异性，总结看来反应产物基本相似，可以总结出 TSR 的一般反应形式。

最初的反应方程是 1974 年由 Orr 等提出的，SO_4^{2-} 和气体烃类在较高的温度下发生 TSR，生成硫化氢，主要方程如下[39]：

$$CaSO_4+CH_4 \longrightarrow CaCO_3+H_2S+H_2O$$

$$SO_4^{2-}+CH_4+2H^+ \longrightarrow H_2S+CO_2+2H_2O$$

到目前的研究，通过石油中的有机物与硫酸盐的氧化还原实验研究，TSR 的反应原理可分为三部分：

第一步，硫化氢存在前的氧化还原反应：

$$HC+HSO_4^- \longrightarrow \begin{bmatrix} SO_3+HC \\ S_2O_3 \end{bmatrix} \longrightarrow H_2S+CO_2+焦沥青$$

第二步，硫化氢参与生成有机硫化物：

$$H_2S+HC \longrightarrow \begin{bmatrix} R-SH \\ R-S_X-R \end{bmatrix} \longrightarrow H_2S+R-S$$

第三步，硫酸盐和不稳定硫化物进行反应：

$$\begin{bmatrix} R-SH \\ R-S_X-R \end{bmatrix}+HSO_4^-(\begin{bmatrix} MgSO_4 \end{bmatrix}_{CIP}) \longrightarrow \begin{bmatrix} SO_3+HC \\ S_2O_3 \end{bmatrix} \longrightarrow H_2S+CO_2+焦沥青$$

2. TSR 成因反应条件

TSR 在现场有很好的记录，并且已经进行了实验来研究所涉及的反应、可能的产物以及温度、氧化剂类型、硫化物种类和金属阳离子的存在以及酸碱度对 TSR 速率的影响[40]。

1）酸碱度对 TSR 反应的影响

在酸性条件下，金属硫化物的氧化和还原溶解也可能在水驱或蒸汽注入过程中产生 SO_4^{2-} 和硫化氢。

酸性成分来自注入水或注入的生物杀灭剂以及腐蚀和结垢抑制剂的降解。铁硫化物，如黄铁矿和磁黄铁矿，是常见的金属硫化物矿物，与还原条件下形成的储层有关。黄铁矿被氧化成硫酸盐和氢气，降低了环境的酸碱度。在酸性条件下，黄铁矿被溶解氧氧化产生硫酸盐，而在较高的酸碱度下，硫代硫酸盐和亚硫酸盐是主要的反应产物[28]。

2）温度对 TSR 反应的影响

反应温度越高，硫酸盐热化学还原反应越剧烈，硫化氢生成浓度随温度升高而增加，这是由于温度越高，所提供的热量就越多，当能量高于该反应体系所需的活化能，反应速率就会增加，从而促进了反应的进行，因此硫化氢生成速率会有所增加。

3）反应时间对 TSR 反应的影响

随着反应时间的增加，硫化氢生成量逐渐增加，并且温度越高，反应进行程度越大，硫化氢生成量就越高。在反应温度为 350℃时，可以发现随着反应物的消耗，硫化氢生成速率有所降低，生成量将趋近于一定值。这是由于随着反应时间的增加，稠油中各组分依次参与 TSR 生成硫化氢。

3. TSR 成因反应检验

在以热采为主要生产方式的油田中，普遍检测到较高浓度的硫化氢。经调研，TSR 主要出现在碳酸盐岩储层的油气藏中，而碳酸盐岩储层常伴随着硫酸盐的沉积。

以辽河油田洼 38 区块的稠油作为研究对象，该区块开采方式为注蒸汽热采，开采时产生浓度较高的硫化氢。从注 38-J1 东三段获得蒸汽未驱扫的原始岩心，根据 SY/T 5336—2006《岩心常规分析方法》中的操作规程，将所取岩心利用索氏抽提器进行洗油，对去油的岩心样品进行元素分析和 XRD 检测分析[41]。

油藏矿物岩心中元素 O 和 Si 的含量很高，此外含有 Al、K、Na、Mg、Fe 等金属元素，同时还检测到元素 S。以上元素多以金属化合物的形式存在于油藏岩石，而元素 S 主要以金属硫酸盐和金属硫化物的形式存在。地层中的硫酸盐的种类比较多，如石膏、明矾石、重晶石、芒硝及天青石等。为进一步确定参与 TSR 的硫酸盐种类，对该区块岩心进行 XRD 检测，得到岩心的全矿及黏土成分。辽河油田油藏多为碳酸盐岩储层，而碳酸盐岩形成过程中常伴随有硫酸盐沉积，结合洼 38-J1 东三段的元素分析及 XRD 分析结果，选择储层存在的 Na、Ca、Mg、Al、Fe 五种金属的硫酸盐作为 TSR 反应的硫酸盐类型。

第三节　硫化氢防治方法

油田从开发到生产运输的过程中，几乎所有过程中的很多环节都会产生硫化氢气体。硫化氢是一种酸性气体，有剧毒。它不仅会影响钻井液的品质，尤其对水基钻井液会产生较大污染，而且会与地层中的一些物质发生反应堵塞底层，影响开采效果。硫化氢溶于水后形成弱酸会腐蚀金属，造成金属管柱氢脆、硫化物应力腐蚀开裂和电化学失重等现象。井下金属管柱会因为硫化氢的腐蚀而突然断落，硫化氢的腐蚀也会造成井口装置的失灵和地面仪表的爆破等现象，情况严重时会引发井喷失控和重大的着火事故。

因此，研究硫化氢的治理十分重要。本节介绍了物理防治和化学防治两种硫化氢治理方法。

一、物理防治

硫化氢的物理防治方法主要是通过物理设备脱除原油中的硫化氢，如物理吸收法、原油稳定法和气提法；或是应用物理方法阻碍或减缓硫化氢对设备的腐蚀，如选择耐腐蚀材料、在管道表面增加防腐涂层等。物理脱硫在油田的应用较为普遍，技术相对成熟，但脱硫效果不容易达到标准要求，一般作为前期处理。

1. 物理吸收法

硫化氢分子是极性分子，分子间具有取向力、诱导力和色散力。物理吸收法就是利用这些分子间力的作用达到脱除硫化氢的目的。常见的物理吸收法有活性炭法、加压水洗法、分子筛法、冷甲醇法、聚乙二醇二甲醚法等。

1）活性炭法

（1）概述。

活性炭法脱硫是指利用活性炭优异的吸附性能脱除硫化氢的过程。

活性炭因具有疏松多孔、比表面积大等特点，吸附力非常强，当环境中存在一定量的硫化氢时，活性炭能捕捉吸附硫化氢，与活性炭上固有的氧反应，最终生成硫单质。实际应用中，活性炭法脱硫共分为吸附、氧化和脱附3个阶段。

吸附阶段：吸附是指在固—气相、固—液相、固—固相、液—气相、液—液相等体系中，某个相的物质密度或溶于该相中的溶质浓度在界面上发生改变（与本体相不同）的现象。当发生吸附时，气相中的硫化氢通过扩散作用到达活性炭表面，随后从外表面进入活性炭的孔道结构内，与孔道类的活性位点（氧位点）接触，其吸附机理如图3-9所示。

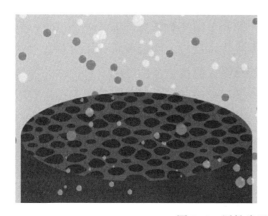

图3-9 活性炭吸附催化反应

氧化阶段：该阶段是活性炭吸附脱硫的核心阶段。硫化氢进入活性炭内后会迅速附着在孔道表面。活性炭的孔道表面分布着多种官能团，这些官能团决定了活性炭的吸附性质。在制备活性炭的活化反应中，微孔扩大形成许多大小不同的空隙，空隙表面一部分被烧掉，化学结构出现缺陷或不完整，使氧和其他杂原子吸附于这些缺陷上，与层面和边缘上的碳反应形成各种键，以致形成各种表面官能团，因而产生对特定气体组分的吸附性能。借此可以通过人为地控制活化工艺，制备不同吸附性能的活性炭。诸多官能团中，影响硫化氢吸附的主要是含氧官能团，活性炭表面可能含有的含氧官能团如图3-10[43]所示，一般来说，活性炭的含氧量越高，脱硫效率也越高。

室温下，气态的硫化氢与活性炭中官能团的氧能发生下列反应：

$$H_2S+O \longrightarrow H_2O+S$$

该反应是一个放热反应。在一般条件下，其反应速率很慢，催化剂可以加速其反应。

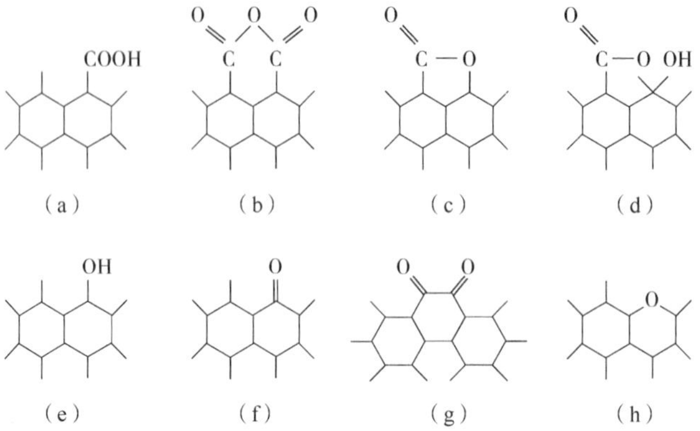

图 3-10　活性炭常见官能团

活性炭在整个吸附脱硫反应中既是吸附剂，又是催化剂。硫化氢及氧在活性炭表面的反应分两步进行：第一步是活性炭表面化学吸附氧，在其表面上形成含氧官能团的活性中心。这一步极易进行，工业气体中只要含少量氧便能满足活性炭脱硫的需要。第二步是气体中硫化氢分子碰撞活性炭表面，与含氧官能团发生化学反应，生成硫黄分子沉积在活性炭的孔隙中。若工业气体中存在少量碱性气体，或以碱性物质浸渍活性炭，会使活性炭空隙表面的水膜呈碱性，更有利于吸附水溶液呈酸性的硫化氢分子，能显著地提高活性炭吸附与氧化硫化氢的速率。

脱附阶段：前两个阶段，脱硫工作已经完成，活性炭使用一段时间，吸附了一定量的硫化氢后，会降低或失去吸附能力，此时活性炭需脱附再生。活性炭的空隙中聚集了硫及硫的含氧酸盐，需将其除去，以恢复活性炭的脱硫性能，从而实现活性炭的再生，优质的活性炭一般可再生循环使用 20~30 次。

活性炭脱附主要有以下两种方法：

① 将加热的氮气通入活性炭吸附器，当温度达到 120~150℃时，硫黄受热升华，从活性炭吸附器再生出来，氮气则可再循环使用。

② 将过热蒸气通入活性炭吸附器，硫黄受热升华，随过热蒸气一同流出，最后再把再生出来的硫经冷凝与水分离即可[42]。

用加热的氮气或过热蒸气再生活性炭，都是根据加热的氮气或蒸气不与硫反应，并且利用吸附性炭中的硫黄能够升华为硫蒸气而被热气体从活性炭表面及孔隙中解吸带出，使活性炭得到再生。活性炭脱附再生不仅提高了活性炭的利用率，同时兼具节能减排等优点。

活性炭法应用于天然气脱硫，是一种高效干法脱硫技术，适合于天然气中硫化氢含量较低、处理量较小的工况。该技术兼具工艺简单、建设投资少、维护管理方便和环保、不产生二次污染等优点，具有大气零排放的优越性。但对于硫化氢处理量大的情况，设备尺寸相应增大，处理成本提高，同时应用时活性炭再生也是一项巨大的投资。

活性炭在脱除硫化氢的过程中，主要是物理吸附作用，化学吸附作用很小，因此脱硫反应慢、硫容低、去除率低、精度非常低。因此，在实际运用过程中，常对活性炭进行改性，增强其吸附和催化活性[43]。

一种活性炭卧式脱硫塔如图3-11所示。塔体前端为烟气进口，后端为烟气出口。靠近烟气进口端依次设置有空气进口和蒸汽进口；塔体中部为均风室，均风室的前端设置有均风板，底部设有旋转卸灰阀，均风室降落的灰尘通过旋转卸灰阀连续排出；均风室后方均匀分布有2个活性炭容纳区，当然活性炭容纳区的数量也可以为1~4(包含1和4)的任意自然数，活性炭容纳区的顶部与活性炭仓连接，底部设有旋转卸料阀，每个活性炭容纳区的两端均为烧结板，当一个活性炭容纳区的脱硫效率满足设计要求时，只需将前面的活性炭容纳区填满活性炭，后面的活性炭容纳区空着，当前面的活性炭容纳区内的活性炭吸附一定量硫化氢接近饱和时，安装在脱硫塔出口烟道上的硫化氢浓度分析仪会检测到脱硫效率下降，此时将后面的活性炭容纳区内填满活性炭，前面的活性炭容纳区内饱和活性炭通过旋转卸料阀排出进入活性炭再生器再生，从而保证脱硫塔的连续运行。如果一个活性炭容纳区的脱硫效率达不到设计要求，两个活性炭容纳区可以同时工作，同时加入活性炭，排出饱和活性炭，以此保证该脱硫塔始终保持高的脱硫效率[44]。

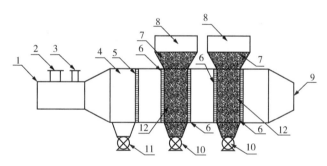

图3-11　活性炭卧式脱硫塔

1—烟气进口；2—空气进口；3—蒸汽进口；4—均风室；

5—均风板；6—烧结板；7—活性炭；8—活性炭仓；

9—烟气出口；10—卸料阀；11—卸灰阀；12—活性炭容纳区

（2）应用实例。

喇嘛甸油田地下储气库位于喇嘛甸油田北块萨一组和萨零组下部，含气面积为 $63.1km^2$，总库容量为 $35.76×10^8m^3$，有效库容量为 $17.88×10^8m^3$。该储气库的建设是为了平衡油田冬夏天然气产能问题，夏季油田伴生气产大于求时，通过地面管网和注气设备把剩余的地面气注入地下储气库；在冬季当油田伴生气不足时，再从储气库中采出以作补充。由于喇嘛甸油田储气库注气气源是大庆油田夏季剩余的油田伴生气经浅、深冷处理后的干气，各区块天然气中硫化氢含量在 $28.4~245mg/m^3$ 不等，属低含硫天然气。因此，在脱硫方法的选择上采用干法脱硫较适宜，结合喇嘛甸油田储气库注气工况参数及物性条件，分析天然气脱硫装置的特点，采用活性炭法脱硫。

整个脱硫反应是在装有活性炭的脱硫塔中进行，喇嘛甸储气库安装了 $53m^3$ 固定床脱硫塔 2 台，单塔尺寸为 2500mm×10800mm（内径×有效高度），两塔可互换串并联，每台塔内的脱硫剂每年各更换一次。原料气组成如下：85.1% CH_4、9.2% C_2—C_4、3.5% C_5—C_6、1.6% CO_2、0.6% N_2，H_2S 平均含量为 $200mg/m^3$。储气库的物性参数如下：天然气处理量为 $60×10^4m^3/d$，波动范围为 20%～120%，压力为（0.8±0.1）MPa，温度为 5～30℃的要求。喇嘛甸储气库天然气年处理量为 $1×10^8m^3$，脱硫后天然气中硫化氢含量满足不大于 $20mg/m^3$ 的要求，每年脱硫剂的实耗量约 74t[45]。

2）分子筛法

分子筛是一种富含大量分子尺寸的孔道和空腔的结晶态的硅铝酸盐，主要由矿物质形成。目前，大部分用于吸附剂、催化剂和离子交换材料的分子筛都是人工合成的。分子筛的孔道和空腔常常有着规则的排布和尺寸，这种纳米级的孔道可吸附大量分子。由此产生的分子筛分能力可用于创造新型的选择性分离体系，如离子交换或者选择吸附特定的物质。世界上大部分汽油都是通过分子筛对石油的催化裂化工艺产出的。分子筛重要的性能是将择形催化与自身潜在的强酸性相结合。一种具有代表性的分子筛及其晶体结构和微孔体系之间的关系如图 3-12 所示，图中硅氧四面体和铝氧四面体的交替性排列形成了结晶态的孔道、空腔和阳离子交换中心。在实际应用时，可通过改变这层关系，控制分子筛的离子交换性能，从而可改变分子筛的催化和吸附性能。

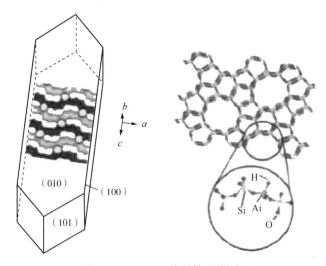

图 3-12 ZSM-5 分子筛吸附原理

分子筛吸附硫化物的机理是利用分子筛能筛分吸附含硫化物气体的性能，通过对分子筛的改性浸渍，使分子筛具有一定的孔径来吸附硫化物的气体分子，并在分子筛内进行反应，达到脱硫的目的。当反应混合物中有些分子太大不能扩散进入通道时，就会产生反应物的选择。硫化物气体分子只有大小和形状与分子筛孔道相匹配时，才能扩散进入通道，进行反应。在多种反应生成物中，控制孔口径略大于含硫分子直径，即可实现脱硫产物扩散至晶外，使反应能继续进行；而较大的分子如不能经化学平衡继续转化为小分子离开孔道，则会堵塞孔道致使催化剂失活[46]。

吸附剂的再生性能也是衡量其脱硫性能的标准。现行分子筛类吸附剂脱硫后的再生方法主要是对其进行一定的预处理，如甲苯浸泡，重新焙烧，以循环使用。

现有的分子筛脱硫方法中，NaY 分子筛廉价易得且研究最广，对其进行实际应用的尝试可行。基于现有的分子筛吸附研究理论，酸碱改性得到的分子筛类吸附剂吸附活性中心稳定，且操作简单，有投入生产的可能。

分子筛脱硫是一项较为先进的技术，其最大优点是可以再生，比较适用于低含硫、低水露点的天然气脱硫，因为它在脱硫的同时还脱除一部分水，使天然气的水露点更低，对外输更有利，避免了氧化铁、活性炭法使脱硫后的天然气含饱和水的缺点。但是由于分子筛法脱硫再生气处理费用较高，再生出的硫化氢需要处理，使装置一次性投资增大，分子筛脱硫受到一定的限制。同时，若再生气送至火炬烧掉，原料气损失太大（放空气量为原料气量的 30%），且燃烧后二氧化硫排放量通常不满足小于 34kg/h 的标准。

20 世纪 70 年代，国外就广泛应用分子筛法进行天然气脱硫、脱水，且有许多分子筛生产厂家，如联合碳化物公司的林德分公司和戴维森化学公司的格雷斯分公司。然而，国内仅用于天然气分子筛脱硫的装置在当时还没有形成工业化规模[47]。经过长期的探索，分子筛脱硫促成了一批以四川杰瑞恒日天然气工程有限公司为代表的天然气脱硫企业的发展。

3）其他方法

（1）加压水洗法。

加压水洗脱硫是在加压条件下，将油田伴生气中的硫化氢溶解于水中而减小其在伴生气中的含量，加压可以进一步增大硫化氢在水中的溶解度。加压水洗法的工艺过程如下：将油田伴生气加压后送入洗涤塔，吸收剂（一般为水）从顶部进入，在洗涤塔内沼气自下而上与水流逆向接触，油田伴生气中的大部分硫化氢和少量二氧化碳被水溶解，分离气从洗涤塔的上端被引出，待进一步处理利用；从洗涤塔底部排出的水进入闪蒸塔将溶解在水中的硫化氢和小部分的二氧化碳从水中释放出来。可选用再生循环方式或非循环方式使用吸收剂。当选用再生循环方式时，从闪蒸塔排出的吸收剂进入解吸塔，利用空气或惰性气体进行吹脱再生，之后再作为吸收剂返回洗涤塔；当以工业废水作为吸收剂时，则需用非循环方式[48]。

（2）冷甲醇法。

冷甲醇法脱硫又称低温甲醇法，是 20 世纪 50 年代由德国林德公司和鲁奇公司联合开发的技术，已在石油、城市煤气、化肥等工业领域内得到了广泛应用[49]。冷甲醇法以冷甲醇为吸收溶剂，利用甲醇在低温下对酸性气体溶解度极大的特性，脱除原料气中的硫化氢等酸性气体。冷甲醇法气体净化度高、选择性好，气体的脱硫脱碳可在同一个塔内分段、选择性地进行。目前，冷甲醇法常用在天然气脱硫工艺中，其有如下的优点：

① 低温下甲醇对二氧化碳、硫化氢等酸性气体溶解能力强，溶液循环量少，能耗低，设备投资较少；

② 溶剂不氧化、不降解、不起泡，化学稳定性和热稳定性均良好；

③ 净化气质量好，净化度高，可使二氧化碳、硫化氢质量分数小于 2×10^{-5}；

④ 选择性强，能很好地溶解二氧化碳及硫化氢，对其他组分的溶解度小，可分开脱除和再生；

⑤ 甲醇廉价易得，腐蚀性小，不需其他防腐材料。

冷甲醇法的缺点是甲醇有毒，需要冷源。

（3）聚乙二醇二甲醚法。

聚乙二醇二甲醚溶液是一种物理吸收溶剂，其主要成分为多乙二醇二甲醚的同系物，国外和国内分别基于聚乙二醇二甲醚溶液开发了 Selexol 和 NHD 净化工艺，因其具有吸收能力强、选择性高、蒸气压低、无腐蚀性等特点，广泛用于合成气、燃料气等混合气体中硫化氢、二氧化碳和氧硫化碳（COS）等组分的吸收[50]。聚乙二醇二甲醚脱硫和脱碳工艺与传统的吸收工艺相似，主要包括吸收塔、解吸塔、闪蒸槽、换热器等设备。通过将吸收了硫化氢的 NHD 富液送入闪蒸槽，闪蒸出来的气体加压送至再生塔，来提浓再生出来的酸气，以此达到脱硫的目的[51]。

2. 原油稳定法

油田轻烃是石油采出后从原油稳定和伴生气处理装置中回收得到的特殊副产品，统称轻烃。油田轻烃的主要成分是 C_3—C_8 的烷烃，而硫化氢的常压沸点介于 C_2—C_3，因此硫化氢可以用原油稳定法脱除。所谓原油稳定，就是采用一定的工艺方法把轻组分（主要是 C_1—C_5 轻烃，包括硫化氢）从原油中脱除的过程，实质也是降低原油饱和蒸气压的过程。

常用的原油稳定法有分馏法、多级分离法和负压闪蒸法[52]。

1）分馏法

（1）概述。

分馏是指利用精馏原理对原油进行处理的过程，其可用作原油脱硫化氢处理的手段。精馏过程实质上是多次平衡汽化和冷凝的过程。它对物料的分离较为精细，产品收率高，分离较完善。精馏过程主要是利用混合物中各组分挥发能力的差异，通过塔底气相和塔顶液相回流，使气液两相在分馏塔内逆向多级接触，在热能驱动和相平衡关系的约束下，在各接触塔板上，易挥发的轻组分（硫化氢）不断从液相往气相中转移，与此同时难挥发的重组分也不断由气相进入液相，从而实现脱除硫化氢的目的，该过程中传热、传质同时进行。精馏过程的热力学基础是体系各组分之间的相对挥发度，而多次的接触级蒸馏为精馏过程提供了实现的手段。图3-13为一个完整精馏塔的示意图。塔内有若干层塔板，每一层塔板就是一个接触级，它是实现气液两相传质的场所。塔顶设有冷凝器将顶部蒸气中的较重组分冷凝成液体并部分回流入塔内，塔底设有再沸器将底部的部分液体汽化后作为塔底回流。该过程的流程描述如下：物料由塔中部某一适当塔板位置连续流入，在塔内部分汽化，汽化部分在塔上部进行精馏，分离出的气体自塔板向上流动，从塔顶流出，经冷凝器冷凝后，冷凝液的一部分作为塔顶产品连续产出，其余回流进入塔顶，为塔顶提供液相回流；塔底出来的液体经再沸器部分汽化后，气体作为塔底回流，为塔提供分馏所需的热能并提供气相回流，液体作为塔底产品连续排出。

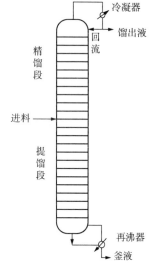

图3-13　精馏塔示意图

　　在加料位置之上的精馏部分，不断上升的蒸气与顶部下来的回流液体逐级逆流接触，在每一级塔板上进行多次气液传质，因此在塔内塔板位置越高，气相易挥发组分的浓度越大；在加料位置之下的提馏部分，下降液体与底部回流的上升蒸气逐级逆流接触，进行多次接触级蒸馏，因此塔内自上而下液相组分浓度逐级增大。总体来看，全塔由塔顶向下液相中难挥发组分浓度逐渐增大；自塔底向上气相中难挥发组分浓度逐渐减小。根据上述介绍，将分馏法应用于原油脱硫化氢时，需要先对原油进行初步气液分离，将其中的C_1、C_2等较轻组分分离出去，此时硫化氢将变为原油中最易挥发的组分，理论上讲，只要塔板数足够多，易挥发组分的纯物质就能完全从塔顶脱除，而在塔底得到最难挥发组分纯物质[53]。通常来说，原油脱硫化氢过程中，只对塔底原油中的硫化氢含量有要求，而并不在意塔顶产品的组成，对于只对塔底产品有质量要求的原油处理工艺，可以应用提馏塔进行，提馏塔是没有精馏段的分馏塔，即提馏塔顶没有冷凝器，只有塔底再沸器，原料塔顶液相进料。但是，由于提馏塔没有精馏段，没有塔顶回流，对塔顶产品组分很难控制，会有重组分进入塔顶，这样会影响塔底原油的收率。

　　（2）应用实例。

　　国内含硫混烃多采用碱洗脱硫工艺，碱洗恶臭不环保、强碱运行不安全，并且工艺流程长、处理成本高，其始终是混烃脱硫领域的一个问题。为此，西北油田地面规划研究所组织技术攻关，国内首次采用物理法替代化学法脱硫。该工艺采用物理精馏原理，将混烃中的硫化氢、甲硫醇等易挥发硫化物分离出来，工艺简单、成本低，避免了废弃碱液的产生，消除了处理区域异味。西北油田二号、三号、四号联合站，日均处理含硫混烃160t，传统碱洗工艺建设投资每套约1600万元，吨液处理成本为106元。采用混烃分馏脱硫工艺，脱硫后总硫含量降至0.037%（小于规范要求的0.005%），建设投资降至每套600万元（降幅为62.5%），吨液处理成本降至13.2元（降幅为87.5%），较传统碱洗工艺建设投资节约近 3000 万元，每年节约混烃处理成本 520 万元，增效创效效果显著，并在顺北五号联合站进行设计推广[54]。

2）多级分离法

（1）概述。

多级分离法是一种常用的原油脱气工艺。工艺流程如下：原油沿管路流动的过程中，压力会降低，压力降到某一数值时，原油中会有部分气体析出，在油气两相保持接触的条件下，把压降过程中析出的气体排出，剩余的液相原油继续沿管路流动，当压力降低到另一较低数值时，再把该降压过程中析出的气体排出，如此反复，最终产品进入储罐，系统的压力降为常压。多级分离法在国外部分油田得到了非常广泛的应用，由于多级分离法的分离程度不深，因此主要将其用于处理硫化氢含量少的原油。该方法要求油气藏的能量高，井口有足够的剩余压力。然而我国的高压油田不多，多级分离法的应用并不多。一种三级分离的模拟计算流程如图 3-14 所示，进站原油(90℃，0.3MPa)进气液两相分离器进行初步气液分离后，塔底脱气原油依次进入一级、二级和三级分离器进行气液分离[53]。

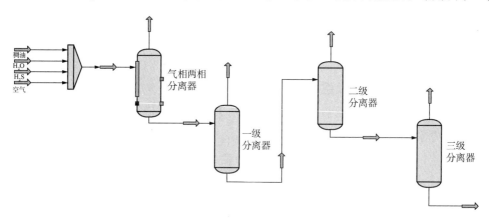

图 3-14　三级分离的模拟计算流程图

（2）应用实例。

辽河油田小洼油田稠油硫化氢含量比较高，通过各种分离工艺的敏感性因素分析，结合小洼油田现有的装置设备，拟对小洼油田进行模拟优化，确定其原油脱硫化氢采用多级分离+气提的方式进行，具体思路如下：首先进站原油通过一级分离，降低硫化氢含量，进入气提塔进行一级气提，然后进入沉降罐进行脱水，脱水完成后，原油进入二级气提，完成原油最终的脱硫化氢处理。整个过程依托脱水处理的工艺参数，不设再沸器加热，通过调整气体流量等，在脱水的过程中完成原油的脱硫化氢过程，经过汽提脱硫的原油进入净化油罐，实现稠油的稳定，降低稠油的蒸气压，以达到外输要求。

小洼油田脱硫工艺流程描述如下：进站原油(含水率为15%)进一级气液分离器进行初步的气液分离后，液相由塔顶进入第一级气提塔进行气液分离，第一级气提塔底原油经二次沉降脱水后，原油含水率在2%左右，脱水后的原油由塔顶进入第二级气提塔，进行气提脱硫化氢。不含硫化氢的甜气提气由第二级气提塔底通入，塔顶气作为第一级气提塔的气提气由第一级气提塔的塔底通入。

通过对上述流程模拟，得出使原油中硫化氢含量控制在 $10 \sim 60mg/kg$ 时所需要的最小气提气流量。同时根据小洼油田未来的采油量，选定稳定脱硫工艺的处理量：稠油处理量为 $139.7 \times 10^4 t/a$，稀油与稠油质量比为 $1.2:1$，即总的油处理量为 $307.15 \times 10^4 t/a$，含水率为 15%，天然气处理量为 $23 \times 10^4 m^3/d$，根据气液相负荷，建议脱硫塔的塔径选取 $2.2m$[53]。

3）负压闪蒸法

（1）概述。

液体混合物在加热蒸发过程中所形成的蒸气始终与液体保持接触，直到某一温度之后才最终进行气液分离，这种过程称为平衡蒸发，或称平衡汽化、一次汽化。当液体混合物的压力降低时，会出现闪蒸，此时部分混合物会蒸发，该过程也是平衡汽化过程。在该过程中，分子量小的轻组分蒸气压高，容易汽化。当达到平衡时，轻组分在气相中的含量比重组分高，即在一次汽化过程中，进入气相的轻组分比重组分多。利用这一原理，可以使轻重组分达到一定程度的分离。未稳定原油的闪蒸分离过程，实质上就是一次平衡汽化过程。在恒定压力下加热饱和原油，或在恒定温度下降低饱和原油压力，都可使原油变为过热状态，其高于沸点的显热使部分原油汽化，原油状态点移至气液两相区内，这一过程即为闪蒸。利用闪蒸原理使原油蒸气压降低，称闪蒸稳定。按照闪蒸容器的压力，可将闪蒸分为负压闪蒸和正压闪蒸[55]。

负压闪蒸法脱硫是靠降低分离压力，增加轻重组分的相对挥发度，在不需要为原油稳定另行加热的条件下，使原油中的轻组分部分脱出，而硫化氢的分子量不大，属于轻组分，会随着轻组分一同脱出，以此实现原油硫化氢的脱除。当脱硫效果不足时，还可采用加热的方式，强化硫化氢等轻组分的脱出。

负压闪蒸法流程如下：进站原油进气液两相分离器进行初步气液分离，脱气后的原油经节流减压后呈气液两相状态进入闪蒸塔，塔顶与压缩机入口相连，由于进口节流和压缩机的抽吸，塔的操作压力达到 $0.05 \sim 0.07MPa$ 形成负压（近乎真空）。原油在塔内闪蒸，硫化氢等一系列轻组分和易挥发组分在负压下析出进入气相，并从塔顶流出。气体增压冷却至 $20 \sim 40℃$ 时，在分离器内分出不凝气、凝析油（或称粗轻油）和污水[56]。不凝气送往气体处理厂，污水送往污水处理厂进一步处理。

负压闪蒸法脱硫能耗较低、设备简单，对原油中硫化氢含量较低的情况处理效果较好，但该法不宜对重质原油进行脱硫处理，同时负压压缩机的运行和操作也是一个难点。

（2）应用实例。

新疆油田车 89 井区是该油田发现的第一个高含硫稀油区块，其中硫化氢含量最高的井浓度达到 $12521.30mg/m^3$，且车 89 井区地处环境敏感区域。从车 89 井区开发伊始，新疆油田就一直对该区块的硫化氢污染防治措施展开研究，最终从技术上解决了原油及其伴生气中的硫化氢安全处理的难题，并且在专业评价的基础上实施了一系列现场防控管理措施，实现了高含硫化氢区块的安全生产。

通过研究和考证，结合车89井区的具体情况，新疆油田最终确定了采用负压闪蒸法除硫化氢的工艺流程，在压力为0.015MPa、操作温度为50℃的条件下处理车89井区原油，处理后原油中的硫化氢含量降至5mg/m³以内[56]。

3. 气提法

（1）概述。

原油负压闪蒸分离工艺是一次相平衡汽化过程，根据相平衡原理，只要有效地降低轻组分蒸气分压，就能促使原油中轻组分汽化，气提工艺就是应用这一原理向气提塔内通入一定的更易分离的气体，减少塔内轻烃蒸气分压，使得原油中轻组分更易汽化。若原油的含硫量较高，经多级分离和（或）负压闪蒸稳定后，硫化氢的含量通常达不到要求的原油质量标准。此时可采用分馏塔或提馏塔进行原油脱硫，塔底注入冷天然气、热天然气或经再沸炉加热的原油蒸气，天然气最好为不含或少含硫化氢的"甜气"。气体向上流动过程中与向下流动的原油在塔板上逆流接触，由于气相内硫化氢的分压很低、液相内硫化氢含量高，产生浓度差促使硫化氢进入气相，降低原油内溶解的硫化氢含量。

气提气的作用主要有以下两个：

① 气提气的主要组分为C_1—C_3，由于气提气C_{3+}含量低，有效地降低了轻组分的蒸气分压，促进了原油中轻组分的汽化及分离；

② 气提气在塔内自下而上运动，对已分离的轻组分起到一定程度的携带作用，有利于轻组分的脱出。

气提塔的脱硫效率主要受气提气量和进料温度的影响，当气提塔温度越小、气提气量越大时，能增大原油脱硫效率并提高原油收率；在真空和较低压力下，气提塔的脱硫效率更高；当气提塔操作压力越低、气提气中湿气含量越少时，气提法脱硫效率越高[56]。

（2）应用实例。

胜利油田原油具有高黏度、高含硫化氢特点，硫化氢对油田管道、设备及下游炼化装置有较强的腐蚀性，且含硫原油在火车装卸、运输过程中，由于传热、传质过程导致溶解在原油中的硫化氢溢出，因硫化氢有毒，给铁路沿线和装车、卸车过程带来不安全因素。综合比较各种工艺特点，选择气提法脱硫工艺。

进站含硫稠油经加热后进两相分离器，分离后含水原油进脱硫塔一段脱硫，一段脱硫后原油经一次沉降、二次沉降脱水后，经提升泵提升至加热炉，加热原油进脱硫塔二段脱硫后进净化罐储存外输，来自轻烃站的汽提气自二段塔底进入脱硫塔，从塔顶流出后进入一段塔底，与原油逆向接触进行脱硫后，自一段塔顶流出，经冷却、分离后去轻烃处理站处理。脱硫工艺流程如图 3-15 所示。脱硫塔为平堰双溢流筛板塔，规格为 3000mm×25800mm。基本结构分上、下两段，下段进行原油一段汽提脱硫，6 层塔盘，塔盘间距为 600mm；上段进行原油二段汽提脱硫，8 层塔盘，塔盘间距为 600mm[57]。

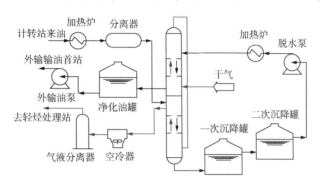

图 3-15　胜利油田脱硫工艺模拟图

2009 年和 2010 年该地段平均脱硫效率分别为 37% 和 39.2%，二段脱硫效率分别为 47.7% 和 43.4%，脱硫总效率分别为 65.2% 和 65.9%。脱出硫化氢后，2009 年原油中残余硫化氢含量平均为 20.9mg/m³，2010 年平均为 15.6mg/m³。

4. 其他方法

1）耐腐蚀材料

（1）概述。

油田中存在的含硫化合物，在高温下（>260℃）分解对材料发生化学腐蚀，或在低温下（<260℃）水解发生电化学腐蚀[58]。根据这一特性，可以将防腐材料根据所处环境的不同分为以下 4 类体系：高温硫化氢、氢气或单油硫化氢的体系，低温有硫化氢、水和其他酸性物质的体系，湿硫化氢（水和硫化氢）体系以及胺吸收装置中的腐蚀体系。

① 高温硫化氢、氢气或单油硫化氢的体系。

原油中本身含有的硫化氢很少，但在炼油的高温条件下，原油中的有机硫化物会产生热分解生成硫化氢气体，从而产生腐蚀。存在高温硫化氢腐蚀的主要部位有炉管、转油线、常减压塔底、催化裂化装置、延迟焦化装置及换热器等。硫化氢对碳钢的腐蚀率可超过 2mm/a。加氢脱硫、加氢裂化等装置中存在大量的氢气，进一步加剧了硫化氢腐蚀。

对于这种腐蚀体系，一般选用碳钢作为腐蚀材料。一般情况下，硫化氢气体密度较低时，硫化氢气体直接与钢材中的铁发生化学反应，会在碳钢腐蚀表面形成 FeS 膜，该膜在一定程度上起到一定的防护作用。但在硫化氢和氢气浓度较大的高温环境中，单纯的碳钢就不足以抵抗进一步腐蚀，必须进行材质升级。在碳钢合金里掺入 Cr 金属，或在低碳钢渗铝都能得到较好的抗硫腐蚀的材料。目前，常用的耐硫腐蚀钢种有 Cr6AlMo、Cr5Mo、Cr5Mo 渗铝、1Cr18Ni9Ti、12AlMoVR 和 Cr9Mo 等，其适用场景见表 3-5[59]。

表3-5 高温硫化氢、氢气或单油硫化氢的体系推荐用材表

适用情况	推荐用材	适用情况	推荐用材
常压塔	筒体20号钢+1Cr13Al	减压加热炉壁	Cr5Mo、12CrMo、20号钢
减压塔	筒体20钢号+1Cr13Al	转油线	20号钢+0Cr13、Cr5Mo
常压加热炉壁筒体	Cr5Mo、C9Mo、20号钢		

② 低温有硫化氢、水和其他酸性物质的体系。

在原油加热过程中，由各类硫化物生成的硫化氢和盐类水解生成的酸性气体随原油中的轻组分及水分一起挥发，冷凝后聚集在蒸馏装置顶部轻油活动区的低温部位。硫化氢与酸性气体溶于冷凝水后，只要质量分数达到 $100 \times 10^{-6} kg/m^3$ 左右，pH 值就会下降到 2～3，从而导致产生强烈电化学腐蚀反应。低温条件下硫化氢、水和酸性气体就能形成全面腐蚀、坑蚀及应力腐蚀开裂等，主要腐蚀部位有初馏塔顶、常减压塔顶、塔盘、换热器及空冷器等处。如不采取措施，对碳钢的腐蚀率可高达 20mm/a。对于低温腐蚀硫化氢、水和酸性气体，目前国内外在重要部位耐腐蚀材料主要选择18-8不锈钢、Ni-Cu合金、Ti合金等，其适用场景见表3-6[59]。

表3-6 低温有硫化氢、水和其他酸性物质的体系推荐用材表

适用情况	推荐用材	适用情况	推荐用材
常减压塔顶	20号钢+0Cr13、3Cr	换热器管束	18-8不锈钢、Cr-Mo钢管板、5Mo钢、13Cr
常减压塔盘	1Cr18Ni9Ti、316、Monel合金	空冷器	20号钢管束衬18-8、Ni-Cu合金、13Cr
三项冷却器	壳体16MnR、管束20号钢或黄钢		

③ 湿硫化氢体系。

湿硫化氢体系中水与硫化氢共存，在外力协同作用下可使材料产生各种的腐蚀，如全面腐蚀、坑蚀、氢鼓泡、氢诱导破裂和应力腐蚀破裂等。通常的腐蚀部位有催化裂化装置吸收解吸系统、脱硫装置再生系统、液化气球罐及酸性污水汽提装置等。湿硫化氢腐蚀存在于酸性或碱性环境下，对压力容器的破坏性很大。为了防止湿硫化氢腐蚀开裂，可采用含硫量低的钢种，其对氢致开裂和应力导向氢致开裂都有抵抗作用，或可以采用不锈钢或不锈钢包覆来抵抗腐蚀，其适用场景见表3-7。

表3-7 湿硫化氢体系推荐用材表

适用情况	推荐用材	适用情况	推荐用材
吸收解析塔筒体	16MnR、内衬18-18	汽提塔筒体	20号钢、3Cr、塔盘0Cr13
转油线	Cr5Mo、Cr9Mo、20号钢+316复合	焦化分馏塔筒体	Cr5Mo、16MnR

④ 胺吸收装置中的腐蚀体系。

在炼厂常用碱性的乙醇胺作为酸性气体的吸收剂，吸收加氢裂化或加氢脱硫过程中释放出来的硫化氢和二氧化碳气体。硫化氢、二氧化碳与胺的降解产物共同作用造成装置材料的腐蚀，腐蚀最严重的是酸性气体解吸的高速湍流部位。影响腐蚀速率的重要因素有 pH 值、温度和流速。对于胺吸收装置，主要采用碳钢，在腐蚀比较严重的部位可以采用耐蚀不锈钢[60]。

（2）应用实例。

我国川东气田(包括罗家寨气田、渡口河气田、铁山坡气田、滚子坪气田、普光气田等)的硫化氢、二氧化碳含量较高，新疆塔里木地区的塔河、轮南等天然气区块也含有不等量的硫化氢。为保证气田开发节约成本、延长气井寿命，完井套管可采用组合防腐管柱，下部地层用 13Cr 钢级防腐套管，上部地层用 3Cr 钢级防腐套管，同时在中间下入保护封隔器，保证封隔器完全密封，以此达到防腐隔硫的作用[59]。

2）防护涂层隔离法

耐硫腐蚀材料虽为国内外油气田常用抗硫腐蚀手段，有良好防腐蚀效果，但成本较高。相比之下，防腐蚀涂料具有一定的抗硫腐蚀能力，能降低生产成本，在特殊的场合更能发挥巨大的作用。

涂层防腐就是在钢材与湿硫化氢之间增加隔离层，避免两者之间的接触，减少腐蚀。工业腐蚀与防护中，涂料被广泛应用于各个工程装备的内外表面。防腐涂料除具备涂料的基本物理、机械性能外，还具备高耐蚀性、高耐候性、高耐久性及透气性、渗水性小等特点。防腐涂料可以分为玻璃麟片涂料、环氧树脂涂料、聚氨酯涂料以及水性涂料等。其中，前三种涂料是油气田腐蚀防护中常用的涂料。

抗硫腐蚀性能以环氧树脂性能最佳，目前多数抗硫腐蚀涂料采用的是环氧树脂类或改性环氧树脂类涂料。此外，由于石油天然气行业中硫化氢的出现通常伴随有二氧化碳，因此涂料通常除抗硫腐蚀外，还需同时满足抗二氧化碳腐蚀要求。Tuboscope 专供的 TC-2000SS 涂料，采用多官能度环氧树脂、长碳链酚醛树脂，并加入合适的颜填料，筛选挥发度合理的溶剂体系，得到了抗硫化氢和二氧化碳腐蚀的涂料[61]。

二、化学防治

在油气田开采的早期，硫化氢产出量还不大，对硫化氢气体的防治任务也容易完成，采用的物理防治方法同时使用防腐材料、防腐涂层，能有效降低硫化氢含量，减少硫化氢对设备管路的破坏，减少对环境的污染。随着油田的开采，硫化氢气体的产生量逐渐增大，简单的物理防治手段不足以处理大量的硫化氢。此时，必须采用化学防治手段，对硫化氢进行处理，保障安全生产。目前，国外处理钻井液中硫化氢的方法是注入碱性苏打或氢氧化钠，该方法取得了一定的效果。但随着硫化氢气体产生量逐渐增大，碱液的需求量也越大，过多的碱液注入改变了储层环境，影响了钻井液性质，会对油田的开采产生不利影响。而后，针对这种情况，硫化氢化学清除剂，如金属化合物、海绵铁、丙烯醛、亚硝酸盐、碱式碳酸锌[$Zn_2(OH)_2CO_3$]、胺—醛凝结物等相继问世，这些化学清除剂能将硫化氢转化为腐蚀性小、毒性小的含硫物质。目前，我国大部分油田已经进入注水开发中后期，油田硫化氢含量明显升高。因此，必须采取切实可行的防治措施，减少硫化氢气体产生。常用化学防治措施主要包括沉淀法、化学吸收法、吸收氧化法和高压静电法等。

1. 沉淀法

二元弱酸氢硫酸电离出硫离子，可与许多金属反应生成浓度积都很小的沉淀，如 $K_{sp}(CuS)=6.0\times10^{-36}$，$K_{sp}(ZnS)=1.6\times10^{-24}$，$K_{sp}(FeS)=6.0\times10^{-18}$，$K_{sp}(NiS)=3.0\times10^{-19}$ [11]。油井中或钻井液中可利用上述特点去除硫化氢。常用作为沉淀剂的物质有硫酸铜、碳酸亚铜、碱式碳酸锌、氧化锌、醋酸锌、锌螯合物、氧化铁、氧化亚铁、铁螯合剂、碱式碳酸镍等。当油井中伴生气体中含有硫化氢时，将油田伴生气体通过含上述物质的水溶液，硫化氢气体与盐水溶液作用生成沉淀脱去硫化氢，以达到减少伴生气中硫化氢气体含量的目的，该方法一般用于前期批量处理。

2. 化学吸收法

硫化氢及一些含硫氧化物都是易溶于水的，化学吸收法就是利用一些易溶的药品作为吸收剂，配制成吸收溶液与硫化物反应，吸收液一般是弱碱水溶液。按照吸收剂，化学吸收法分为胺法和热碳酸盐法两类。

1）醇胺法

醇胺法以链烷醇胺(如单乙醇胺、乙二醇胺、二异丙醇胺、甲基二乙醇胺和三乙醇胺等)作为碱性溶剂，吸收并脱除硫化氢。其工艺原理是利用高压吸收设备对含硫油田气进行吸收分离和净化，然后通过再生系统对醇胺和酸性组分生成的化合物进行逆向分解，从而将酸性气体重新释放出来。该方法吸收速率快、成本低，具有较好的分离效果，脱硫效率可降到$(2.5\sim5)\times10^{-5}kg/m^3$。醇胺法的吸收剂可根据生产的实际情况进行灵活选择，常见的吸收剂特点见表3-8 [62]。

表3-8 醇胺法常见吸收剂特点表

醇胺法	化学吸收剂	物理吸收剂	溶液浓度%(质量分数)	酸性气体负荷	选择性	脱硫效率	烃的溶解性	再生性
一乙醇胺	一乙醇胺		15~25	0.3~0.5	无	低	弱	弱
二乙醇胺	二乙醇胺		30~40	>0.5	无	低	弱	较强
甲基二乙醇胺	甲基二乙醇胺		20~50	0.4~0.7	有	低	弱	强
Sulfinol-D	二异丙醇胺	环丁砜	30~50	>0.5	无	高	强	一般
Sulfinol-M	甲基二乙醇胺	环丁砜	30~50	>0.5	有	高	强	一般

实际生产中，最常采用的吸收剂是化学结构中含有羟基和氨基氮的化合物。其中的羟基能够起到降低化合物蒸气压的作用，同时增加化合物在溶液中的溶解度，因此有利于吸收剂的水性溶解，也便于多种吸收剂相容；氨基氮能够起到碱化溶液的作用，便于促进碱性溶液对原料气中酸性气体的吸收。

醇胺法工艺流程如图 3-16 所示，原料气经进口分离器除去游离液体和携带的固体杂质后进入吸收塔底部，与由塔顶自上而下流动的醇胺溶液逆流接触吸收其中的酸性组分。离开吸收塔顶部的是含饱和水的湿净化气，经出口分离器除去携带的溶液液滴后出装置。通常，都要将此湿净化气脱水后再作为商品气或管输，或去下游的 NGL 回收装置或 LNG生产装置。由吸收塔底部流出的富液降压后进入闪蒸罐，以脱除被醇胺溶液吸收的烃类。然后，富液再经过滤器进贫富液换热器，利用热贫液将其加热后进入在低压下操作的再生塔上部，使一部分酸性组分在再生塔顶部塔板上从富液中闪蒸出来。随着溶液自上而下流至底部，溶液中剩余的酸性组分就会被在重沸器中加热汽化的气体(主要是水蒸气)进一步汽提出来。因此，离开再生塔的是贫液，只含少量未汽提出来的残余酸性气体。此热贫液经贫富液换热器、溶液冷却器冷却和贫液泵增压，温度降至比塔内气体烃露点高 5~6℃ 以上，然后进入吸收塔循环使用。有时，贫液在换热与增压后也经过一个过滤器。

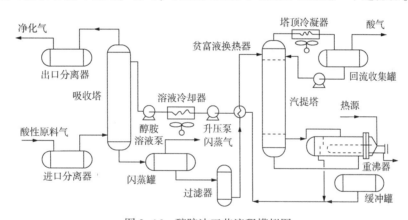

图 3-16　醇胺法工艺流程模拟图

从富液中汽提出来的酸性组分和水蒸气离开再生塔顶，经冷凝器冷却与冷凝后，冷凝水作为回流返回再生塔顶部。由回流罐分出的酸气根据其组成和流量，或去硫黄回收装置，或压缩后回注地层以提高原油采收率，或经处理后去火炬等。

2）热碳酸盐法

硫化氢热碳酸盐法脱除最初也称热本菲尔特热碳酸钾法，是在宾夕法尼亚州布鲁斯顿美国矿务局的场地和他们的合作下，在 20 世纪 50 年代初由本逊开发的。他们的工作成果已经广泛地被用于在中压到高压下从工业气体中脱除硫化氢和二氧化碳[63]。碳酸盐法的吸收液是加活化剂的碳酸盐水溶液，活化剂为胺—硼酸盐、三氧化二砷或甘氨酸，碳酸盐多用碳酸钾，也有用碳酸钠的。热碳酸盐法的优点是脱除羟基硫比较彻底，缺点是当 CO_2 含量比较小时脱除效率很低。碳酸盐溶液在化学性能上较稳定，不会与 CO_2、O_2 等发生降解反应，该技术适用于处理含氧气体等特定的工况。目前，主要研究开发新型活化剂以改善硫化氢吸收剂的某些性能。吸收硫化氢的碳酸钾溶液再生时，需要足够的碳酸氢钾（$KHCO_3$），因而不含 CO_2 的环境中不能使用碳酸钾单独脱除硫化氢，存在足够的 CO_2 是第二个反应逆向进行的条件。由于反应由分压影响，当硫化氢分压很小时，反应速率很慢，使脱除后仍含有较多的硫化氢，净化程度不高，不能满足管输对硫化氢含量的要求，需进一步脱除硫化氢。碳酸钾也能与 COS 和 CS_2 进行由分压控制的可逆化学反应，因此热碳酸盐法也适用于低含硫、高碳硫比天然气的净化。在热碳酸钾吸收剂基础上，开发出多种具有专利的吸收剂工艺，它们都掺有不同的催化剂，以增加吸收和再生速率，降低系统腐蚀性。

硫化氢和 CO_2 与活化的热碳酸钾溶液之间的吸收再生反应可表示如下：

$$K_2CO_3 + H_2S \longrightarrow KHCO_3 + KHS$$

$$K_2CO_3 + CO_2 + H_2O \longrightarrow 2KHCO_3$$

溶液上方的硫化氢和 CO_2 的平衡分压随温度和 KHS 及 $KHCO_3$ 的浓度而增加。因为在吸收硫化氢和 CO_2 时都生成 $KHCO_3$，酸气的平衡分压和 $KHCO_3$ 的浓度是相互影响的。

如果原料气中 CO_2：H_2S 大于 8 时，投资费用和水、电、汽等耗量的合理估算可以按酸气全部是 CO_2 来考虑。由于硫化氢比 CO_2 更易溶解，因此净化气中的硫化氢含量肯定要比 CO_2 降低得更多，这样可以做到接近完全脱除硫化氢。正因为硫化氢在碳酸盐溶液中比 CO_2 更易溶解，所以它吸收和蒸脱的速度也更快。选择适当的操作条件，可以做到硫化氢吸收速度是 CO_2 吸收速度的 50 倍。一般来说，90%～98% 的硫化氢脱除率是可以做到的，而 CO_2 的脱除率则被限制在 10%～40%[64,65]。

3. 吸收氧化法

1）概述

吸收氧化法结合了化学吸收与化学氧化两种机理，是一种被广泛应用的硫化氢治理工艺，适合于处理大气量、高浓度的硫化氢。常用的设备有填料塔、喷雾塔和文丘里洗涤塔。在吸收氧化法处理工艺中，气体首先被化学溶液吸收，然后被氧化，处理效果取决于气体在化学溶液中的溶解度。在处理硫化氢和其他含硫气体时，通常需采用多级吸收系统。优点是通过两级或三级吸收系统，能达到很高的去除效率。该系统可以通过调节加药量和溶液的循环流量来适应气流量和浓度的变化，因此具有较强的操作弹性。吸收氧化法直接借用了化学工业里的单元操作理论和实践经验，具有如下特点：

（1）脱硫效率高，可使净化后的气体含硫量低于 $10mg/m^3$，甚至可低于 1～$2mg/m^3$；

（2）可将硫化氢一步转化为单质硫，无二次污染；

（3）既可在常温下操作，又可在加压下操作；

（4）大多数脱硫剂可以再生，运行成本低，但当原料气中 CO_2 含量过高时，会由于溶液 pH 值下降而使液相中 H_2S/HS^- 反应迅速减慢，从而影响硫化氢吸收的传质速率和装置的经济性。

总的来说，吸收氧化法具有成熟、可靠、有效、占地面积小等优点，但同时其也有消耗大量的水、化学溶液和电力等缺点[66]。

2）应用实例

辽河油田进入吞吐开发末期后转换石油开采方式，虽保障了原油稳产，但油井伴生气体中硫化氢含量逐渐上升，现有脱硫工艺已不适用。针对这一情况，采用螯合铁离子作为脱硫液中催化剂的湿式氧化法脱硫技术。结果表明，伴生气经脱硫处理后硫化氢含量小于 $6mg/m^3$，达到 GB 17820—2018《天然气》中的相关要求，同时可回收单质硫黄。

络合铁法处理工艺的机理如下：利用三价络合铁离子的氧化性将硫化氢转化为硫黄。采用空气氧化再生将二价亚铁离子氧化为三价铁离子，形成"氧化—再生—氧化"的循环体系。

络合铁法脱硫过程如下：

（1）硫化氢被碱性溶液（如 Na_2CO_3）吸收并发生反应，进而活化，其反应式如下：

$$Na_2CO_3+H_2S \longrightarrow NaHCO_3+NaHS$$

（2）络合铁与硫化氢活化后的 HS^- 反应生成 Fe^{2+}、单质硫，产生沉淀，其反应式如下：

$$2Fe^{3+}（络合态）+HS^- \longrightarrow 2Fe^{2+}（合态）+S+H^+$$

（3）在氧气（或空气）的作用下，Fe^{2+} 被氧化成 Fe^{3+}，脱硫液得到再生，其反应式如下：

$$4Fe^{2+}（络合态）+H_2O+O_2 \longrightarrow 4Fe^{3+}（络合态）+S+4OH^-$$

由盖斯 HESS 定律，可得出的总反应式：

$$2H_2S+O_2 \longrightarrow 2S+2H_2O$$

但实际反应是上述过程的综合。当络合铁吸收剂从进料泵中到达吸收器以后，会和里面的硫化氢等酸性气体相互接触，此时气体中的硫化氢会发生一系列的脱硫反应。在进行反应的过程中，可以明显地发现在吸收剂中会有单质硫生成。研究表示在络合铁溶液脱除硫化氢的过程中还有如下副反应发生：

$$2HS^-+2O_2 \longrightarrow S_2O_3^{2-}+H_2O$$

$$S_2O_3^{2-}+2O_2+2OH^- \longrightarrow 2SO_4^{2-}+H_2O$$

上述两个副反应会增加整个体系中的碱耗量，pH 值也会因为碱耗量的增加而降低。

然而如果在工艺中确定了最优操作条件，那么仍然可以使得络合铁法有着90%以上的硫黄转化率。实际应用时，可通过对络合剂和助剂的优选，达到对络合体系的稳定性增效的效果，使得伴生气中硫化氢含量大幅度降低(可降至20mg/L以下)[67]。

湿式氧化法工艺流程如图3-17所示，其主要工艺流程如下：含有硫化氢的气体进入吸收塔后与催化剂溶液接触，硫化氢被转换成单质硫，并随已使用的催化剂溶液离开吸收塔进入氧化塔，脱硫气体则离开吸收塔回到天然气系统；空气通过压缩机被鼓入氧化塔中，与已使用的含硫催化剂溶液发生反应，重新生成铁催化剂，单质硫则沉淀入氧化塔底部的漏斗形成浓缩的硫浆，硫浆被泵到过滤机经过冲洗后以硫饼形式收集。大部分催化剂被回收并循环使用，而小部分催化剂随硫饼离开脱硫橇[67]。

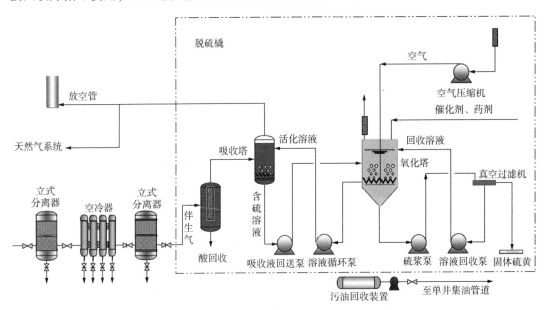

图3-17　湿式氧化法工艺模拟流程

4. 高压静电法

高压静电脱硫技术最先于20世纪70年代末由日本科学家首次发现并提出，其原理是利用高压电对电子进行加速，然后利用电子射线照射烟气引发一系列化学反应，从而达到脱硫的效果。目前，基于高压静电的脱硫技术主要是电子束烟气脱硫技术、高压脉冲电晕等离子法脱硫技术、荷电干式烟气脱硫技术和荷电喷雾烟气脱硫技术[68]。

1）电子束烟气脱硫技术

电子束烟气脱硫技术在脱硫的过程中，同时也会除去烟气中的NO_x。电子束是高速的电子流，它的发生装置由直流高压电源和电子加速器组成。当烟气通过电子束照射时，烟气中的氮、水、氧等生成OH^-、O_2、H_2O等反应性非常强的活性物质，这些活性物质与烟气中的SO_x和NO_x反应后，将其氧化生成硫酸和硝酸，生成的硫酸和硝酸与喷入的氨起中和反应，生成硫酸铵和硝酸铵粉尘再用电收尘器收集。此外，非平衡态等离子体中包含了大量的高能电子"离子"激发态粒子(这些活性粒子的平均能量远高于气体分子的键能,它们和有害气体分子发生频繁的碰撞),使气体分子的化学键被破坏生成单原子分子和固体颗粒,达到去除硫化物的目的。

2)高压脉冲电晕等离子法脱硫技术

电子束法和脉冲电晕法实际上都是等离子法,只不过前者利用电子加速器获得高能电子,后者利用脉冲电晕放电获得活化电子。用脉冲高压电源来代替加速器产生等离子体的脉冲电晕等离子法PPCP,用几万伏的高压脉冲电晕放电可使电子被加速到5~20eV。可以打断周围气体分子的化学键而生成氧化性极强的OH、O、HO_2、O_3等自由原子和自由基等活性物质。在有氨注入的情况下,活性物质与SO_x和NO_x反应生成$(NH_4)_2SO_4$、NH_4NO_3,可以用作农用化肥[68,69]。

3)荷电干式烟气脱硫技术

荷电干式烟气脱硫技术的基本原理是吸收剂以高速流过喷射单元,产生的高压静电电晕充电区使吸收剂得到强大静电荷(通常是负电荷)。吸收剂通过喷射单元的喷管被喷射到烟气流中,吸收剂颗粒由于都带同种电荷因而相互排斥,很快在烟气中扩散形成均匀的悬浮状态,以使每个吸收剂粒子的表面充分暴露在烟气中,大大增加了与SO_2反应概率从而提高了脱硫效率;而且吸收剂粒子表面的电晕还大大提高了吸收剂的活性,降低了同SO_2完全反应所需的滞留时间,一般在2s左右即可完成慢硫化反应,从而有效地提高了SO_2的去除效率。除提高吸收剂化学反应效率外,荷电干式吸收剂喷射系统对小颗粒(亚微米级PM_{10}粉尘)的清除效率也很有帮助。带电的吸收剂粒子把小颗粒吸收在自己的表面形成较大的颗粒,提高了烟气中粉尘的平均粒径,因而提高了相应除尘设备对亚微米级颗粒的去除效率。

4)喷雾烟气脱硫技术

大雾滴在静电力的作用下容易破碎成为更小的雾滴,从而加大了烟气中SO_2与液滴的接触面积,雾滴形成及感应荷电完成的过程中,其中的Ca^{2+}、Mo^{2+}因静电平衡的作用向雾滴表面进行扩散,从而改善了雾滴的表面吸收活性,加速了吸收进程;而雾滴电极性相同将使脱硫通道内雾滴群的弥散程度、气流通道中雾滴分布均匀性得到有效的改善,并最终使SO_2的吸收更为充分[69]。

参 考 文 献

[1] 李强,高碧桦,杨开雄,等.钻井作业硫化氢防护[M].北京:石油工业出版社,2006.

[2] 胜利石油管理局钻井职工培训中心.石油作业硫化氢防护与处理[M].东营:石油大学出版社,2005.

[3]《油气田企业硫化氢防护培训教材》编写组.油气田企业硫化氢防护培训教材[M].北京:石油工业出版社,2020.

［4］赵猛，史合，李青，等．含硫化氢天然气井井喷事故后果的影响因素分析［J］．安全，2018，39（2）：20-23.

［5］徐龙君，吴江，李洪强．重庆开县井喷事故的环境影响分析［J］．中国安全科学学报，2005，15（5）：84-87.

［6］四川达州某化工有限公司"3·3"硫化氢中毒事故警示［J］．化工安全与环境，2019（11）：16.

［7］我国历史上11月发生的危险化学品事故［J］．安全与健康（上半月版），2019（11）：30-32.

［8］危险化学品安全监督管理一司．历史上四月发生的危险化学品事故［EB/OL］.（2021-04-02）［2021-09-30］.https：//www.mem.gov.cn/fw/jsxx/202104/t20210402_382678.shtml.

［9］范红俊．化工生产中硫化氢泄漏事故的预防和处置对策［J］．工业安全与环保，2009，35（2）：63-64.

［10］白玉军，李冬冬，许晋东，等．石油开采中产生的硫化氢危害及防护研究［J］．化工管理，2018（27）：27-28.

［11］尹忠，廖刚，梁发书，等．硫化氢的危害与防治［J］．油气田环境保护，2004，14（4）：37-39.

［12］李宏江．油田生产中硫化氢的危害及防护［J］．安全、健康和环境，2008，8（7）：21-23.

［13］国家安全生产监督管理总局．河北唐山一化工企业发生火灾事故 王玉普要求依法严肃追责［EB/OL］.（2018-03-06）［2021-09-30］.http：//www.chinasafety.gov.cn/xwzx21356/zjgz/201803/t20180303_176751.shtml.

［14］王子瑞，陈俊宏，张宇．油气田硫化氢危害及安全防护管理模式探讨［J］．中国石油和化工标准与质量，2020，40（6）：75-76.

［15］朱晏萱．N80钢硫化氢腐蚀行为研究［D］．大庆：大庆石油学院，2008.

［16］王蓉沙，邓皓．防止酸化施工中硫化氢对油气田设备的损坏［J］．钻采工艺，1995（1）：65-67.

［17］刘钰．硫化氢防护培训模块化教材［M］．北京：中国石化出版社，2019.

［18］马长栋．钻井液常见污染问题及处理方法［J］．化工设计通讯，2016，42（12）：123.

［19］张立新．石油钻井硫化氢对钻井液污染的预防与处理［J］．内蒙古石油化工，2009，35（1）：52-55.

［20］张学丰．油田生产硫化氢危害及防治［J］．黑龙江科技信息，2017（3）：61.

［21］杨宇博．红75区块集输系统中硫化氢形成原因及处理方法研究［D］．大庆：东北石油大学，2018.

［22］卿嫦，门昊，潘怡如．长庆油田中硫化氢形成原因和处理方法浅析［J］．石化技术，2020，27（10）：210-211.

［23］王潜．辽河油田油井硫化氢产生机理及防治措施［J］．石油勘探与开发，2008，35（3）：349-354.

［24］Chakraborty S，Lehrer S，Ramachandran S. Effective removal of sour gases containing mercaptans in oilfield applications［C］.SPE 183974，2017.

［25］宫俊峰，王秋霞，刘岩．不同形态硫化物对稠油热采硫化氢产生的贡献分析［J］．油气地质与采收率，2015，22（4）：93-96.

［26］张友，王清斌，吴小红，等．渤海海域渤中凹陷西南环硫化氢特征及成因机制研究［J］．石油地质与工程，2016，30（3）：140-143.

［27］吴平．克拉玛依浅层稠油H2S安全与防治研究［D］．成都：西南石油大学，2006.

［28］Basafa M，Hawboldt K. Reservoir souring：sulfur chemistry in offshore oil and gas reservoir fluids［J］.

Journal of Petroleum Exploration and Production Technology，2019，9（2）：1105-1118.

［29］刘瑞杰，杨文毫.油井硫化氢的治理效果分析［J］.油气田环境保护，2017，27（4）：22-24.

［30］张鹏伟.川中地区震旦-寒武系气藏硫化氢成因机制研究［D］.北京：中国石油大学（北京），2019.

［31］Marriott R A，Pirzadeh P，Marrugo-Hernandez J J，et al. Hydrogen sulfide formation in oil and gas［J］. Canadian Journal of Chemistry，2016，94（4）：406-413.

［32］杨春宇，苗国晶，吴高平.压裂后井筒产生硫化氢成因分析及治理对策［J］.石油石化节能，2021，11（3）：40-42.

［33］邓奇根.准噶尔盆地南缘中段侏罗纪煤层硫化氢成生模式及异常富集控制因素研究［D］.焦作：河南理工大学，2015.

［34］崔正，刘少鹏.海上聚驱油田硫酸盐还原菌治理研究［J］.石油化工应用，2021，40（2）：50-55.

［35］王兴伟.辽河油田杜84区块SAGD开发中硫化氢成因探究与防治［D］.北京：中国地质大学（北京），2014.

［36］Xiao Q，Cai S，Liu J. Microbial and thermogenic hydrogen sulfide in the Qianjiang Depression of Jianghan Basin：Insights from sulfur isotope and volatile organic sulfur compounds measurements［J］. Applied Geochemistry，2021，126：104865.

［37］武萍.超稠油开发硫化氢成因分析及治理技术［J］.中外能源，2013，18（6）：49-52.

［38］韩超杰.稠油热采硫酸盐热化学还原生成 H_2S 机制研究［D］.青岛：中国石油大学（华东），2017.

［39］王连生，刘立，郭占谦，等.大庆油田伴生气中硫化氢成因的探讨［J］.天然气地球科学，2006，17（1）：51-54.

［40］Zhu G，Zhang Y，Zhou X，et al. TSR，deep oil cracking and exploration potential in the Hetianhe gas field，Tarim Basin，China［J］. Fuel，2019，236：1078-1092.

［41］吕慧.孤岛油田热采油井硫化氢生成规律研究［D］.青岛：中国石油大学（华东），2014.

［42］王翠萍.活性炭脱硫性能分析［J］.山西煤炭，2010，30（4）：78-80.

［43］王治红，马梦彧.改性活性炭脱除低浓度 H_2S 研究进展［J］.广东化工，2016，43（2）：61-63.

［44］山东鑫源环保工程技术有限公司.一种活性炭卧式脱硫塔：CN201520187805.1［P］.2015-06-17.

［45］辛礼印，王佳林，刘颖.活性炭脱硫技术在喇嘛甸储气库注气工艺中的应用［J］.油气田地面工程，2001（2）：28-29.

［46］孙慧颖.改性Y分子筛吸附脱硫性能研究［D］.长春：长春工业大学，2015.

［47］崔红霞.天然气地下储气库地面配套工艺技术研究［D］.大庆：东北石油大学，2003.

［48］金付强，张晓东，许海朋，等.加压水洗沼气脱碳的实验研究［J］.可再生能源，2016，34（11）：1720-1726.

［49］徐海升，刘永毅，薛岗林，等.天然气脱硫化氢技术进展［J］.石化技术与应用，2012，30（4）：365-369.

［50］中国石油化工股份有限公司，南化集团研究院.一种聚乙二醇二甲醚脱硫提浓方法：CN201610689196.9［P］.2018-03-06.

［51］丰中田.NHD脱硫脱碳生产运行小结［J］.煤化工，2000（2）：40-43.

［52］刘永锋.油田轻烃分馏与精制技术研究［J］.科技创业家，2013（18）：65-65.

[53] 邹运. 小洼油田稠油脱硫工艺技术研究[J]. 中国石油和化工标准与质量, 2016, 36(6): 63-64.

[54] 焦瑞. 西北油田混烃脱硫技术成功投产应用[J]. 炼油技术与工程, 2020, 50(7): 34.

[55] 何晖. 超稠油油气分离与稳定工艺技术研究[D]. 青岛: 中国石油大学(华东), 2012.

[56] 夏玮, 李拥军, 黄继红, 等. 新疆油田高含硫化氢区块污染防治措施研究[J]. 油气田环境保护, 2011, 21(3): 41-43.

[57] 张巧莹. 胜利油田超稠高硫原油汽提法脱除硫化氢工艺[J]. 油气田地面工程, 2014(2): 50-51.

[58] 李臣生, 赵斌, 褚跃民, 等. 硫化氢对气田钢材的腐蚀影响及防治[J]. 断块油气田, 2008, 15(4): 126-128.

[59] 贾琦月, 乐精华. 天然气开采及石油加工装置抗硫腐蚀的研究[J]. 阀门, 2008(6): 36-39.

[60] 鞠虹, 章大海, 吴宝贵, 等. 含硫原油加工装备腐蚀防护措施研究[J]. 石油化工设备, 2010, 39(6): 49-53.

[61] 周丽娜. 抗硫腐蚀有机涂料的制备与性能研究[D]. 成都: 西南石油大学, 2013.

[62] 洪铭江. 天然气脱硫方法的选择及醇胺法的运用研究[J]. 中国石油和化工标准与质量, 2020, 40(14): 146-147.

[63] 热碳酸盐法(本菲尔特法)[J]. 煤炭化工设计, 1980 (Z1): 145-149.

[64] 王学谦, 宁平. 硫化氢废气治理研究进展[J]. 环境污染治理技术与设备, 2001, 2(4): 77-85.

[65] 何燕龙, 马国光. 低含硫高碳硫比天然气脱硫脱碳技术进展[J]. 辽宁化工, 2016, 45(4): 491-493.

[66] 张翼. 石化企业含硫恶臭气体治理技术研究[D]. 青岛: 中国石油大学(华东), 2009.

[67] 卢洪源. 湿式氧化法脱硫工艺在辽河油田伴生气处理中的应用[J]. 石油规划设计, 2019, 30(4): 26-28.

[68] 王贞涛, 闻建龙, 陈汇龙, 等. 基于高压电技术的烟气脱硫研究与应用进展[J]. 中国农机化, 2005(6): 76-79.

[69] 白明. 高电压技术在脱硫上的应用[J]. 科技资讯, 2011(16): 143.

第四章　油田井筒和地面系统腐蚀分析及防腐技术

随着科技的进步和防腐技术的不断发展，国内外在油气田开发实践过程中积累了许多宝贵的经验，对于腐蚀与防腐技术的研究均取得了显著成果。据国内外有关部门和专家预测，如果将现在已取得的腐蚀与防腐蚀的科学知识加以普及推广，至少可使设备的腐蚀损失率减少30%，从根本上推动油田开发和油气生产。这对我国现代化建设发展意义深远，同时将成为节约能源、保护资源、减少污染、减少灾害隐患以提高社会效益、经济效益和环境效益的有效途径之一。本章通过对腐蚀机理的基础分析，总结了常见的油田防腐技术，同时详述了油田管道的腐蚀技术检测及防腐施工技术。

第一节　油田井筒和地面系统腐蚀原理

油田井筒和地面系统腐蚀的问题会造成大量宝贵的油气等自然资源的流失，对我国的经济财产安全造成重大损失。国内的油田管道工程近几年取得显著的防腐成果，得益于先进的防腐技术突破传统技术的弊端，被广泛应用于石油工程施工管理工作，这有利于解决油田井筒和地面系统腐蚀的问题。因此，须了解造成油田井筒腐蚀的原因、机理及现象，便于进行相应的防护措施。油田腐蚀的分类多种多样，本节将主要从腐蚀的不同分类角度介绍和分析油田井筒和地面系统的腐蚀概念和原理。

一、腐蚀定义及危害

1. 腐蚀的定义

腐蚀简单定义为材料在周围环境作用下的破坏或变质，是材料表面或界面之间发生化学、电化学或其他反应造成材料本身损坏或恶化的现象，通常是指金属从原子状态转化为离子状态，同时失去一个或多个电子。油田工程中的金属使用量巨大，腐蚀现象更为明显，因此一般的腐蚀均指金属腐蚀。金属腐蚀会导致材料的破坏和设施功能的失效，引起工程施工设施的结构损伤，缩短使用寿命，还有可能导致油气等危险品泄漏，引发灾难性事故，污染环境，对人民生命和财产安全造成重大威胁[1,2]。而石油管道的完整性是油气采集的主要部分，因此保护管道避免腐蚀尤为重要。

2. 腐蚀的危害

石油工业发展至今一直存在着设备及管道的腐蚀问题，由金属腐蚀引起各种类型的破坏事故造成资源和能源的巨大浪费，也造成了重大的直接或间接经济损失，同时阻碍新型技术的发展。据统计，20 世纪 80 年代，美国每年石油生产中由腐蚀问题造成的净损失为 5 亿美元，而用于防腐工程年投资约为 20 亿美元。美国国会 2008 年发表数字表明，2007 年美国因腐蚀造成的直接或间接经济损失约为 1480 亿美元，约占当年国民经济的 3.3%。全球每年钢铁腐蚀的经济损失约为 10000 亿美元，每年因腐蚀造成的报废就占全年钢铁生产总量的 10%，大约 1/3 的化学设备因局部腐蚀而停工或检修。金属腐蚀给人类带来的损失是惊人的，相当于中国宝武钢铁集团有限公司一年的钢铁产量[3]。此外，国内外由于管道腐蚀而造成的事故案例也很多。20 世纪 80 年代，美国输气干线事故中，因内腐蚀造成的占 15%；20 世纪 90 年代，俄罗斯输气干线共发生 752 起事故，其中内腐蚀占 27%，俄罗斯北部地区多处地下原油管道腐蚀破裂，大量原油泄漏，环境污染严重；英国阿尔法平台因腐蚀破坏而发生爆炸，造成 166 人死亡，导致北海油田年减产 12%。四川气田的成都—威远输气干线在 1968—2012 年期间发生过 270 余起管道事故，其中因内腐蚀造成的约占 47%，其主要原因是天然气中的硫化氢含量超标，以及大量饱和水汽进入输气干线等。2013 年 11 月 22 日，中国石化东黄输油管道泄漏爆炸。事故的直接原因是输油管道与排水暗渠交汇处管道腐蚀变薄，导致管道破裂，进而发生原油泄漏，泄漏的原油流入排水暗渠及反冲出路面，大部分从交汇处直接进入排水暗渠。泄漏原油挥发出的油气与排水暗渠空间内的空气形成易燃易爆的混合气体，并在相对密闭的排水暗渠内积聚。由于原油泄漏到发生爆炸时间超过 8h，受海水倒灌影响，泄漏原油及其混合气体在排水暗渠内蔓延、扩散、积聚，在形成密闭空间的暗渠内油气积聚遇火花发生爆炸，造成 62 人死亡、136 人受伤，直接经济损失 75172 万元[4]。除此之外，2017 年某储运厂苯乙烯装火车线工业管道在管廊支撑处发生泄漏，造成大量苯乙烯泄漏。导致事故发生的原因是管线直管段腐蚀严重，最严重处壁厚仅剩 2.3mm，导致该处强度不足从而发生泄漏。

以上案例表明，设备及管道腐蚀不仅会给国民经济带来巨大的损失，同时会引起爆炸、伤亡、环境污染等不可挽回的灾难性后果。金属腐蚀问题普遍存在于各个生产领域当中，但较严重的腐蚀主要集中在石油工业、化学工业与天然气工业等领域。油气田生产是一个庞大而系统性的产业，工艺复杂，生产条件苛刻，面临着高温、高压以及生产介质的高矿化度的风险挑战，使油气田系统的腐蚀因素具有复杂性和多样性的特点。由于腐蚀因素的复杂性，油气田生产过程设备发生腐蚀的概率较高，有时腐蚀一旦发生，可能引发更大的二次破坏[5]。目前的油田管道的相关工作较为复杂，对我国油田地面工程的防腐技术提出了更高的要求，因此需要采取有效的措施预防管道严重腐蚀。

二、国内各油田腐蚀情况

中国是世界第一石油消费大国，且油气资源丰富。2020 年我国的原油产量是 1.95×10^8 t，其中排名前十位的油田是大庆油田（3000×10^4 t）、渤海油田（2830×10^4 t）、长庆油田(2466×10^4t)、胜利油田(2340×10^4t)、新疆油田(1320×10^4t)、延长油田(1120×10^4t)、南海东部油田(1097×10^4t)、辽河油田(1004×10^4t)、塔里木油田(600×10^4t)和南海西部油田(563×10^4t)，这十大油田总产量约占全国原油生产总量的84%。2020年，国内原油产量分配情况如图4-1所示。不同油田地理位置分布不同，受地下产出水性质等因素影响，油井及地面系统腐蚀情况差别很大。以下根据油田的腐蚀环境、腐蚀特性、水质等影响因素，主要介绍国内几大油田的腐蚀情况。

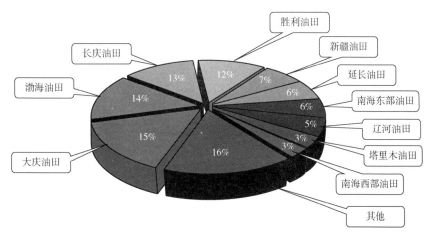

图4-1　2020年国内原油产量分配图

1. 大庆油田[6,7]

大庆油田位于黑龙江省中西部，松嫩平原北部，是我国最大的油田，也是世界上为数不多的特大型陆相砂岩油田之一。大庆油田开发建设60多年，管道腐蚀老化严重，性能衰减，进入事故率上升的衰老期，加之大庆油田产能下降，管道输送量逐渐降低，实际输送过程中温降大，容易发生凝管等安全事故；此外，受现场施工条件和油田所处地区自然状况影响，部分管道性能下降严重，腐蚀、泄漏事故频发，导致管道经常停产检修，严重影响管道安全平稳运行。

造成大庆油田油气井套管及井下工具腐蚀的原因很多，依次有CO_2分压、温度、流速、介质组成、材料、pH值、腐蚀产物膜等。例如，大庆油田含CO_2深层气田主要发生CO_2腐蚀，目前主要使用高压玻璃钢管道、钢骨架塑料复合管、柔性复合管和塑料合金复合管等产品来减缓腐蚀速率。这是由于非金属管材具有不同的技术特点和成型工艺，因此在施工过程中需充分考虑使用环境、介质特性、承载压力和施工方式等条件。

2. 长庆油田[8-12]

中国第一大油气田——长庆油田主要分布在陕西、甘肃、宁夏回族自治区、内蒙古自治区、山西五省区的15个地市61个县(旗)，呈分散状，完全不集中；勘探主体在鄂尔多斯盆地(又称陕甘宁盆地)，勘探总面积约37×10^4km²，油田总部位于陕西省西安市。拥有

石油总资源量 $85.88 \times 10^8 t$，天然气总资源量 $10.7 \times 10^{12} m^3$，同时还蕴藏着丰富的煤炭、岩盐、煤层气、铀等资源。作为中国石油增长幅度最快的油气田，它承担着向北京、天津、石家庄、西安、银川、呼和浩特等 10 多个大中城市安全稳定供气的重任。

近年来，长庆油田输油管道在服役过程中频繁发生严重腐蚀。长庆油田地处黄土高原，主要以黄土梁茆及沟壑地貌为主，土壤质地疏松，植被稀疏，气候干燥。因此，土壤腐蚀和大气腐蚀均不是造成管道腐蚀的主要原因。随着开发时间的延长，油田部分区块进入中高含水开发期，原油含水量高、水型复杂、水中腐蚀因素多，采出水含有一定量的油、悬浮物固体以及多种微生物，有机物种类复杂，此外还具有以下特点：

(1) 高矿化度，油田采出水矿化度为 $(2.5 \sim 12) \times 10^4 mg/L$，一定程度上促进了系统腐蚀；

(2) 富含 H_2S、CO_2、O_2 等气体；

(3) 富含 HCO_3^-、SO_4^{2-}、CO_3^{2-} 以及 Ca^{2+}、Mg^{2+}、Ba^{2+} 等易结垢的离子；

(4) 采出水回注系统腐蚀性细菌含量高。

加之建产初期只对管道外部采取了环氧煤沥青、聚乙烯胶黏带、环氧粉末等外防腐蚀处理，未针对性地对管道内部采取防腐蚀措施，导致高含水原油输送集输管网腐蚀加剧，管道使用寿命缩短，维护更换频繁。老油田集输管道腐蚀破漏更为严重，原油泄漏不仅污染环境，同时还严重影响了油田的正常生产。

长庆油田管道内腐蚀较外腐蚀严重，最大腐蚀壁厚损失率为 2.6% ~ 49.0%，最大点蚀速率为 0.03 ~ 0.7mm/a。油田含水量不断上升，采出水回注区块不断扩大，地面管网腐蚀现象明显加剧，管线破漏频繁，普通内防腐或未进行内防腐的无缝钢管网使用寿命明显缩短，管网更换工作量大、费用高，这些问题已经成为困扰老油田日常生产的主要问题。管道防腐采用的有效措施为涂覆防腐层、采用非金属管材。整体在线内挤衬防腐工艺可有效保护钢质管道，敷设新管线时可比玻璃钢管节约成本 15% ~ 30%，更换旧管道所需投资仅占重新购买新管线的 1/6 ~ 1/4，推广应用前景良好。

3. 胜利油田[13,14]

胜利油田地处滨海地区，地质条件复杂，土壤含盐量高，对金属管道的外壁腐蚀十分严重。作为一个复式含油盆地，胜利油田含油层系多、储层种类多、物性变化大、油藏类型多，采出水矿化度高，同时回注污水腐蚀性大，因此引起管线腐蚀的因素有溶解氧、CO_2、pH 值、SRB 以及高矿化度离子等，造成腐蚀的主要因素是高矿化度离子、碳酸钙结垢与溶解氧的协同作用。采取适当的加药措施及定期进行水质检测可减少细菌腐蚀的风险。

此外，随着胜利油田多年的开发，大部分管道设备都接近甚至超过金属的疲劳极限，油管腐蚀穿孔由外向内，腐蚀穿孔位置腐蚀产物相对疏松。在较高流速的泥沙冲刷下，在高温、高矿化度污水以及 SRB 的腐蚀作用下，加剧了管道的内腐蚀。据统计，在强腐蚀区新建的钢管道，3~6个月就开始腐蚀穿孔，1~2年就报废重建，全油田金属管道因腐蚀造成的年更换率为 2.5%，每年更换管线超过 400km，因管线腐蚀更换，每年少产原油 1.6×10^4 吨，两项合计每年损失 6000 万元。仅 1999 年油田更换各种管道耗资 2.1 亿元。1997—1999 年有 6 座罐因腐蚀而发生破裂事故，造成巨大的经济损失。

4. 新疆油田[15]

新疆油田坐落在天山北部准噶尔盆地，从地理位置角度大致可以划分为 4 个油田区域：北部沙漠油区（石南、石西、陆梁等油田）、西北部油区（克拉玛依、百口泉、乌尔禾等油田）、东部油区（火烧山、北三台等油田）、南部油区（呼图壁、独山子等油田）。由于新疆油田涉及的开发领域广阔，地理结构复杂，气候差异性明显，因此油田设备的腐蚀机理极为复杂。

新疆油田经过近几十年的不断开发后，地下原油含水量和采出水矿化度明显升高，且地下采出水多呈弱碱性（pH 值为 7.5~8.5），部分区块高含 H_2S、CO_2 等腐蚀性气体，因此造成油田设施腐蚀严重。尤其近年来，随着石西、彩南等沙漠油区的开发，因腐蚀问题给油田生产带来的影响日趋凸显。据不完全统计，新疆油田原油集输管道近 9000km，注水管道 5000km，稠油热采注汽管线 454km，压力容器 900 余座，原油罐 500 余座，原油长输管道 26 条（总长 1569.78km），输气管道 31 条（管线长度 1292.3km），输油泵站 17 座（中间站 16 座），储油罐 144 座。因腐蚀造成容器、管线以及处理站报废，每年更新改造的资金在 2 亿元左右，给新疆油田安全生产带来严重的隐患，给环境造成了严重的破坏。

5. 辽河油田[16,17]

辽河油田位于东北平原的南部，辽河下游渤海湾畔，是全国最大的稠油、高凝油生产基地，地跨辽宁、内蒙古自治区的 12 个地（市）、34 个县（旗），勘探开发分为辽河盆地陆上、盆地滩海和外围盆地 3 个区域。辽河油田油气管道多敷设于苇塘、稻田之下。油区所处位置区域地下水位高，土壤盐碱度含量大，腐蚀性较高；且农用电的应用较广泛，线路组成区域覆盖广，对石油输送管道的腐蚀影响严重。

辽河油田地层出水矿化度高，且含有一定量的 CO_2、H_2S 酸性气体，个别油井 H_2S 浓度已超过 $20000mg/m^3$，远远大于空气中 H_2S 阈值（$10mg/m^3$）。原油组分中不含硫、盐，含微量水，因此外输管道缺乏内腐蚀的基本条件，从管道历次大修的情况看，漏点全部为管道外壁局部腐蚀，穿孔点位于腐蚀区域内，腐蚀区域及漏点分布与管道外腐蚀环境有关，因此可以确定辽河油田外输管道的腐蚀为外腐蚀。造成油田内部输油气管道腐蚀泄漏的主要影响因素包括时间、温度、流体介质、H_2S、管材防腐、敷设。根据地下管道的腐蚀和防腐的现状，普遍采用牺牲阳极接地排流法对管道进行抗交流干扰的阴极保护，最为适宜消除交流电对辽河地区地下油气输送管道的腐蚀。

6. 塔河油田[18,19]

塔河油田是中国石化西部资源战略重要接替区和原油上产主阵地之一，主体油藏产出流体具有高含量侵蚀性粒子（如 H_2S、Cl^-、CO_2）和高矿化度等特点，高 Cl^- 含量加快了油气系统金属管道点蚀的形成，地面集输系统的腐蚀呈现"内腐蚀严重、外腐蚀较弱，点腐蚀严重、均匀腐蚀较弱"的特征。地面腐蚀主要发生在管线内壁底部、流速流态变化处、高程差变化处、管线下游段、油水界面处和不同区块介质汇入处 6 个部位。

塔河油田综合含水量逐渐上升，随着设备服役年限的增加，油田集输管道腐蚀问题逐渐暴露，主要为 CO_2 腐蚀和 H_2S 与 CO_2 的共同腐蚀，其中塔河 1 区、西达里亚为 CO_2 腐蚀，其余区块为 H_2S 与 CO_2 共同腐蚀。运行时间长、含水量高、流速低的油田水系统致使金属管道腐蚀问题多发，高 H_2S 稠油区的部分单井管道腐蚀穿孔快，其平均腐蚀速率为 3.4mm/a。

三、油田腐蚀机理

按照腐蚀机理分类，油田腐蚀可分为化学腐蚀、电化学腐蚀和物理腐蚀。

1. 化学腐蚀

化学腐蚀是指金属在干燥气体中与介质直接接触发生纯化学反应，反应中不存在电流。这类反应属于氧化还原的纯化学反应，是带有价电子的金属原子直接与反应物分子相互作用，使腐蚀产物在金属表面形成表面膜。通常化学腐蚀根据环境可分为在干燥气体中的腐蚀和在非电解质溶解介质中的腐蚀两种。

过去普遍认为高温下的金属氧化属于化学腐蚀，但瓦格纳在 1952 年指出，高温气体中的金属氧化最初是通过化学反应，而膜的生长属于电化学机理，因此现在已不再将高温氧化归为单纯的化学腐蚀。实际上，单纯的化学腐蚀情况并不多见，油田各类金属构筑物（钢质管道、容器、储罐、油套管等）的腐蚀主要是电化学腐蚀。

2. 电化学腐蚀

电化学腐蚀是指金属表面与离子导电介质发生电化学作用，从而产生的金属材料的损坏，其特点是在腐蚀历程中，同时经历阴极和阳极两个独立的反应。阳极发生的是氧化反应，即金属离子从金属向介质中转移并释放自由电子；阴极发生还原反应，即从介质中接受自由电子的反应。

油田水系统里钢材主要含铁元素，其次是重金属元素，如锰（Mn）、镍（Ni）、钛（Ti）等。腐蚀的电化学性质可以用铁在盐酸中的侵蚀来说明。当铁浸在酸中，就会发生剧烈的反应，结果氢气被放出，铁被溶解。反应方程式如下：

阳极反应：

$$Fe \longrightarrow Fe^{2+} + 2e^-$$

阴极反应：

$$2H^+ + 2e^- \longrightarrow H_2 \uparrow$$

总反应：

$$Fe + 2H^+ \longrightarrow Fe^{2+} + H_2 \uparrow$$

综上，电化学腐蚀在金属腐蚀中最为常见，它具有四大特征：一是电化学腐蚀介质为离子导电的电解质；二是金属或电解质界面反应过程因电荷转移而引起的电化学过程，必须包括电子和离子在界面上的转移；三是界面上的电化学过程可分为两个独立氧化还原过程，金属或电解质界面上伴随电荷转移发生的化学反应称为电极反应；四是电化学腐蚀过程伴随电子流动，即产生电流。

3. 物理腐蚀

物理腐蚀是指金属由于单纯的物理溶解作用引起的破坏，通常是固态金属与熔融金属互相接触引起金属溶解或开裂。例如，存放熔融锌的钢容器，铁在高温下被液态锌溶解使容器变薄。

四、油田井筒和地面系统腐蚀环境及影响因素

处于油田地面工程中的油井和管道长期暴露在自然环境中，随着时间的推移，它们受到管道内外等因素的干扰影响会有不同程度的腐蚀。以此为背景，油田腐蚀按环境分类可分为大气腐蚀、土壤腐蚀和油田水腐蚀。

1. 大气腐蚀

金属材料在大气自然环境条件下，由于大气中的腐蚀介质（水、氧气、二氧化碳等物质）的作用而引起的腐蚀，称为大气腐蚀。又根据大气组成中水分的不同分为干、潮和湿三种大气腐蚀。影响大气腐蚀的因素主要有气候条件（相对湿度、温度、温度波动范围等）和大气中的污染物质（SO_2、H_2S、NH_3、尘粒等）。由于油田井筒及地面系统与大气接触面积少，因此受大气腐蚀影响较少。

2. 土壤腐蚀

储藏在地下的原油需要经过石油勘探、钻井、开发、采油、集输、油气处理、储运、石油炼制等多个过程才能得到成品油。油田地面系统中的每一个环节都存在设备及管道的腐蚀问题。油气田生产过程中井下和地面设备的常见腐蚀部位如图4-2所示[20]。油田生产涉及较多环节，既有地下生产系统（如油井等），也有地面生产系统（包括单井管线、集输干线、处理厂站、长输管线、水源站等）。在油田生产过程中，金属机械和设备常与土壤接触，从而发生腐蚀，导致每年都要进行大量更换。

1）土壤腐蚀机理

土壤是具有多相性、相对稳固性、存在大量毛细管微孔的不均匀胶体体系。土壤腐蚀主要是指由土壤中的各种组分通过其理化特性对材料产生的腐蚀，通常由酸碱盐溶液、杂

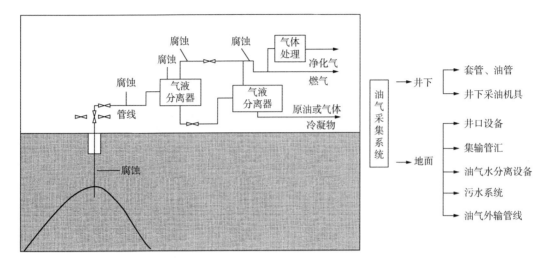

图 4-2　井下和地面设备的常见腐蚀部位

散电流及微生物引起[21]。具体来讲：一是土壤中有水分和能进行离子导电的盐类存在，使土壤具有电解质溶液的特征；二是由于外界漏电的影响，土壤中有杂散的电流通过地下金属建筑物，因而发生电解作用；三是土壤中细菌作用而引起的细菌腐蚀。

2）土壤腐蚀形成类型

由于金属和介质的电化学不均一性，同时土壤介质兼具多相性、宏观不均一性，因而会形成由肉眼不可见的微电极组成的腐蚀微电池，也会形成腐蚀宏电池。二者形成机理不同，导致形成类型也有差距，具体的形成类型见表 4-1。

表 4-1　土壤腐蚀宏电池和微电池形成类型

腐蚀电池	形成类型	腐蚀电池	形成类型
宏电池	长距离管道穿越不同土壤	微电池	金属化学成分不均匀
			金属组织不均匀
	两种不同金属与土壤接触		金属物理状态不均匀
			金属表面膜不完整
	埋设深度不同		土壤微结构差异

由表 4-1 可知，两种腐蚀电池同时存在于地下管道系统，其中宏电池引起的腐蚀穿孔危害性更大。埋设管道在土壤作用下发生腐蚀，严重的腐蚀穿孔会造成油、气、水的跑、冒、滴、漏，不但造成直接经济损失，而且可以引起爆炸、起火、污染环境等，产生巨大的间接经济损失。

3）土壤腐蚀影响因素及评价标准

土壤成分多样，影响土壤腐蚀的主要因素也有很多。根据土壤性质方面分析，土壤孔隙度、含水量、含盐量、含氧量、导电性和 pH 值都会对井筒及管道造成不同程度腐蚀。国内外常以土壤导电性（电阻率）作为土壤腐蚀性的分级指标：土壤电阻率小于 $20\Omega\cdot cm$ 为强腐蚀等级，土壤电阻率在 $20\sim50\Omega\cdot cm$ 之间为中腐蚀等级，土壤电阻率大于 $50\Omega\cdot cm$ 为弱腐蚀等级。

此外，杂散电流引起的腐蚀要比一般的土壤腐蚀剧烈得多，因此一般可以通过排流保护的方式在金属与排流设备之间连接绝缘电缆，将杂散电流引回，或增加回路电阻加强绝缘，减少腐蚀电流。

土壤中肉眼不可见的微生物对金属腐蚀有很大影响，如厌氧的硫酸盐还原菌（SRB）、嗜氧的硫氧化菌、兼氧性硝酸盐还原菌和铁细菌等[22]。其中，SRB 生长在潮湿并含有硫酸盐以及可转化的有机物和无机物的缺氧土壤中，它参与电极反应并将可溶的硫酸盐转化为 H_2S，同时与 Fe 作用生成 FeS，加速腐蚀的进行，反应式如下：

$$4Fe+SO_4^{2-}+4H_2O \xrightarrow{SRB} FeS+3Fe(OH)_2+2OH^-$$

最适宜 SRB 生长的条件如下：pH 值为 $5\sim9$（pH 值大于 9 时会抑制 SRB 繁殖和生长），温度为 $25\sim30℃$。因此，可根据土壤细菌腐蚀情况对土壤腐蚀性进行评价。

3. 油田水腐蚀

水是石油的天然伴生物，水对金属设备和管道会产生腐蚀，含大量杂质的油田水对金属会产生严重的腐蚀。采出水中主要含有腐蚀性气体（如 CO_2、H_2S）、酸碱盐等物质，且 SRB 等微生物也有一定腐蚀作用[23,24]。此外，采出水的 pH 值、温度和流速等也是影响金属腐蚀的重要因素。

1) 溶解气体腐蚀

(1) 溶解氧的影响。

油田水溶解氧的浓度在小于 1mg/L 的情况下，就能引起碳钢的严重腐蚀。采出水中本不含氧，但在水采出地面后就常会与空气接触而含氧。浅井中的水可能含有一定数量的 O_2，只要有可能的话，就应严格将其排除掉[25]。O_2 在水中的溶解度是压力和温度的函数，如果系统压力大、温度低，那么 O_2 在水中的溶解度就大，水的腐蚀性也就越强。腐蚀机理如下：

阳极反应：

$$Fe \longrightarrow Fe^{2+}+2e^-$$

阴极反应：

$$O_2+2H_2O+4e^- \longrightarrow 4OH^-$$

总反应：

$$2Fe+O_2+2H_2O \longrightarrow 2Fe(OH)_2$$

然后 $Fe(OH)_2$ 被氧化成 $Fe(OH)_3$ 并部分脱水生成铁锈。在大多数情况下，O_2 能加剧腐蚀，原因有以下两个：

① O_2 很容易与阴极上的 H^+ 结合，其腐蚀反应速率主要决定于 O_2 扩散到阴极的速度。没有 O_2 时，阴极上的 H^+ 不能被结合，如果产生腐蚀反应，阴极上的 H^+ 会得到电子变成 H_2。由于从阴极上放出 H_2 需要能量，而外界又没有这种能量供给，就会使腐蚀反应难以进行。当有 O_2 时，O_2 能消耗掉阴极表面的电子而使腐蚀反应速率加快。

② 如果 pH 值大于 4，Fe^{2+} 易被氧化成 Fe^{3+}，从而生成难溶于水的 $Fe(OH)_3$ 沉淀，使得腐蚀反应速率加快。这种腐蚀反应生成的 $Fe(OH)_3$ 沉淀一般是附于金属表面上，但也常有沉淀进入水中的情况。

（2）溶解 CO_2 的影响。

CO_2 溶解于水生成 H_2CO_3，使水的 pH 值降低，从而腐蚀性增大。CO_2 的腐蚀性不像 O_2 那样强，但通常造成点蚀。CO_2 腐蚀机理如下：

$$CO_2+H_2O \longrightarrow H_2CO_3$$

$$Fe+H_2CO_3 \longrightarrow FeCO_3+H_2$$

和所有气体一样，CO_2 在水中的溶解度是大气中 CO_2 分压的函数。分压越大，溶解度越大，因此在两相（气体和水）中，腐蚀速率随 CO_2 分压增大而加快。在 CO_2 分压高时，所测定的腐蚀速率极高。

（3）溶解 H_2S 的影响。

H_2S 极易溶解于水，溶解以后成为弱酸：

$$H_2S+H_2O \longrightarrow HS^-+H^++H_2O$$

H_2S 在水中的电离程度是水中 pH 值的函数，在通常遇到的 pH 值的情况下，酸性水含有 H_2S 和 HS^-。通常的腐蚀反应如下：

$$Fe+HS^-+H_2O \longrightarrow FeS+H_2+OH^-$$

腐蚀生成的 FeS 极难溶解，常黏附在钢的表面上形成垢。FeS 是一种良导体，对于垢下的钢，FeS 是阴极。这样在钢与 FeS 之间就形成了一对电偶，其作用是在垢下的缺陷处产生加速腐蚀的倾向，通常引起更深的点蚀。

H_2S 和 CO_2 结合起来比单一的 H_2S 腐蚀性更大，在油田水系统中经常出现这类情况，且即使有微量的 O_2 存在，对地面系统来说也有很坏的影响。

2）溶解盐类腐蚀

油田水中的溶解盐对水的腐蚀性有显著影响，在溶解盐类浓度非常低的情况下，不同的阴离子和阳离子对水的腐蚀程度也不同。盐类溶于水中后释放的 Cl^-、SO_4^{2-} 是主要的腐蚀来源，不同的溶解盐对管道的腐蚀速率不同，在阴离子浓度相同的情况下，硫酸盐离子对水的腐蚀性比氯化物离子更强。通常含有溶解盐类的水的腐蚀性随着溶解盐类浓度的增大而增大，直到出现最大值后趋于减小。这是因为含盐量增加，盐水导电性增大，腐蚀性增大。但含盐量足够大时会明显引起水中 O_2 的溶解度降低，腐蚀性反而下降。

3）生物腐蚀

生物腐蚀是指金属表面在某些微生物生命活动产物的影响下所发生的腐蚀。这类腐蚀很难单独进行，但其能为化学腐蚀、电化学腐蚀创造必要的条件，促进金属的腐蚀。微生物进行生命代谢活动时会产生各种化学物质。例如，含硫细菌在有氧条件下能使硫或硫化物氧化，反应最终将产生硫酸，这种细菌代谢活动所产生的酸会造成水泵等机械设备的严重腐蚀。

宏观和微观微生物主要通过两种方式影响腐蚀：通过在表面制造垫子或障碍物，从而产生不同的曝气池；或通过从钢表面吸收氢，从而消除氢作为腐蚀池中的阻力因子。某些硫酸盐还原菌以这种方式工作，在钢的阴极区附近产生硫酸，从而加速腐蚀。在大多数案例中，生物有机体是腐蚀的唯一原因或加速因素，涉及局部形式的侵蚀。

4）其他影响因素

（1）pH 值。

研究表明，在没有保护措施的情况下，碳钢在碱性水中的均匀腐蚀速率将低于在酸性水中的均匀腐蚀速率。这是由于含盐水中不可避免会对碳钢表面带来一定的沉积物，这些沉积物增加了氧的扩散势垒，降低了碳钢的腐蚀速率，因此油田水的 pH 值将明显影响腐蚀速率，通常会在水中投入缓蚀剂来解决这个问题。

（2）温度。

几乎所有的化学反应速率都可以通过调控温度来提高，井筒及地面管道的腐蚀速率也受温度影响[26]。高温有利于金属钝化成膜，但过高的温度会引起钝化膜的破坏进而加速腐蚀。油田水中加入的缓蚀剂对温度很敏感，升温可以提高缓蚀率，但过高的温度则会导致缓蚀剂失效。

（3）流速。

流速对腐蚀速率的影响取决于金属及其所处的环境。对于受活化极化控制的腐蚀过程，流速和搅拌强度对腐蚀速率没有影响，如铁在稀盐酸中的腐蚀。当腐蚀过程受阴极扩散控制时，如碳钢在含氧水中的腐蚀，则腐蚀速率与氧的扩散速度、浓度极化密切相关，流体的流动状态强烈地影响着氧的扩散速度和浓度极化。流体的流动状态与雷诺数有关，当管径和水温不变时，流体流动状态由流速决定。

同样，未使用缓蚀剂时，腐蚀速率随流速增加而增加，若投入一定缓蚀剂，则需要具体分析。对于使用缓冲剂的油田水系统，缓蚀效果与缓蚀剂到达金属表面的速度有关，增加流速能提高缓蚀剂的传质速度，从而有利于提高缓蚀效率或降低缓蚀剂的投加量。对于钝化型金属或某些需要溶解氧才能成膜的缓蚀体系，增加流速也可提高缓蚀效果。增加流速还可以减少污垢沉积，保持金属表面的清洁，降低局部腐蚀的可能性。因此，对于不同的腐蚀体系，应具体分析流速对腐蚀的影响。对于使用缓蚀剂的油田水系统，适当增加流速一般情况下是有利的。

五、金属材料腐蚀形态

按照腐蚀形态，金属材料腐蚀分为全面腐蚀(又称均匀腐蚀)和局部腐蚀。局部腐蚀又分为电偶腐蚀、点蚀、缝隙腐蚀、晶间腐蚀、应力腐蚀等[27]。油气井结构以及常见腐蚀形态如图 4-3 所示。

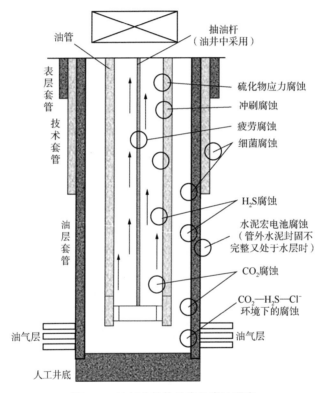

图 4-3　油气井结构及常见腐蚀形态

1. 全面腐蚀

全面腐蚀是分布在整个金属表面上的腐蚀，它会使油井及管道中金属材料含量减少，管道变薄，金属强度降低。全面腐蚀的特点如下：整个金属表面在溶液中处于活化状态，阴阳极腐蚀微电极的位置随机变化，各点随时间、地点有能量变化，高能量处为阳极，低能量处为阴极；各部位腐蚀面积非常小，腐蚀速率接近，腐蚀介质能够均匀抵达金属各个表面，金属成分和组织较均匀化，即金属表面均匀地减薄，无明显腐蚀形态差别。

2. 局部腐蚀

局部腐蚀发生在金属表面局部某些部位，腐蚀速率一般较快，而其他部位几乎未受到腐蚀破坏。局部腐蚀与全面腐蚀最大的不同在于局部腐蚀的阴阳极是完全分开的，通常阳极区表面积小，阴极区表面积大，可对其进行宏观检测。局部腐蚀形态多（图4-4），对金属腐蚀破坏性更大。

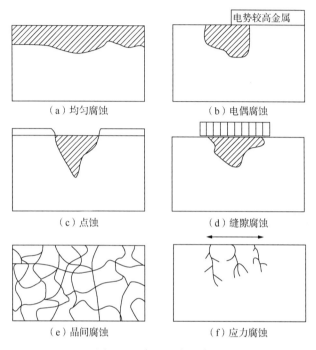

（a）均匀腐蚀　　　　　　　　（b）电偶腐蚀

（c）点蚀　　　　　　　　（d）缝隙腐蚀

（e）晶间腐蚀　　　　　　　　（f）应力腐蚀

图4-4　腐蚀形态示意图

1）电偶腐蚀

两种电极电势不同的金属或合金相在电解质溶液中接触，电势较低的金属腐蚀加速，电势较高的金属腐蚀反而减慢，金属因此得到保护。因此，这种在电解质溶液或大气中产生的电化学腐蚀现象称为电偶腐蚀或双金属腐蚀，也称接触腐蚀。通常在两种不同材质管道连接处、管道基体焊缝间易发生电偶腐蚀。

可通过电化学因素（金属电位差、极化程度、溶液电阻）、介质因素（介质成分、浓度、pH值、温度等）、面积（通常阴极面积越小、阳极面积越大，腐蚀越快）在金属部件之间采取绝缘措施有效防止电偶腐蚀，尽量采用阴极保护和涂层保护。

2）点蚀

点蚀是指金属表面局部的电极电位达到并高于临界电位时发生的腐蚀，又称孔蚀。点蚀发生时，阳极溶解电流显著增大，钝化膜被破坏，金属表面上极个别的区域被腐蚀成小而深的圆孔。点蚀形成的蚀孔上部往往有腐蚀产物覆盖，且深度一般大于孔径，严重的点蚀可以穿透设备。

点蚀发生在有特殊离子的溶液介质（氧化剂和活性阴离子）中，且分布情况不同，有时孤立存在，有时紧凑在一起。卤素离子就是典型的活性阴离子，它的存在会导致钝化膜的不均匀破坏，破坏金属钝化性从而引发点蚀，除卤素外的活性阴离子还有 ClO_4^-、SCN^- 等，此外，金属性质、腐蚀性介质、点位与 pH 值以及流动介质的状态等均对金属点蚀有影响。多数情况下，高腐蚀速率在运行系统中不能维持很久，因为腐蚀产物在金属表面形成一层保护层，阻止腐蚀的进一步进行。而随着腐蚀产物的形成，均匀腐蚀减轻，点蚀严重。

点蚀常使井筒和管壁穿孔，导致突发事故；由于点蚀面积小且经常被腐蚀产物覆盖，腐蚀检测比较困难，破坏性和隐蔽性较大，因此主要可通过改善介质环境、应用缓蚀剂、电化学保护及合理选择耐腐蚀材料等方式来防控。

3）缝隙腐蚀

金属构件焊接、铆接或螺钉装配连接的部位最可能出现缝隙腐蚀，腐蚀性介质停滞缝隙内（宽度为 0.025~0.1mm），使金属发生强烈的选择性破坏，金属结构过早被破坏。金属发生缝隙腐蚀的范围广泛，不可避免，各类金属几乎都存在缝隙腐蚀，且在各类电解质溶液中均可发生，钝化金属对缝隙腐蚀敏感性最大，如不锈钢、铝合金、铁等。影响缝隙腐蚀的因素主要有缝隙宽度、溶液中氧浓度、温度和流速。

4）晶间腐蚀

晶间腐蚀沿金属晶粒边界发展开来，向纵向深处发展，使金属晶间失去结合力，内部组织变松弛，使金属外形变化不大时即可丧失其机械性能。产生晶间腐蚀的原因分内因和外因两种：内因是金属本身与晶界化学成分差异、晶界结构、沉淀析出过程、固态扩散等金属学问题导致电化学不均匀，金属具有晶间腐蚀倾向；外因是腐蚀介质导致晶粒与晶界的电化学不均匀。

晶间腐蚀宏观上可能无任何变化，是最难察觉的金属腐蚀，经常导致管道突然失去强度，还可能转变为应力腐蚀开裂。影响因素有时间和温度、合金成分（金属性质）。通过控制合金界面的吸附及晶界的沉淀来提高晶间腐蚀性能，如降低碳含量、适当加入钛和铌、适当的热处理或冷处理、双向金属合金化等。

5）应力腐蚀

应力腐蚀为在应力（外加的、残余的、化学变化或相变引起的）作用和腐蚀环境协同下的材料开裂或断裂失效现象，分为应力腐蚀开裂、氢脆或氢致损伤、腐蚀疲劳、磨损腐蚀、空泡腐蚀、微振腐蚀等。其中，应力腐蚀开裂和氢脆危害性和突发性最大，引发事故频繁。过去人们也将这类腐蚀归于广义的局部腐蚀范畴，因为这些腐蚀导致的破坏均集中在金属的局部。应力作用下的腐蚀会导致构件的承载能力大大降低，造成金属构件在没有任何先兆的前提下突然破裂，危害性极大。因此，对于油气井常见应力作用下的腐蚀机理、特征、影响因素和控制技术的研究，应给予更大的关注。下面介绍两种常见的应力作用下的腐蚀——应力腐蚀开裂和氢脆。

（1）应力腐蚀开裂：受应力的金属在特定腐蚀环境下产生滞后开裂，甚至发生滞后断裂的现象。根据腐蚀介质的性质、应力状态的不同，裂纹特征会有所不同，显微裂纹呈穿晶、沿晶界或两者混合形式，裂纹呈树枝状，其走向与所受拉应力的方向垂直。例如，在高含湿 H_2S 腐蚀气体的油气井中，氢原子可渗入金属内部，使金属变脆，在应力的作用下发生脆裂。油管或抽油杆常有应力腐蚀开裂的现象发生。

（2）氢脆：在某些介质中，因腐蚀或其他原因所产生的氢原子可渗入金属内部，使金属变脆，并在应力的作用下发生脆裂，包括氢压引起的微裂纹、高温高压氢腐蚀、氢化物相或氢致马氏体相变、氢致塑性损失以及氢致开裂或断裂等。例如，含 H_2S 的油与气输送管道中常发生这种腐蚀。

H_2S 和 CO_2 的存在会促进应力腐蚀，对井筒及管道造成重大的伤害。如果要采取适当的措施将其在实地作业中的影响降到最低，就必须了解每一种情况。当 H_2S 存在于储层中，并与钻井、完井和生产井中常用的高强度钢接触时，就会发生硫化物应力开裂。硫化物应力开裂是一种脆化现象，在应力远低于材料的屈服强度时可以发生破坏。要发生硫化物应力开裂，必须满足 3 个条件：表面张力必须存在；特定的材料必须是易受影响的；环境，如 H_2S 浓度、pH 值、温度、强度水平和冷加工。一般来说，H_2S 浓度越低，促进裂化的时间越长。

六、腐蚀程度的表示方法

腐蚀产物通常经过化学反应形成表面膜附着在金属表面，该层表面膜的性质决定了化学腐蚀速率。如果膜的表面完整、强度和塑性较好，膜膨胀系数与金属性质相近，则有利于降低腐蚀速率，从而保护金属。金属被腐蚀后，质量、厚度、机械性能、组织结构及电极过程发生变化，这些物理性能的变化率可以用来表示金属腐蚀的程度。在均匀腐蚀情况下，环境对金属的腐蚀程度一般用腐蚀速率表示，对于局部腐蚀的腐蚀程度需要进一步探讨和分析。腐蚀速率有各种不同的表示方法，目前常采用质量法、深度法、电流密度法来表征腐蚀速率。

1. 质量法

可用腐蚀前后单位金属表面积和单位时间内质量变化速率来评定金属腐蚀程度大小。所谓质量的变化，在失去部分质量时，是指腐蚀前的质量与清除了腐蚀产物后的质量之间的差值；在增加部分质量时，是指腐蚀后带有全部腐蚀产物的质量与腐蚀前的质量之间的差值。因此，可以根据腐蚀产物容易除去或完全牢固地附着在试样表面的情况选择用失重法或增重法来表示，即以单位时间、单位金属面积上损失或增加的金属质量表示腐蚀速率。以失重法为例，公式如下：

$$v = \frac{w_0 - w_1}{St} \tag{4-1}$$

式中　v——腐蚀速率，$g/(m^2 \cdot h)$；

　　　w_0——腐蚀前质量，g；

w_1——去除金属表面腐蚀产物后的质量，g；

S——金属表面积，m^2；

t——腐蚀进行的时间，h。

2. 深度法

由于质量变化不能将腐蚀深度表示出来，因此将腐蚀速率换算成腐蚀深度来表示，即单位时间（1年）内腐蚀掉的厚度（mm），这种指标常用腐蚀的失重指标与该金属的密度比值表示，公式如下：

$$v_L = \frac{(v \times 24 \times 365/1000)}{\rho} = (v \times 8.76)/\rho \qquad (4-2)$$

式中　v_L——腐蚀深度，mm/a；

　　　v——腐蚀速率，$g/(m^2 \cdot h)$；

　　　ρ——金属密度，g/cm^3。

3. 电流密度法

电化学法测出腐蚀电流的数值，再根据法拉第定律换算成腐蚀速率，公式如下：

$$v_D = M i_c/nF \qquad (4-3)$$

式中　v_D——腐蚀速率，$g/(m^2 \cdot h)$；

　　　i_c——腐蚀电流，A/cm^2；

　　　M——金属相对原子质量；

　　　n——金属离子价态；

　　　F——法拉第常数，$26.8 A \cdot h$。

4. 腐蚀速率单位换算

尚有以 mmd[$mg/(dm^2 \cdot d)$]、ipy(in/a)和 mpy(mil/a)作为腐蚀的质量指标和深度指标的单位。这些单位可以相互换算（如 1mil=0.001in，1in=25.4mm），常用腐蚀速率单位换算系数 $K=A/B$ 见表 4-2[28]。

表 4-2　常用腐蚀速率单位换算系数 K

项目		B				
		$g/(m^2 \cdot h)$	mmd	mm/a	ipy	mpy
A	$g/(m^2 \cdot h)$	1	240	$8.76/\rho$	$0.345/\rho$[①]	$345/\rho$
	mmd	4.17×10^{-2}	1	$3.65 \times 10^{-2}/\rho$	$1.44 \times 10^{-2}/\rho$	$1.44/\rho$
	mm/a	$1.14 \times 10^{-2} \times \rho$	$27.4 \times \rho$	1	3.94×10^{-2}	39.4
	ipy	$2.90 \times \rho$	$696 \times \rho$	25.4	1	10^2
	mpy	$2.90 \times 10^{-2} \times \rho$	$0.696 \times \rho$	2.54×10^{-2}	10^{-2}	1

①ρ 表示金属密度，单位为 g/cm^3。

七、油井和地面系统腐蚀介质

油田水中含有的溶解氧、CO_2、H_2S、盐类等物质对油井及管道腐蚀影响极大，运输中油田水的 pH 值、温度、流速等对油井及管道腐蚀也有不同程度影响。油田水中环境是影响油井及地面系统腐蚀的最主要因素，最常见和最主要的是 CO_2 和 H_2S 引起的腐蚀。

国内外对于高温、高压环境下输送介质中含 CO_2 或 H_2S 的管道腐蚀机理研究，已取得许多有应用价值的成果。然而当系统中同时含 H_2S、CO_2、SO_2 以及 Cl^- 等多种腐蚀性介质时，由于其交互作用，使得在高温、高压流动状态下油—气—水等多相介质的腐蚀研究十分复杂，其研究过程涉及腐蚀动力学，多相流体力学，高温、高压电化学及其交互作用，而且由于 H_2S 气体的剧毒性，使试验条件变得十分苛刻。虽然国外在这方面已经开展了大量研究，但因影响因素多、试验设备复杂而昂贵，至今还未能形成较完善的理论体系，仍有许多理论及技术问题尚待更深入的研究。

1. CO_2 腐蚀

CO_2 来源之一是油田伴生气，即在油田开采过程中伴有 CO_2 气体产生。这种 CO_2 主要是由有机质被细菌分解产生，上万年前地质中长期存在的生物、植物缺氧腐烂或分解发生生化反应，大多数转换为石油、天然气等丰富的资源，副产 CO_2。此外，为提高原油采出率，会回注 CO_2 导致气体残留，这相比于伴生气的 CO_2 少得多。CO_2 在水介质中能迅速引起钢铁发生全面腐蚀和严重的局部腐蚀，使井筒和地面系统发生腐蚀失效，大大降低油气井的使用寿命。

CO_2 腐蚀破坏行为在阴极和阳极处表现不同。在阳极处，铁不断溶解导致了均匀腐蚀或局部腐蚀，表现为金属管道壁厚日渐变薄或点蚀穿孔等局部腐蚀破坏；在阴极处，CO_2 溶解于水中形成碳酸，释放出 H^+，H^+ 易夺取电子还原，促进阳极铁溶解而导致腐蚀速率加快，同时氢原子进入钢铁，导致金属构件的开裂。这个腐蚀过程可用如下反应式表示（ad 代表吸附在钢铁表面上的物质，sol 代表溶液中的物质）：

阳极反应：

$$Fe \longrightarrow Fe^{2+} + 2e^-$$

阴极反应：

$$CO_2 + H_2O \longrightarrow H_2CO_3$$

$$H_2CO_3 \longrightarrow H^+ + HCO_3^-$$

$$2H^+ + 2e^- \longrightarrow H_2$$

干燥的 CO_2 本身并没有腐蚀性，但当其与水相遇时，就将引起部分金属和与其接触的水之间产生电化学反应，生成的碳酸能显著加强金属的腐蚀。在常温无氧的 CO_2 溶液中，钢的腐蚀速率受析氢动力学控制，同时，从 CO_2 溶液中的析氢过程有两种不同的机理。

第一种机理是氢从 H^+ 的电化学反应式中析出：

$$H_3O^+ + e^- \longrightarrow H(ad) + H_2O$$

第二种机理是在金属表面上，CO_2 溶于水中形成碳酸，溶于金属表明碳酸可以直接还原。反应式如下：

$$CO_2(sol) \longrightarrow CO_2(ad)$$

$$CO_2(ad) + H_2O \longrightarrow H_2CO_3$$

$$H_2CO_3(ad) \longrightarrow H^+(ad) + HCO_3^-(ad)$$

$$HCO_3^-(ad) + H_3O^+ \longrightarrow H_2CO_3(ad) + H_2O$$

上述腐蚀机理是对裸露的金属表面而言的，在实际过程中，随着 CO_2 腐蚀的进行，金属表面将被腐蚀产物膜所覆盖，可用如下反应式表示：

$$3Fe + 4H_2O \longrightarrow Fe_3O_4 + 8H^+ + 8e^-$$

$$Fe + H_2CO_3 \longrightarrow FeCO_3 + 2H^+ + 2e^-$$

腐蚀产物膜一旦形成，腐蚀行为将与之有密切关系，腐蚀速率将受膜的结构、厚度、稳定性及渗透性等性能所控制。

CO_2 是弱酸性气体，溶于水后具有腐蚀性。然而，CO_2 必须先与水合物生成碳酸（相对缓慢的反应），然后才会变成酸性。这两种体系之间还有其他显著的区别。速率效应在 CO_2 体系中非常重要；腐蚀速率可以达到非常高的水平（每年数千英里），盐的存在往往是重要的。CO_2 体系中的腐蚀是内在可控还是不可控，关键取决于控制保护性碳酸铁（菱铁矿，$FeCO_3$）垢的沉积和保留的因素[29]。另一方面，也存在着决定裸钢腐蚀速率的因素。这些因素决定了保持腐蚀控制的重要性。

2. H_2S 腐蚀

含有 H_2S 的油气被称为酸性油气，由此引起的腐蚀也称为酸性腐蚀或者 H_2S 腐蚀。石油工业中的 H_2S 来源主要有3个方面：一是地层中原生 H_2S；二是 SRB 分解出的 H_2S；三是由含硫化学添加剂降解释放出的 H_2S，如磺化高分子化合物。干燥的 H_2S 无腐蚀作用，只有当其溶解在水中使水呈弱酸性才会腐蚀金属。

H_2S 是弱酸，在溶液中按如下反应式离解：

$$H_2S \longrightarrow H^+ + HS^- \longrightarrow 2H^+ + S^{2-}$$

溶液中 S^{2-} 与 Fe^{2+} 发生以下化学反应：

$$xFe^{2+}+yS^{2-}\longrightarrow Fe_xS_y（各种结构硫化铁的通式）$$

湿的 H_2S 环境对钢的氢致开裂有多种形式，H_2S 的存在抑制了氢分子的形成，促进氢分子向金属内部扩散。H_2S 电化学腐蚀产生的氢原子，在向钢材内部扩散过程中，遇到裂缝、孔隙、晶格层间错断、夹杂或其他缺陷时，原子氢结合成为分子氢，而分子氢的体积是原子氢体积的 20 倍，这就造成极大的压力（可高达数十兆帕），致使低强度钢或软钢发生氢鼓泡（含硫气田钢管外壁观测到的气泡脱层即属于此）。渗入钢材的氢会使高强度管道晶格变形，致使管道材料韧性降低，甚至在管道内部引起微裂纹，使钢材变脆，发生氢脆现象。硫化物应力腐蚀破坏是在拉应力作用下发生的，它比单纯的氢脆破坏速度快。影响 H_2S 腐蚀的主要因素如下[30]：

（1）H_2S 浓度。

H_2S 浓度对应力腐蚀的影响明显，湿 H_2S 导致钢材断裂行为主要有 H_2S 应力腐蚀（SSCC）、氢诱导（HIC）、应力导向氢致开裂（SOHIC）及氢鼓泡（HB）等，其破坏敏感度随 H_2S 浓度增加而增加，在饱和湿 H_2S 中达最大值。

随着溶液中 S^{2-} 与 Fe^{2+} 反应的进行，溶液中 H_2S 含量及 pH 值也发生变化，硫化铁组成及其结构均不相同，对腐蚀过程的影响也不相同。H_2S 含量小于 400mg/L 时，随着 H_2S 浓度的增加，腐蚀速率迅速上升。美国 NACE MR-01-75 和国内 SYJ 12—85 标准在对抗硫化物应力腐蚀破坏的金属材料要求中，对 H_2S 浓度进行了规定：当气体总压不低于 0.448MPa、气体中 H_2S 分压不低于 0.000345MPa 时，可引起敏感材料的硫化物应力腐蚀破坏。

（2）Cl^-。

在含有 H_2S 的酸性油气井中，基于电价平衡，带有负电荷的 Cl^- 总是先吸附在钢材的表面，因此 Cl^- 的存在阻碍了硫化铁保护膜在钢材表面的形成。Cl^- 还可以通过硫化铁膜中的缺陷和细孔渗入到膜的内部，使保护膜发生开裂，同时形成孔蚀核。此外，在闭塞电池的作用下，由于 Cl^- 的不断进入加速了孔蚀破坏。酸性天然气套管的严重腐蚀以及穿孔速率加快，也与 Cl^- 关系密切。

（3）pH 值。

输送介质的 pH 值将直接影响管道的腐蚀速率，且 pH 值为 6 是一个临界值，pH 值越小，引起硫化氢应力腐蚀倾向越大。pH 值小于 6 时，钢的腐蚀速率快，腐蚀液呈黑色、浑浊。

（4）温度。

温度对腐蚀的影响较复杂。管道在高含 H_2S 腐蚀介质中的腐蚀速率通常是随着温度升高而增大。但温度升高到一定程度，腐蚀速率将下降，在温度为 110~200℃时腐蚀速率最小。之后随着温度升高，腐蚀速率继续增大。

第二节　油田防腐技术

一、缓蚀剂保护法

腐蚀是在油田日常生产中经常遇到的问题之一，随着生产的进行和设备使用时间的增加，各个油田面临着管道以及地面系统等设备被腐蚀的问题日益严重，而使用缓蚀剂是目前经济实惠且有效的防腐手段之一。在设备容易受到腐蚀的生产环境中，通过加入一定量的物质来防止或者抑制腐蚀从而保护生产设备的方法，称为缓蚀剂保护法。在特定的腐蚀环境中，如果缓蚀剂选用得当，一般仅需加入微量或者少量就能很好地起到防腐蚀的作用，并且通常不会使金属设备和介质的性质发生改变。缓蚀剂保护法适用范围广，与其他类型的防腐蚀方法相比，有以下优点：

(1) 无须调整生产工艺，不改变金属设备的结构和介质的性质；

(2) 使用量很少，通常加入防腐剂的质量分数为 $1‰\sim1\%$ 即可，防腐性能优异，价格合理；

(3) 操作以及使用过程简单，无须添加特定的辅助设备；

(4) 基本上不会改变腐蚀环境，即可达到预期的保护效果。

但是缓蚀剂保护法也存在弊端，如果设备所处的环境中腐蚀介质的量很大，往往缓蚀剂保护法就失去了效果，因此缓蚀剂保护法通常用于体量小的密封或循环系统，来防止缓蚀剂的流失，以保证其能发挥应有的作用。同时，在油田实际的生产过程中，应充分考虑缓蚀剂的使用是否会对产品质量造成影响，是否会对管道、井筒等设备造成堵塞，是否会对周围的环境造成污染等。

缓蚀剂能否起到良好的保护作用，其影响因素有很多，其中包括腐蚀介质的性质、湿度和温度、流动速率以及被保护设备所用的金属材料的种类和性质等。当采用缓蚀剂保护法保护金属设备时，要着重注意其选择性，有时候相同的缓蚀剂，可能对一种腐蚀介质和设备起到缓蚀的作用，但对其他种类的腐蚀介质和采用其他金属材料制造的设备往往不能体现出良好的保护效果，甚至有时候还会起到相反的作用。

1. 缓蚀机理

随着科学技术的发展，许多科研工作者和学者在油田防腐工作上研究了不同类型的缓蚀剂，通过深入探究其作用机理，解释了不同类型缓蚀剂的作用本质。

1) 炔醇类缓蚀剂的作用机理

炔醇类缓蚀剂可以应用在非常苛刻的条件下来保护钢铁，如适用于高温、强酸性等环境。在 20 世纪 50 年代中叶，科研人员就开始对炔醇类缓蚀剂的作用机理进行研究，经过了 20 多年的不断探索，终于取得了重大发现。炔醇类的 $C\equiv C$ 必须在碳链的首端(即1号位)，—OH位置必须与C≡C相邻(即3号位)才能发挥出有效的作用，详见以下分子式：

$$\underset{\underset{H}{|}}{\overset{\overset{OH}{|}}{R-C-C=CH}} \Longleftrightarrow \overset{\overset{O}{\|}}{R-CH-CH=CH_2}$$

如果不能达到上述要求，炔醇类缓蚀剂的保护效果则不明显。这是因为炔醇类分子内部的"互变异构作用"稳定了C≡C，同时增强了该类分子与铁的配位能力，所以发生了剧烈的化学吸附。

此外，大量的C≡C存在使得吸附层变厚，从而产生了阻碍H^+靠近金属铁表面的屏障。通过缓蚀剂处理铁的表面之后，铁的溶解速率变得非常缓慢，虽然发生溶解的Fe^{3+}通过C≡C配位，也参与了表面膜的形成，但C≡C的配位能力很低，因此Fe^{3+}可从表面膜中以扩散的方式通过(图4-5)。

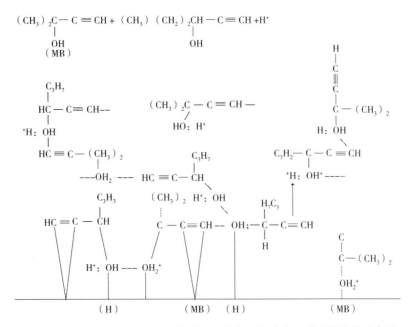

图4-5 甲基丁炔醇(MB)和己炔醇(H)联合于钢铁表面形成保护膜示意图

2）羧酸盐类缓蚀剂的作用机理

长链羧酸盐类缓蚀剂主要应用在中性环境中，其介质一般是水。长链羧酸盐的保护机制是在金属铁的表面上形成了保护层，保护层一般由高价铁的稳定配合物(羟基羧酸高价铁盐)组成。因为存在高价铁的稳定配合物，所以其附近必将形成与之相对应的氧化性物质。当pH值偏低时，上述化合物不稳定，此时缓蚀剂起到的保护作用效果则不明显。

3）铬酸盐和钼酸盐的缓蚀机理

铬酸盐缓蚀剂是无机缓蚀剂的一种，因为其应用较早，所以科研人员对其所形成的化学转化膜进行了大量的研究工作，并得到了类似的结论，即铬酸盐缓蚀剂形成的膜是一种氧化膜。铬酸盐缓蚀剂的保护机制是当 Fe^{3+} 进入溶液时，发生反应并形成沉淀物覆盖在金属的外表面，由于沉淀物具有相当的致密性，从而起到了金属与腐蚀介质被相互隔开的作用，进而发挥了保护作用，避免了腐蚀的发生。大量的实验表明，在氧化膜中，钢铁材料在铬酸盐溶液中浸泡的时间越长，铬的含量越多。虽然铬酸盐缓蚀剂的保护效果受溶液酸碱性的影响很小，但是当溶液的酸碱性发生变化时，所形成的氧化膜的组成也发生相应的变化。当溶液的 pH 值不小于 11 时，形成的氧化膜中基本上不存在铬。当溶液的 pH 值从 11 减少到 4 的过程中，发现氧化膜中的铬的含量会有所增加，但是当 pH 值下降到更低时，氧化膜中铬的含量再次减少。

钼酸盐和钨酸盐虽然属于重金属盐，但却没有污染性，这是因为它们的结构和性能与铬酸盐差不多，在元素周期表中，属于同一副族。早在 19 世纪 30 年代，钼酸盐就已经被当作缓蚀剂添加到水—醇冷却液中，后来研究发现，其保护效果在中性或者碱性的介质中更为突出，同时还发现，钼酸盐能在比较大的 pH 值范围内钝化金属锌和金属锡，在酸性溶液中钝化钢铁，甚至在 pH 值很低的浓硫酸溶液中钝化金属钛。因此，现在钼酸盐被制作成钝化型缓蚀剂而广泛应用，并因为其无毒的特性正在逐渐取代铬酸盐等有毒的缓蚀剂。钼酸盐的保护机制是当溶液中含氧时，金属铁的外表面能形成具有保护作用的 Fe—Fe_2O_3—MoO_x 的保护膜。因为 MoO_3 难溶于水，所以膜中的 Mo 仍以六价的形式存在，即使在膜形成的过程中会有少量的六价钼被还原，但由于生成的还原产物不稳定且易溶于水，因而在膜层中难以被发现。

2. 缓蚀剂分类

缓蚀剂通常是由一种或几种化学物质组成的混合物。将缓蚀剂加入腐蚀环境的流体相中，它可以通过与设备金属的外表面或环境的相互作用来起到抑制或延缓腐蚀的作用[31]。缓蚀剂的类型非常多，通常按相态和分子结构进行分类。

1）按相态分类

（1）液相缓蚀剂。

液相缓蚀剂可以对处在液相环境中的金属设备起到保护作用，具有优良的缓蚀性能，目前已经大范围投入油田设备的保护中，并且获得了巨大的经济效益[32]。液相缓蚀剂虽然有着价格低廉、操作简单便捷等优点，但是对于液相以外其他的部分，就很难起到保护作用。因此，当设备或者材料处于气相中时，在湿气管道中采用普通的缓蚀剂就显得无能为力。为了解决这个问题，近年来很多科研人员开始研发能进行涂抹或者分散的液相缓蚀剂，用于保护输送管道顶部的位置，并取得了一定的研究进展，目前在实际的生产中已经有采用管道缓蚀剂塞和涂布装置来分散液相缓蚀剂。

管道塞的原理就是将液相缓蚀剂放入管道或井筒中的两个清管球之间，使缓蚀剂和清管球成为一个整体。管道塞在气体的推动下沿管道前进，在前进的过程中便可将缓蚀剂均匀涂满在整个管道的内表面[33,34]。缓蚀剂涂布装置的原理则是将缓蚀剂从管底向顶部喷洒，从而达到覆盖整个管道内表面的效果。上述两种方法都是通过使用液相缓蚀剂达到管道顶部防腐的目标，但是这两种方法耗费的人力、物力太大，且不易操作，涂抹缓蚀剂前还需清理管道上的腐蚀物。也有学者曾指出，可以向溶液中添加适量的表面活性剂来降低溶液的表面张力，从而使加入了缓蚀剂的液体克服重力，从管道的顶端流向底部，进而达到保护的目的；或者是利用表面活性剂的起泡原理，将液相缓蚀剂加工成泡沫状向管道中通入，在气体的推动下逐渐涂满整个管道，从而达到保护管道的作用，但该方法的缺点是泡沫易碎且难以均匀涂抹。

（2）气相缓蚀剂。

气相缓蚀剂具有挥发的特性，又称为挥发性缓蚀剂。与液相缓蚀剂相比，气相缓蚀剂可利用其易挥发的特性很容易扩散到管道内的任意位置，从而保护管道不被腐蚀[35]。气相缓蚀剂的优点是使用过程中不用经过特殊的处理，也不会受到管道阀门、法兰等特殊结构部件的影响，并且可同时对这些部件进行保护。近些年来，无毒或者微毒的缓蚀剂得到了很快的发展，如有机胺类和杂环类化合物等都有明显的保护效果。气相缓蚀剂的缺点是由于分子量不高，所起到的保护效率比较低，虽然增大浓度可以提高保护效率，但是又会面临环境污染和成本上升的问题，且目前开发的气相缓蚀剂选择性比较高，往往只能对单一种类金属进行保护，普适型的气相缓蚀剂还有待开发。目前，真正可以应用到工业生产中的气相缓蚀剂很少，因此在气相缓蚀剂的研发和应用上，还有很长的路要走。

（3）气液两相缓蚀剂。

气液两相缓蚀剂既包含气相缓蚀剂成分，又包含液相缓蚀剂成分，它结合了单相缓蚀剂的优点，同时兼具了溶解性和挥发性两种特性，不仅解决了效率低的问题，而且还能到达管道中的任意位置，对整个管道和相应设备起到了良好的保护作用。气液两相缓蚀剂在油田的防腐蚀中取得了良好的保护效果，正逐步得到推广。

2）按分子结构分类

缓蚀剂分子的化学结构比较复杂，通常由极性和非极性基团组成，其中极性基团的存在可以增加缓蚀剂的吸附能力，非极性基团的存在决定了缓蚀剂的亲疏水性，两种基团共同作用使缓蚀剂发挥保护作用。极性基团主要包含元素周期表中第五、第六主族的元素，如 N、P、O 等，是缓蚀剂的活性吸附中心。

在缓蚀剂分子中要调整好极性基团与非极性基团的比例，既要让缓蚀剂表现出有较好的吸附性，也要保证其有很强的疏水性，才能达到极佳的保护效果。影响吸附基团吸附性的原因有很多，包括分子量、支链的长度和位置等。有研究人员经深入探究发现，当支链离吸附活性中心原子较近时，会对吸附产生阻碍作用，使吸附能力下降。为了解决吸附能力不强的问题，通常采取的办法是向缓蚀剂分子中引入亲水基团来提高吸附性能。而非极性基团的疏水能力则受到烷基链的长度影响，烷基链越短，疏水能力就显得越弱，其保护效果就越差。

目前广泛应用于油田的缓蚀剂见表4-3。

表4-3　油田常用缓蚀剂

序号	主要成分	介质	序号	主要成分	介质
1	咪唑啉含硫衍生物类	CO_2	9	有机季铵盐与有机硫化物	CO_2
2	咪唑啉季铵盐	CO_2	10	成膜胺	H_2S
3	炔氧甲基胺及其季铵盐	CO_2	11	丙二胺衍生物	H_2S
4	含氢、硫、磷松香胺衍生物	CO_2	12	咪唑啉衍生物类	H_2S
5	多元醇磷酸酯	CO_2	13	含炔氧基、氨基化合物	H_2S
6	氢化噻唑衍生物类	CO_2	14	有机胺类	H_2S/CO_2
7	季铵盐类	CO_2	15	硫代磷酸酯、含氮化合物	H_2S/CO_2
8	咪唑啉类	CO_2			

3. 缓蚀剂选用原则

在油田的实际生产中，正确地选择缓蚀剂的类型非常重要。选择缓蚀剂时要全面考虑各方面因素，其中包括腐蚀剂的成本、选择性、是否有毒、是否会造成环境污染等。在选择之前，要首先了解对管道造成腐蚀的原因，如腐蚀介质、外部环境等。然后，要重点检查是否存在局部腐蚀的问题，之后要根据缓蚀剂的成膜机理以及与腐蚀介质的相互作用等来确定缓蚀剂的类型。

1）缓蚀剂选用依据

（1）腐蚀介质。

缓蚀剂具有选择性，受腐蚀介质影响很大，因此面对不同种类的腐蚀介质时要选用与之匹配的缓蚀剂。在酸性介质中，一般选用"界面型"有机缓蚀剂，主要通过产生吸附膜来达到缓蚀的效果；在中性水介质中，一般选择"相间型"无机缓蚀剂，主要通过产生钝化膜及沉淀膜来达到缓蚀的目的。当下缓蚀剂的使用大多采取复配式的方法，依据介质的不同，一般将有机物加入应用于中性介质的缓蚀剂中，将无机盐类加入应用于酸性介质的缓蚀剂中。除此之外，溶解度也是一个必须要考虑的问题。应用于油田的缓蚀剂在油相中溶解效果要好，效果不好将会影响到缓蚀剂的传递和分散，导致其不能起到良好的保护效果。如果缓蚀剂存在溶解性不好的问题，可以加入表面活性物质来增加其分散性和润湿性，从而使缓蚀剂起到良好的缓蚀作用。

（2）金属材料。

不同的金属材料有不同的成膜特性，同一种金属在不同的介质中也有不同的吸附特性，因此有的缓蚀剂可能在保护某一种材料的时候效果是极佳的，但是换成其他的金属材料，保护效果就大大地降低，甚至还有可能加速腐蚀的发生。在生产中，许多需要被保护的设备往往都是由多种金属材料混合构成，显然，普通种类的缓蚀剂很难独自起到良好的保护作用，这时就应该选择复配型缓蚀剂。复配型缓蚀剂具有很好的协同效应，可以针对不同的材料做到专门的保护，同时，复配型缓蚀剂里面的成分不一定都起到保护作用，有的成分作为辅助成分，目的是增加缓蚀剂的溶解性等。

（3）缓蚀剂的毒性。

在选用缓蚀剂时要遵循环保的理念，应选用无毒或者微毒的缓蚀剂。因此，有许多高效的缓蚀剂因为毒性而受到限制，不能投入到实际生产中使用。

（4）缓蚀剂的经济性。

往往缓蚀剂的保护效果越好，使用起来越便捷，其价格越高，因此在选用缓蚀剂时要根据实际生产反馈出的情况来进行综合评价。

总而言之，选择缓蚀剂时，要进行综合的考虑。这其中包括金属材料的种类、腐蚀介质的种类、应用的环境、毒性以及经济性和安全性等。

2）缓蚀剂选用方法

在选用腐蚀剂之前，首先要明确材料发生腐蚀的原因，确定其所属的腐蚀类型。之后对腐蚀介质的属性、气体的溶解量以及腐蚀产物进行测定。

在找到腐蚀问题根源后，便可以根据市场上缓蚀剂的价格进行挑选，然后将挑选出的几种缓蚀剂送至实验室进行评价，作为一个初步的选择过程。目前，缓蚀剂的评价方法主要是静态腐蚀速率以及缓蚀率测定法、动态腐蚀速率以及缓蚀速率测定法和现场实验评定法三种。实验室评价方法的优点是灵活多变，可随意调整测试所需的参数，能够短时间内快速地模拟出不同环境下缓蚀剂的缓蚀速率，其缺点就是无法真实地模拟出生产过程中的实际环境，所测量的数据只能提供一定的参考。因此，在实验室评价之后，还要进行现场测试评估。对缓蚀剂进行现场评估时，要进行不间断的观察和数据记录，以此来分析和确定该类缓蚀剂的缓蚀速率。

虽然现在已有开发人员研究出适用于现场应用的缓蚀剂评价试验系统，但是试验系统均不成熟，在实际选用缓蚀剂时，更多的是借助经验来判断，这个过程就需要做大量的工作。因此，筛选高效、无毒、廉价的缓蚀剂依然是一项烦琐复杂的任务。

4. 应用案例

1）事故背景

2006年3月初，英国石油公司位于阿拉斯加北坡的普拉德霍湾油田发生一起严重的输油管道泄漏事故。由于冬季大雪连绵不断，一直到泄漏几天之后，因漏油的异常气味才被发现，结果大量石油流入阿拉斯加冻土，估计共泄漏 $76 \times 10^4 L$，是该油田历史上最大的一次漏油事故，输油管道被迫立即关闭进行修复与清理工作，该地区的原油生产停止。油井关闭后，预计原油日产量将减少 40×10^4 bbl，相当于美国原油日产量的 8%，受此消息影响，国际原油价格随之上涨。

该油田 1968 年被发现，1977 年开始产油，输油管道设计寿命为 25 年，按照原来的设想，希望能继续使用几十年。然而，事故之后检查发现，该地区油管在 12 个地点共有 16 处存在异常情况，输油管道严重腐蚀。

2）事故原因分析

（1）缓蚀剂应用不当。

在该油田的生产液体中，每年要投放约 11.4×10^6 L 的缓释剂分配到各种生产设备当中，出现事故的管段处于整个油田中唯一加工黏性油的装置附近，黏性油生产比其他生产加入更多的固体，它们会吸附某些缓蚀剂，结果由于缓释剂不足，浓度偏低，使得管道内壁腐蚀速率加快，最终导致腐蚀穿孔。

（2）沉淀物沉积引发腐蚀。

腐蚀管段的流速相对较低，随着油田生产下降，输油管道运输的油量小于原先的设计量，原油缓慢流动，导致管道中积水越来越多，这样的环境有利于细菌的生长。同时该管段内液体中带来的沉淀物在几年间沉积到管道底部，有的管中固体厚度达 50.8mm，可能发生沉淀物的腐蚀。

3）结论

由以上腐蚀实例可知，对于输送机制含有一定量腐蚀性成分的情况，应重视其管道内壁的防腐蚀工作，加入缓蚀剂则应能保证其用量，并注意监测缓蚀效果。

二、阴极保护技术

油田井筒处在含有水、土壤以及气体的环境中，均含有一定量的电解质，因此井筒一定存在电化学腐蚀，且电解质的含量越多，腐蚀越严重。阴极保护的工作原理如图 4-6 所示。

在忽略腐蚀电池的回路电阻的情况下，向阴极施加保护电流。在没有通入保护电流的情况下，原电池的自然腐蚀电位为 E，与之相匹配的最大腐蚀电流为 I_N；而通入保护电流之后，通过阴极的电流量上升，此时阴极将进一步极化，电位随之降低。当通过阴极的电流为 I_M 时，电位减少到 E'，此时从阳极流出的腐蚀电流从 I_N 减少到 I'。I' 与 I_M 的差值即为外加的电流量。为了使保护效果达到最佳，则需使阴极进一步极化，使流出的腐蚀电流减少为 0，此时总电位与阳极的初始电位 E_a^o 相等，对应的保护电流值达到 I_Q。从图 4-6 中可以看出，要使保护效果达到最大，通入的保护电流要远大于腐蚀电流。

1. 强制电流阴极保护

强制电流阴极保护系统由电源、辅助阳极、被保护部分及相应的附属设备 4 个部分组成，其工作原理如图 4-7 所示。

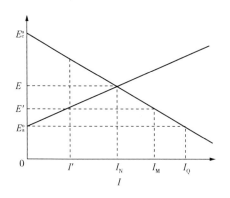

图 4-6　阴极保护的极化图解

E_c^o—阴极开路电位；E_a^o—阳极开路电位；

E—自然腐蚀电位；I'—对应电位E'的腐蚀电流；

I_M—在通入保护电流的情况下，通过阴极电流的大小；

I_N—自然腐蚀电流；I_Q—保护电流

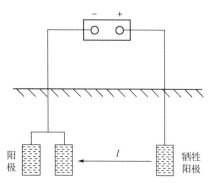

图 4-7　强制电流阴极保护原理图

电源的作用是为保护系统提供稳定持续的直流电流。对电源设备的基本要求是具有可靠性强、使用寿命长、可灵活调节电流及电压、抗震防雷防干扰、适应环境能力强等特点。作为电源设备，通常情况下选用整流器或恒电位仪。而恒电位仪可在回路电阻或者电网电压变化较大的情况下工作，且可以根据实际所需自动调节输出电流和电压，因此在实际中应用广泛。

辅助阳极与恒电位仪的正极相接，其主要的作用是对电流进行传导。辅助阳极的选材一般原则如下：导电性能好、抗腐蚀性强、流通量大、价格合理。常用的辅助阳极材料有碳钢、石墨、磁性氧化铁、贵金属氧化物、柔性阳极等。辅助阳极一般埋于地下潮湿处，土壤电阻率一般要求小于$50\Omega \cdot m$，与被保护的物体垂直距离一般大于50m。辅助阳极使用寿命一般可按式(4-4)计算：

$$t = \frac{GK}{gI}$$
(4-4)

式中　t——阳极寿命，a；

　　　K——阳极利用系数，0.7~0.85；

　　　I——阳极工作电流，A；

　　　G——阳极总质量，kg；

　　　g——阳极消耗速率，kg/(A·a)。

2. 牺牲阳极阴极保护

牺牲阳极阴极保护在国内外普遍应用，其基本原理是活泼金属与不活泼金属在电解质中形成一个原电池，活泼金属易失去电子，作为阳极发生氧化反应，优先被腐蚀溶解，不活泼金属作为阴极得到保护。针对油水井井筒环境，牺牲阳极相对于套管是一种活泼金

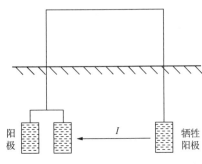

图4-8 牺牲阳极阴极保护原理图

属，会持续向套管提供保护电流，使套管发生阴极极化得到保护，其原理如图4-8所示。

牺牲阳极的材料应满足以下要求：

（1）负电位足够大，且不容易发生极化；

（2）被腐蚀后产生的腐蚀物质不贴附于阳极表面，易松落，不能形成高阻抗外壳，且不会造成环境污染；

（3）电流量大，且输出电流均匀；

（4）自消耗速率小，电流效率高，有良好的力学性能且价格合理。

由于工业上生产的金属纯度不够，通常含有其他金属以及非金属杂质，因此世界各国开始研发专用的阳极材料。为克服纯金属本身的电化学缺陷，目前常用的阳极材料多为合金类，包括镁合金、锌合金及铝合金等。镁合金具有不易极化的优点，且保护过程中产生的腐蚀物质容易脱落，是目前应用在陆地上最广泛的牺牲阳极材料。锌合金电位相对稳定，电流效率较高，能作为牺牲电极应用于海洋和土壤中，且输出的电流可根据环境以及被保护金属的状态改变而改变。铝合金的优点是热力学活性高，有效电量大（一般为锌合金的3.5倍，镁合金的1.4倍），质量相对较轻，来源广泛，工艺简单，易于安装，同时对海洋环境有更强的适应能力。

长庆油田研制了新一代套管内防腐产品——YQY-NW型套管内防腐阳极工具，其通过油管带入下到油水井中，达到防止套管内腐蚀的目的，实现牺牲阳极保护套管的目标，特别是应用在高温油井环境，阳极保护效率较常规阳极提高一倍以上。该工具一次下入无须日常管理，只需正常检泵期间起入即可，为油田套管腐蚀的预防控制提供了新的手段。

YQY-NW型套管内防腐阳极工具由油管短节、耐温阳极、金属弹性扶正片（相邻片间呈120°分布）、绝缘部件和辅助件等构成，工具总长1.5m，本体油管外径为98mm，阳极内径为79.5mm，阳极外径为98mm，阳极长度为600mm，弹性扶正片外径大于124mm。

YQY-NW型套管内防腐阳极工具适用于高腐蚀油井的套管内腐蚀控制，也可用于水井套管内保护，不应用于油管或抽油杆防腐。

3. 区域性阴极保护

区域性阴极保护技术是采用外加电流防止套管以及地面管线产生电化学腐蚀的一项成熟技术，适用于已建油田大面积套管防腐，其可以有效地防止已建油田套管的继续腐蚀[36]。

1）保护方式

采用强制电流区域性阴极保护技术来保护油井套管。大范围的阴极保护体系十分烦琐复杂，同时有很多因素制约着保护效果。但是油井井筒在保护区域内连成统一体是至关重要的。

2）工艺参数

电流量的大小直接关系到区域的保护效果，该值的选取是设计成败的关键所在。根据我国现有的工程经验来判断，一般 $1m^2$ 的保护面积要通 $5\sim10mA$ 的电流。在确定油井保护电流量的同时，还应考虑与之保持电连续的管道的保护电流需要量。

3）电绝缘

为了避免保护系统的保护电流流失，保护区域内的管道、油井套管应与相邻的管道保持电绝缘。

4）干扰

保护区域内应考虑 3 个方面的干扰问题，具体包括对外部金属构件的电脑干扰腐蚀、对站外阴极保护系统的影响以及杂散电流的干扰。

4. 管道保护案例

1）工程概况

我国西部原油和成品油管道工程西起新疆乌鲁木齐，经吐鲁番、哈密进入甘肃，过嘉峪关、张掖、武威后到达兰州，该管道干线总长约 1850km，成品油管道和原油管道同沟敷设，沿线地势形貌复杂。

2）管道沿线土壤腐蚀情况

乌鲁木齐至鄯善段：土壤电阻率大于 $50\Omega\cdot m$，土壤腐蚀性为中、弱腐蚀等级。

鄯善至红柳河段：大部分为干旱地区，土壤含水量较低，电阻率较高，一般在 $25\sim100\Omega\cdot m$，土壤腐蚀性为中、弱腐蚀等级。

安西至高台段：沿途存在盐渍土，但是该地段地处干旱地区，对管道的腐蚀作用很弱。土壤电阻率多在 $21\sim180\Omega\cdot m$，土壤腐蚀性为中、弱腐蚀等级。

临泽界至兰州末站：管道沿线气候干燥，降雨较少，局部地段为强腐蚀，电阻率一般在 $5\sim28\Omega\cdot m$，多数地段土壤腐蚀性为中、弱腐蚀等级。

乌鲁木齐石化至王家沟成品油支线段：管道沿线土壤透气、透水性好，电阻率较高，一般在 $40\sim150\Omega\cdot m$，土壤腐蚀性为中、弱腐蚀等级。

吐哈油库至鄯善首站原油支线段：管道沿线土壤透气、透水性好，电阻率较高，一般在 $50\Omega\cdot m$ 以上，土壤腐蚀性为弱腐蚀等级。

清泉乡到玉门炼厂原油分输线、成品油进油支线段：管道土壤透气，含水量较低，电阻率较高，一般在 $50\Omega\cdot m$ 以上，土壤腐蚀性为弱腐蚀等级。

3）阴极保护系统

（1）阴极保护方式。

对于站场以外的埋地干线和支线管道，全部采用强制电流阴极保护的方式。考虑到西部管道工程施工周期长以及管道埋地后应急保护站难以在规定时间内实现投产的问题，对土壤电阻率小于 $20\Omega\cdot m$ 地段的埋地管道，采用牺牲阳极方式进行临时阴极保护。在临时阴极保护地段，牺牲阳极与管道同沟敷设，用电缆经沿线布设的电位或电流测试桩与管道相连接，如西部地区土壤盐渍化较为严重，采用锌作牺牲阳极。

（2）阴极保护站分布。

此工程共设 19 座阴极保护站，分别与工艺站与阀室合建，该工程阴极保护站位置见表 4-4。

表 4-4　西部管道阴极保护站位置

序号	阴极保护站位置	阴极保护站序号	类型
1	乌鲁木齐成品油首站	CP-1	与首站合建
2	达坂城原油支干线中间热泵站	CP-2	与中间热泵站合建
3	吐鲁番原油支干线中间热泵站	CP-3	与中间热泵站合建
4	鄯善原油首站	CP-4	与原油首站合建
5	11 号线路截断阀室	CP-5	与阀室合建
6	四堡原油成品油中间泵站	CP-6	与中间泵站合建
7	翠岭原油成品油中间泵站	CP-7	与中间泵站合建
8	河西原油成品油中间泵站	CP-8	与中间泵站合建
9	柳园成品油分输站	CP-9	与分输站合建
10	安西原油成品油中间泵站	CP-10	与中间泵站合建
11	玉门原油成品油中间泵站	CP-11	与分输站合建
12	酒泉成品油分输站	CP-12	与分输站合建
13	32 号线路截断阀室	CP-13	与 RTU 阀室合建
14	张掖原油成品油中间泵站	CP-14	与中间泵站合建
15	山丹原油成品油中间泵站	CP-15	与中间泵站合建
16	40 号线路截断阀室	CP-16	与 RTU 阀室合建
17	西靖原油成品油中间泵站	CP-17	与中间泵站合建
18	46 号线路截断阀室	CP-18	与 RTU 阀室合建
19	兰州原油成品油末站	CP-19	与末站合建

（3）电源设备。

每座阴极保护站内安装两台恒电位仪互为备用，同时为提高阴极保护系统的自动化水平，适应全线自动控制水平的需要，配备恒电位仪控制台。在工艺站场、15 座带 RTU 的阀室和 5 处带 RTU 的检测点配备阴极保护管地电位传送器。

（4）附属设施。

由于管道要进行 Uon 和 Uoff 管地电位的采集，为避免双锌接地电池对管道电位造成的误差影响，测得更准确的管地电位和减少阴极保护电流的漏失，该设计采用低压氧化锌避雷器。避雷器安装在酚醛玻璃纤维塑料防爆接线箱内，安装前后应做定期检测。

三、涂层防护技术

1. 涂层防腐作用

涂层防腐技术在近些年来得到了大力的发展，已经成功应用到油田生产的实际防腐中。总体来说，涂层防腐所起到的作用主要包括屏蔽作用、缓蚀作用和电化学保护作用3种。

1）屏蔽作用

在金属材料外表面涂刷涂层，形成一层致密的保护层，使其与外界环境隔离开来，这种使金属材料避免腐蚀的方式称为屏蔽作用。但是由于涂层非常薄，而水和氧的分子直径又非常小，很容易穿过涂层，因此不可能完全起到屏蔽作用。为了提高涂层的保护效果，防止小分子物质的渗透，一般的解决办法是选用致密性好的涂层涂料或者增加涂层的层数。

2）缓蚀作用

借助涂料的内部组分碱性颜料和植物油酸发生反应，生成具有缓蚀作用的化合物来保护金属材料。同时涂料内部的金属盐离子在金属材料表面发生钝化反应，进一步提高了涂层的保护作用。还有的涂料会在催干作用下发生降解，降解之后的产物也会存在缓蚀作用，进而提高保护效果。

3）电化学保护作用

随着时间的推移，介质会慢慢渗透过防腐涂层，当介质接触到金属表面时，会发生膜下电化学腐蚀。因此，在防腐涂料中添加活性高的其他类金属，会起到牺牲阳极保护阴极的作用。而发生电化学作用后，其产生的腐蚀产物会填充涂层的空隙，使涂层更加紧密，进一步增加了保护作用。

2. 防腐层评价标准分析

防腐涂层技术和电化学保护法的结合使用有效地提高了金属管道的使用寿命，而在实际应用中，涂层防护是占据主体地位的，也就是说，防腐涂层性能的优良决定了保护效果的好坏，而电化学保护法只是对防腐涂层缺陷的地方进行了一个补充保护。因此，防腐涂层的性质关系到生产设备以及管线的安全使用，油田对此极为重视。在防腐涂层的使用上，如何将其安全性进行有效的评价就成了一个关键性的问题。

国内对防腐涂层的评价分为5个等级，而这5个等级是根据两个主要指标来确定的：一个指标是绝缘电阻率的大小，另一个指标是防腐涂层的使用寿命和表现性能。第一个指标可以通过探测仪等设备进行直接测量，第二个指标则要通过观察法进行经验判断。因为评价的方法存在误差性较大，所以指标也在不断地优化当中。

3. 采用的防腐层评价方法

影响防腐层评价分级的因素特别多，不仅包括在实验室内对防腐涂层的性能进行的检验测试，还受到生产材料来源及施工现场的各方面因素的影响。国内油田设备上应用的防腐层从原材料的选择、生产工艺的制造及安装手法上都存在着差异，如安装管道的过程中会对防腐层造成剐蹭等，影响防腐层的保护效率。因此，在对防腐涂层进行评价时，要综合考虑到实际现场可能出现的各种因素。目前对防腐涂层指标的评价方法主要分为直接检测法和间接检测法两种。其中，防腐层的间接检测法主要包括非开挖地面检测结果、管线溃入电流分析等；直接检测法包括接触式电火花涂层测试、FBE 涂层附着力测试、抗冲击机械强度测试和防腐涂层厚度测试等。

4. 管线防腐层失效原因分析

防腐涂层的使用寿命与涂层的成分、制造涂层的涂抹工艺以及所处的环境有着很大关系。防腐涂层的失效过程如下：首先，腐蚀介质里的腐蚀性因子通过涂层的漏洞渗透到金属材料的表面，并在金属基层形成水相接触体；之后，水相接触体的逐渐积累会降低涂层的吸附力，随着吸附力的降低，涂层开始逐渐脱落，失去保护作用[37,38]。

涂层遭到破坏的主要原因是其自身存在缺陷，这是一个量变到质变的过程，存在缺陷的地方会率先发生腐蚀，进而导致腐蚀区域周围的涂层的龟裂以及掉落，失去保护作用，造成更大范围的腐蚀。

5. 防护涂层的修复

埋地的金属管线处于土壤环境中，这种环境极为复杂，存在着较多的影响因素，对防腐涂层是一种极大的考验。不仅要面临外界人为或者植物根系的破坏的风险，还要面临腐蚀介质通过涂层自身缺陷进行渗透破坏的风险，这些风险都会对防腐涂层的保护效果和使用寿命造成极大的损耗。因此，及时对防腐涂层被破坏的地方进行修复，保障涂层的保护效率和使用寿命，成了重中之重。

伴随着技术的革命和社会的进步，对管道防护涂层的修复技术得到了发展。在 21 世纪初，我国的修复涂层技术是通过使用聚烯烃类胶粘带来修补涂层缺口，但是胶带技术始终面临着使用寿命短的难题。到了 2014 年左右，我国在修复涂层的技术方面开始效仿西方发达国家的技术——液态修复涂料技术，并且该技术已经成为现今国内修复技术的主流。

液态修复涂料可以分为液态环氧树脂和聚氨酯两类。与聚烯烃类胶粘带修复材料相比，这种涂料具有操作简单、连接性能优异、修补效果易于检测以及不会产生电流屏蔽等优点。其中，环氧树脂的性质是由特定官能团决定的，如醚键有耐化学性、甲基可以提高韧性、羟基增加黏结性等。

6. 防护涂层的应用案例

苏丹原油外输管道项目在高温管段以及尼罗河穿越管段采用了三层聚丙烯防腐层，适用于高温环境。

聚丙烯是丙烯的高分子量聚合物，由碳、氢两种元素构成，是商品塑料中较轻的一种。此外，聚丙烯同聚乙烯一样，是部分结晶聚合物，其化学稳定性好、表面硬度高、易于加工成型。三层聚丙烯防腐层借鉴了三层聚乙烯防腐层的优点，即在底层和中间层不加改变的基础上，选择聚丙烯材料作为外层的防腐材料。三层聚丙烯防腐层主要具有4种特点：（1）耐高温性能好；（2）耐腐蚀性能好；（3）不易发生环境应力开裂；（4）耐寒性较差。

聚丙烯和聚乙烯性能比较见表4-5。

表4-5　聚丙烯和聚乙烯性能对比

项目	性能指标			试验方法
	聚丙烯	低密度聚乙烯	高密度聚乙烯	
密度(23℃)，kg/cm³	915	935	956	DIN 53479
含碳量，%	2.5	2~3	2~2.5	ASTM D1603
熔融指数，g/10min	0.8	0.2~0.3	0.1	DIN 53735
维卡软化点，℃	135	90	125	DIN 53460
屈服强度，MPa	23	10	24	DIN 53455
极限伸长率，%	400	600	500	DIN 53455
硬度(肖氏D)	65	45	60	DIN 53505
耐环境应力开裂时间，h	>3000	>1000	>1000	ASTM D1693
电绝缘强度，kV/mm	32	30	25	DIN 53481
透水率，g/(m²·24h)	0.7	0.9	0.3	DIN 53122
吸水率，%	0.005	0.01	0.01	ASTM D746

三层聚丙烯防腐层可采用收缩套补口，收缩套防腐系统应该为三层或两层结构，三层结构包括无溶剂型环氧树脂底漆、高抗剪强度的胶黏剂以及辐射交联聚烯烃，二层结构包括热熔胶以及外层辐射交联聚烯烃。三层或二层结构材料应满足相关性能要求。

三层聚丙烯防腐层补伤可采用聚烯烃补伤片完成，补伤片材料的性能应不低于补口材料的技术性能。

苏丹原油外输管道项目，在定向钻穿越处采用加强级补口，采用玻璃布加强的技术方案，提高了防腐层的耐磨性。

第三节　油田管道的腐蚀技术检测及防腐施工技术

一、管道腐蚀技术检测和评价

针对管道腐蚀引发的安全问题，我国许多管道公司虽然采取了对管道状况进行检测、开展管道腐蚀调查等一系列措施，一定程度上缓解了管道腐蚀老化带来的安全问题。但是，从管道的安全生产和现代化的安全管理技术看，所做的工作还存在不足，主要表现在管道腐蚀检测和分析评价深度不够，不能满足管道安全评估的要求。

基于对管道剩余强度的检测评价，获得管道内外腐蚀损伤的现场数据，由此对该条含水油管道进行合理的安全、可靠性评估。国内外采用的管道内腐蚀检测方法有多种，如采用在线内检测方法，主要有漏磁法、超声波法、涡流检测法等。从应用效果来看，在线内检测方法有其不可忽视的优势，即能够在保证正常生产的前提条件下，获取安全评估所需要的腐蚀数据。

1. 按机理分类

1）漏磁检测（MFL）

漏磁检测法是应用最早和最普遍的一种油气管道检测方法，国内外各公司管道腐蚀缺陷漏磁检测器研制结果比较成熟，并已经广泛使用在石油输送管道等领域。漏磁检测装置由行走单元、供能单元和检测单元3个单元组成。行走单元保证装置高度自控和灵活可靠地行走；管内供能单元主要适用于自主运行的检测器，通常采用电池或电池组的供电方式；检测单元按检测原理不同有不同的构成和结构，但一般包括探头系统、定位系统和信号处理、转换系统以及储存系统等。内检测器结构通常要根据被测管道口径开展设计。小口径的管道可采用多节结构，并根据口径的变化进行组合，如当管道直径大于711.2mm时，内检测器就可由一节组成。在内检测器的内部，还安装有摆锤以及自动调节机构，此类设施能够保证内检测器在向前行进过程中不发生旋转，这就保证了内检测器能够精确地测定管壁受损的轴向位置和径向位置[39]。

漏磁检测的基本原理是建立在铁磁材料的高磁导率这一特性上，管道上腐蚀缺陷处的磁导率远小于完整管道的磁导率，管道被磁化后，如无缺陷，磁力线可以穿过管道，均匀分布；如在表面或近表面有缺陷存在，磁力线发生弯曲露出管道表面而形成漏磁场，通过检测漏磁场的变化就可以判断缺陷是否存在。依据漏磁检测的原理，只有当被检测缺陷最大限度地与外加磁场方向正交时，才能激励出最大的漏磁场。因此，可以分别选择纵向和环向的磁化方式来检测管体上纵向和环向腐蚀缺陷。

磁通爬行器的主要优点是能够提供整条管道的全部信息并且最大限度地减少对管道运行的影响，但只能精确地给出金属损失超过管道壁厚的腐蚀量，检测精度不高。缺点是该方法要求传感器与管壁紧密接触，由于供水管道多有水泥衬里等，引起管壁凹凸不平等，会影响检测精确度。

2）超声波检测（UT）

超声波是如今被看好的管内缺陷检测方法之一，国外对超声波检测方法以及应用的研究已有多年历史。超声波检测器主要是利用超声波的脉冲反射原理测量管壁腐蚀后的厚度，检测时将探头垂直向管道内壁发射超声脉冲基波，探头首先接收到由管壁内表面反射的脉冲，然后超声探头又会接收到由管壁外表面反射的脉冲，二者之间间距反映管壁的厚度和管道壁缺陷。还可以根据探头到管道内表面的距离曲线来判断管道是内壁腐蚀减薄缺陷还是外壁腐蚀缺陷。

超声波检测器可以检测到平方毫米级的点蚀和腐蚀量为管道壁厚的腐蚀缺陷。超声波检测系统要求传感器和管道壁之间必须存在混合介质，因此超声波爬行器只能够用于液体管道。超声波检测管道内部需要的清洁度比磁通爬行器高。超声波爬行器有时不能检测到被污物填充的腐蚀坑。

超声波检测的优点是检测厚度大、灵敏度高、速度快、现场使用方便、对人体无害，能对腐蚀缺陷进行定位和定量。超声波检测对缺陷的显示不直观，检测技术难度大，容易受到主客观因素影响，此外，探伤结果不便于保存，超声波检测时一般要有声波的传播介质，如油或水，检测时要求工作表面平滑，只有富有经验的检验人员才能辨别缺陷种类，使得超声波检测也具有局限性。

国外的超声波内检测器的检测精度已能够达到相当可观的精度，轴向判别精度可达3.3mm，圆周分辨精度可达8mm，机体的外径大小不一（59~1504mm），其总行程可达50~200km，在管道内的行走速度最高可达2m/s。目前的管道检测内检测器在数据处理系统方面仍有一定不足，暂无对所检测数据的实时处理功能，只能先将检测得的数据存储于记录磁带上，待整段管道内检测结束以后，将记录磁带从内检测器中取出，再开始进行数据处理。数据处理工作一般通过地面上的微型计算机来完成，利用专家系统软件对记录磁带中的数据进行处理分析，并生成管道腐蚀的图形，检测人员可根据数据分析结果对管道腐蚀速率进行评估。内检测器还需要一些辅助设备来完成整条管线的内腐蚀检测，主要有液压发送装置和检测定位装置。由于内检测器的机身长、重量大，必须通过特殊的液压发送装置才能将放置在拖盘中的内检测器顶入发球筒内。而内检测器在管道内的运行定位主要依靠其外定位装置[39]。

2. 按结构分类

1）有缆型

有缆型检测装置由多个组成部分配置形成，一般由设置在管外的遥控装置、电源、数据记录处理、电缆供给控制装置、配有各种检测仪的管内移动部分以及连接管内移动检测部分和管外装置的电缆组成。供电、遥控和传输成像以及检测数据等主要通过敷设电缆完成。管内移动部分，也就是检测器的核心部分，是通过在管道内行走来完成管道内腐蚀检测的智能内检测器，俗称智能猪。有缆型检测装置的内检测器部分结构紧凑，主要应用于中小管径管道，导致其电源和数据处理部分设在管外。尽管如此，有缆型检测装置的使用范围受电缆长度和管道断面等的限制，部分内检测器在采用光缆的前提下，检测长度仍非常有限，而且停运管道的检测多数采用有缆型内检测器[40]。

2）无缆型

随着内检测器在管道内行走技术的不断成熟，为适应长距离管道腐蚀检测的发展需求，学者们又研制出无缆型管道内检测装置。无缆型内管道检测装置在检测精度、数据储存、定位精度及数据分析等方面均达到国际前列水平。在现有管道内检测装置类型中，无线型内检测器在生产中的应用最为广泛，这类检测装置主要由主机、数据处理系统和辅助设备三部分组成，靠液体推动在管道内向前推进。这类检测装置内检测器一般为钢制机身，外侧包裹聚氨酯或橡胶，机身内部装有探头、动力装置、电子仪器等，集机械、检测、控制于一身，应用于管道腐蚀检测的高技术系统。它被广泛应用于地下管道的检测，可在高温、高压条件下，对短中长各类管道完成在线自动检测。

在管道检测领域，已有不少发达国家形成了严格的检测规定和一系列成熟的管道检测技术。在对管道的壁厚、涂层、形变以及腐蚀情况进行详细检测的同时，还采用了以微机网络系统为基础的 SCADA 技术对管道的整体运行情况进行实时监测，并根据监测的数据结果，分析得出埋地管道的运行现状，从而对埋地管道进行综合风险评估，将管道的运行状况总体分为五个等级，各等级均对应特有的管道修复方法，给运行部门提供强有力的参考依据。近年来，漏磁检测器和超声波检测器都在各自基础上不断完善其功能[41]。

与国外的技术相比较，我国的地下管道检测技术仍处于起步探索阶段，多数管道未使用网络系统进行监控，而且各种对管道的腐蚀检测仅停留在管外检测。管内检测则还停留在研究阶段，目前研制出的几种功能样机，仅能在未投产的空管中进行测试，管道投产后则很难满足生产检测需求，因此内检测器暂未大面积开展应用。国外的智能检测内检测器设计复杂价格昂贵，通常是几百万元一套。国内的管道运行公司未引进国外的内检测器，传统的管外检测方式使运行人员无法对管道腐蚀情况有全面、及时、准确的了解，往往都是在管道运行出现较为严重问题的情况下才意识到管道的腐蚀严重性，后期又开展管道腐蚀安全隐患治理，导致工作的反复、低效。此外，国外研制的内检测器以其所在地的油品物性为研究背景，而我国生产的石油大部分为稠油，稠油在管内运输过程中，会在管壁结蜡，且随着管道的运行，管内壁结蜡越来越厚，探测前均需要先对内壁的蜡层进行清理。蜡层的清理程度对检测数据有着至关重要的影响，往往因为蜡层残余，导致内检测数据精确度降低。而漏磁内检测器检测时虽不受蜡层的影响，但其检测精度本身受管壁影响，较超声波内检测器低，对管道上的轴向裂缝检测还有一定的困难，以检测的数据来实现直观显示管壁的缺陷也比较困难。

国内油气田腐蚀检测技术主要存在以下问题：（1）检测数据的解释与评价不规范，误读误判情况较多，没有起到对油气田腐蚀进行综合评价、指导生产的作用；（2）高含硫、高含二氧化碳气田集输系统腐蚀检测技术需进一步完善；（3）一般仅对管线单点腐蚀进行检测，而对全周向进行检测的设备昂贵，难以在一般油气田大规模推广应用；（4）腐蚀检测点的设立缺乏科学性，需对腐蚀检测进行全面科学的优化以及避免对监测数据干扰的研究。

二、管道内防腐施工工艺

集输管道可采用液体涂料内涂层防腐，施工工艺分为工厂预制直管段现场补口和在线挤涂两种方式。现场补口技术可以实现 ϕ89mm 以上管道的内补口处除锈和涂料喷涂，还可以进行内窥镜目测防腐层外观检查以及电火花检漏，小车补口一次可在管道内爬行100m，但存在补口速度慢、涂层质量控制不好的缺点。挤涂施工工艺参数的控制非常严格，如压力控制、涂敷球的运行速度等，对管线焊接质量要求高，涂层的质量控制和检验不直观，在国内应用效果不甚理想。

三、管道外防腐施工工艺

我国天然气集输的钢制管道均大量采用三层结构聚乙烯（3PE）防腐层，其与环氧粉末防腐层是管道外防腐层发展的新趋势。常用的管道外防腐层方法均须在车间对钢管进行加工涂装后运到现场，在进行环焊缝的现场焊接后，一般采用辐射交联聚乙烯热收缩带（或套）对环焊缝用热缩套方式进行外防腐保护，但其易成为钢制管道外防腐的薄弱环节。

中国石油油气田集输管道外防腐主要采用环氧粉末和三层结构聚乙烯防腐层。目前，环氧粉末和三层结构聚乙烯防腐层存在的结构问题如下：环氧粉末防腐涂层厚度国际标准规定为 250μm，是抛丸除锈最深处 70μm 的 3 倍以上，而我国标准规定为 150μm，达不到抛丸除锈最深度 70μm 的 3 倍；其次，环氧粉末喷涂温度国际标准要求应达到 200℃以上，而我国的许多防腐加工企业却将喷涂温度控制在 100~120℃，影响环氧粉末的凝结强度；此外，在环氧粉末与聚乙烯薄膜之间应该使用聚乙烯接枝胶，为了降低工程成本，市场上大量二层结构聚乙烯和三层结构聚乙烯防腐层采用的不是防腐效果和寿命良好的聚乙烯接枝胶，而是成本较低、寿命只在 3~5 年的 EVA 胶或普通热熔胶，使胶和聚乙烯材料的使用寿命不统一，几年后造成聚乙烯胶带离骨松脱，严重影响防腐质量。螺旋焊缝钢管焊缝的高度是 2mm，采用 T 模缠绕法，这使聚乙烯胶带不能将焊缝两侧的沟槽完全覆盖，空气不能全部排出。如果铺设的管道是自重较大的大口径钢管，遇到管沟中石块等硬物，则会损伤聚乙烯和脆性的环氧粉末层，造成管道腐蚀隐患。

四、油田地面工程管道的防腐施工技术策略

1. 加强防腐勘察

在油田地面工程系统的建设中，防腐工程占据了重要的位置。只有在勘探技术和勘探措施上不断提高，寻找到合理合适的地理位置，才能使油田的设备系统，特别是管道井筒等设施有效地避免腐蚀的发生，从而取得良好的保护效果。目前，国内的各个油田的地面系统和设备设施所暴露出来的腐蚀问题存在较大差异，主要原因是各油田所处地理位置不同，其周边的环境因素和地质因素对腐蚀效果影响较大，加之设备的制造材料不同。

因此，在防腐工程的选择上要慎之又慎，要把握住防腐的大体脉络，找到防腐工程的核心区域，提高防腐的工作效率。油田地面工程系统的防腐勘察工作，要从整个设备系统的内外侧进行，并且要分阶段、分批次地报勘探信息。对于勘探收集上来的信息，要进行综合性的分析，根据相关经验给出合理的施工方案，为油田地面系统的防腐保护工程奠定良好的基础。

2. 优质选材

为了更好地解决油田系统中管道腐蚀的问题，应该主要从选材上面着手。选材时应综合考虑，虽然有的材料可以大大降低生产成本，但是材料本身的抗腐蚀能力很差，存在非常严重的安全隐患，容易造成较大的损失。在今后的油田工程建设的金属材料选择中，要考虑到材料的防腐能力、机械强度、成本价格等因素。同时，也要注意管道等连接设备的焊接工作，焊接工作中应用的焊接材料也要进行科学的选择，尽量与管道所用的材料保持一致。此外，油田管道等设备的外部防腐材料的选择，还应考虑到当地的自然环境等因素。

3. 加强防腐管理

在油田的日常防腐管理和应对措施上，必须要根据实际生产的情况不断地做出改进，要清楚腐蚀问题会对生产造成严重的破坏。在防腐工程开工之前，要对选用的金属材料、安装工艺等进行严格的审查，在保证准确无误的情况下进行施工。如果施工当中遇到了问题，一定要及时反馈，并按照正确的解决流程来处理，避免发生事故。管道在正式投入到生产实际中之前，要进行严格的抗腐蚀性能测试，如果其防腐指标不能达到预期的要求，则要对管道进行加工处理，经过技术处理之后的管道还不能满足生产所需，则要禁止该种类管道的使用。同时，要对每一位施工人员做好相应的培训，普及防腐知识，培养责任心，确保腐蚀施工的顺利进行。

4. 精确生产工艺

随着科学的发展和技术的提高，油田在防腐领域的水平大幅度提高，使得各个油田在运行上有了更稳定的保障。因此，在防腐技术的应用上有了更高、更严格的全新指标。在对管道覆盖涂层方面，要求对产生的腐蚀污染物进行明确的分类，同时减少腐蚀污染物的长期积累现象。在实际生产过程中，要定时定点地对管道进行检查和分析，正确处理得到的反馈数据，对于不适合继续生产的管道，要及时进行更换，不能冒险进行生产。

参 考 文 献

［1］ Muthukumar N. Petroleum products transporting pipeline corrosion—a review［J］. The Role of Colloidal Systems in Environmental Protection，2014：527-571.

［2］薛李赟. 油田地面工程管道防腐施工技术应用分析［J］. 中国化工贸易，2019，11（28）：182.

［3］范兆廷. 新型输油气双金属复合管道腐蚀及可靠性研究［D］. 重庆：重庆大学，2013.

[4] 国务院安委会关于山东省青岛市"11·22"中石化东黄输油管道泄漏爆炸特别重大事故的通报[J]. 国家安全生产监督管理总局国家煤矿安全监察局公告, 2014(2): 8-11.

[5] 张珑瀚. 防腐技术在油田地面工程中的应用[J]. 化学工程与装备, 2021(2): 78.

[6] 刚振宝, 刘伟, 卫秀芬, 等. 大庆油田深层气井 CO_2 腐蚀规律及防腐对策[J]. 大庆石油地质与开发, 2007, 26(3): 95-99.

[7] 黄金. 大庆油田油气管道腐蚀机理及防护技术探讨[J]. 石油和化工设备, 2019, 22(5): 81-82.

[8] 葛守凯, 姚伟. 长庆油田油井井筒腐蚀机理与防护措施研析[J]. 化工管理, 2014(30): 119-120.

[9] 胡建国, 罗慧娟, 张志浩, 等. 长庆油田某输油管道腐蚀失效分析[J]. 腐蚀与防护, 2018, 39(12): 962-965.

[10] 王荣敏. 长庆含水油管道内腐蚀评价及防腐技术研究[D]. 青岛: 中国石油大学(华东), 2016.

[11] 姜毅, 米宝奇, 董晓焕, 等. 腐蚀监测在油田污水管道防腐中的应用[J]. 石油化工应用, 2019, 38(8): 30-33.

[12] 崔建军, 关克明, 陈康林, 等. 长庆油田地面工艺系统防腐技术研究与应用[J]. 石油化工应用, 2013, 32(2): 105-108.

[13] 郑重, 刘清华, 杨向莲, 等. 胜利油田地面集输系统腐蚀状况分析[J]. 化工管理, 2013(8): 36.

[14] 张菅, 乔文丽, 裴海华, 等. 胜利油田污水回注井管线腐蚀因素研究[J]. 应用化工, 2021, 50(5): 1195-1198.

[15] 亓树成, 曾丽华, 石剑英, 等. 腐蚀控制与防护技术在新疆油田的应用[J]. 化工进展, 2014(5): 1351-1355.

[16] 张春光. 浅述辽河油田输油管道的腐蚀原因及防护措施[J]. 防腐保温技术, 2002, 10(3): 37-39.

[17] 吕政. 辽河油田 W 区块输油气管道腐蚀泄漏原因及对策[J]. 管道技术与设备, 2019(3): 44-48.

[18] 陈伟, 肖雯雯, 吕江, 等. 环氧玻璃鳞片涂层在塔河油田的腐蚀行为[J]. 腐蚀与防护, 2021, 42(5): 26-33.

[19] 叶帆, 杨伟. 塔河油田集输管道腐蚀与防腐技术[J]. 油气储运, 2010, 29(5): 354-358.

[20] 王凤平, 陈家坚, 臧晗宇. 油气田腐蚀与防护[M]. 北京: 科学出版社, 2016.

[21] 丁亮. 油田地面工程管道腐蚀成因及施工技术[J]. 化学工程与装备, 2021(3): 46-47.

[22] 陈华兴, 庞铭, 赵顺超, 等. 渤海 L 油田油井生产管柱腐蚀失效原因分析及对策[J]. 装备环境工程, 2021, 18(1): 70-76.

[23] 张杰. 靖安含硫油田井筒腐蚀规律及治理对策研究[D]. 西安: 西安石油大学, 2018.

[24] 柳敏. 油田回注水对地面系统腐蚀因素分析及防腐技术[J]. 内蒙古石油化工, 2015, 41(4): 96-98.

[25] 李平. 油田集输管线腐蚀机理及防护涂层研究[D]. 哈尔滨: 哈尔滨工程大学, 2019.

[26] 康阿利. 潍北油田注水井套管腐蚀机理及防腐措施技术研究[D]. 西安: 西安石油大学, 2011.

[27] 杨全安. 实用油气井防腐蚀技术[M]. 北京: 石油工业出版社, 2012.

[28] 刘树仁, 任晓娟. 石油工业材料的腐蚀与防护[M]. 西安: 西北大学出版社, 2000.

[29] 闻小虎. 塔河油田油气井井筒腐蚀机理与防护技术[J]. 河北化工, 2010, 33(5): 22-24.

［30］马培红．塔河油田集输系统内防腐技术研究［D］．成都：西南石油大学，2010．

［31］张亚亚．姬塬油田站场防垢技术研究［D］．西安：西安石油大学，2011．

［32］王尔珍，王勇，宋昭杰，等．长庆姬塬油田长效在线增注技术现场应用［J］．油田化学，2019，36（2）：262-266．

［33］Gunaltun Y M, Belghazi A. Control of top of the line corrosion by chemical treatment［C］//Corrosion 2001. OnePetro, 2001.

［34］Jones D G, Dawson S J, Clyne A J. Reliability of internally corroding pipelines［C］//Corrosion 98. OnePetro, 1998.

［35］秦俊岭，徐慧，赵起锋，等．南海某天然气田气相缓蚀剂应用效果的室内评价［J］．全面腐蚀控制，2019，33（9）：7-15．

［36］奥斯特罗夫．腐蚀控制手册［M］．王向农，等译．北京：石油工业出版社，1988．

［37］刘斌，李瑛，林海潮，等．防腐蚀涂层失效行为研究进展［J］．腐蚀科学与防护技术，2001，13（5）：305-307．

［38］林杰．桥梁钢结构防腐蚀涂层保护、失效规律及其寿命预测研究［D］．西安：长安大学，2006．

［39］丁丕治．化工腐蚀与防护［M］．北京：化学工业出版社，1990．

［40］张占奎．油气管道腐蚀失效预测及安全可靠性评估研究［D］．天津：天津大学，2006．

［41］崔建军，关克明，陈康林，等．长庆油田地面工艺系统防腐技术研究与应用［J］．石油化工应用，2013，32（2）：105-108．